全国普通高等医学院校药学类专业"十三五"规划教材

U0297526

波谱解析技术的应用

（供药学类专业用）

主　编　冯卫生
副主编　张羽男　贾　陆　杨炳友　田　燕
编　者（以姓氏笔画为序）

么焕开（徐州医学院）　　　　韦国兵（江西中医药大学）

田　燕（大连医科大学药学院）　田树革（新疆医科大学）

田海英（长治医学院）　　　　皮慧芳（华中科技大学同济医学院）

冯卫生（河南中医学院）　　　杨炳友（黑龙江中医药大学）

何红平（云南中医学院）　　　张羽男（佳木斯大学药学院）

张青松（长沙医学院）　　　　张艳丽（河南中医学院）

贾　陆（郑州大学药学院）

中国医药科技出版社

内容提要

本书是全国普通高等医学院校药学类专业"十三五"规划教材之一。本教材系统阐述了波谱解析技术的基本原理和应用。全书共分为十一章，第一章介绍了波谱解析技术的理论知识和发展趋势；第二至十一章，分别介绍了天然药物中各类化学成分的波谱规律与特征，并引入大量案例详细阐述结构解析过程。同时，为丰富教学资源，增强教学互动，更好地满足教学需要，本教材免费配套在线学习平台（含电子教材、教学课件、图片、视频和习题集），欢迎广大师生使用。

本书可供药学本科生及研究生使用，也可以供从事药学工作的科研人员参考。

图书在版编目（CIP）数据

波谱解析技术的应用／冯卫生主编. —北京：中国医药科技出版社，2016.1
全国普通高等医学院校药学类专业"十三五"规划教材
ISBN 978-7-5067-7887-9

Ⅰ. ①波… Ⅱ. ①冯… Ⅲ. ①波谱分析-医学院校-教材 Ⅳ. ①O657.61

中国版本图书馆 CIP 数据核字（2016）第 011993 号

美术编辑 陈君杞
版式设计 郭小平

出版 中国医药科技出版社
地址 北京市海淀区文慧园北路甲 22 号
邮编 100082
电话 发行：010-62227427 邮购：010-62236938
网址 www.cmstp.com
规格 787×1092mm ¹⁄₁₆
印张 15¾
字数 350 千字
版次 2016 年 1 月第 1 版
印次 2016 年 1 月第 1 次印刷
印刷 三河市百盛印装有限公司
经销 全国各地新华书店
书号 ISBN 978-7-5067-7887-9
定价 33.00 元

全国普通高等医学院校药学类专业"十三五"规划教材
出 版 说 明

全国普通高等医学院校药学类专业"十三五"规划教材,是在深入贯彻教育部有关教育教学改革和我国医药卫生体制改革新精神,进一步落实《国家中长期教育改革和发展规划纲要》(2010－2020年)的形势下,结合教育部的专业培养目标和全国医学院校培养应用型、创新型药学专门人才的教学实际,在教育部、国家卫生和计划生育委员会、国家食品药品监督管理总局的支持下,由中国医药科技出版社组织全国近100所高等医学院校约400位具有丰富教学经验和较高学术水平的专家教授悉心编撰而成。本套教材的编写,注重理论知识与实践应用相结合、药学与医学知识相结合,强化培养学生的实践能力和创新能力,满足行业发展的需要。

本套教材主要特点如下:

1. 强化理论与实践相结合,满足培养应用型人才需求

针对培养医药卫生行业应用型药学人才的需求,本套教材克服以往教材重理论轻实践、重化工轻医学的不足,在介绍理论知识的同时,注重引入与药品生产、质检、使用、流通等相关的"实例分析/案例解析"内容,以培养学生理论联系实际的应用能力和分析问题、解决问题的能力,并做到理论知识深入浅出、难度适宜。

2. 切合医学院校教学实际,突显教材内容的针对性和适应性

本套教材的编者分别来自全国近100所高等医学院校教学、科研、医疗一线实践经验丰富、学术水平较高的专家教授,在编写教材过程中,编者们始终坚持从全国各医学院校药学教学和人才培养需求以及药学专业就业岗位的实际要求出发,从而保证教材内容具有较强的针对性、适应性和权威性。

3. 紧跟学科发展、适应行业规范要求,具有先进性和行业特色

教材内容既紧跟学科发展,及时吸收新知识,又体现国家药品标准［《中国药典》(2015年版)］、药品管理相关法律法规及行业规范和2015年版《国家执业药师资格考试》(《大纲》、《指南》)的要求,同时做到专业课程教材内容与就业岗位的知识和能力要求相对接,满足药学教育教学适应医药卫生事业发展要求。

4. 创新编写模式,提升学习能力

在遵循"三基、五性、三特定"教材建设规律的基础上,在必设"实例分析/案例解析"

模块的同时，还引入"学习导引""知识链接""知识拓展""练习题"（"思考题"）等编写模块，以增强教材内容的指导性、可读性和趣味性，培养学生学习的自觉性和主动性，提升学生学习能力。

5. 搭建在线学习平台，丰富教学资源、促进信息化教学

本套教材在编写出版纸质教材的同时，均免费为师生搭建与纸质教材相配套的"爱慕课"在线学习平台（含数字教材、教学课件、图片、视频、动画及练习题等），使教学资源更加丰富和多样化、立体化，更好地满足在线教学信息发布、师生答疑互动及学生在线测试等教学需求，提升教学管理水平，促进学生自主学习，为提高教育教学水平和质量提供支撑。

本套教材共计29门理论课程的主干教材和9门配套的实验指导教材，将于2016年1月由中国医药科技出版社出版发行。主要供全国普通高等医学院校药学类专业教学使用，也可供医药行业从业人员学习参考。

编写出版本套高质量的教材，得到了全国知名药学专家的精心指导，以及各有关院校领导和编者的大力支持，在此一并表示衷心感谢。希望本套教材的出版，将会受到广大师生的欢迎，对促进我国普通高等医学院校药学类专业教育教学改革和药学类专业人才培养作出积极贡献。希望广大师生在教学中积极使用本套教材，并提出宝贵意见，以便修订完善，共同打造精品教材。

中国医药科技出版社
2016 年 1 月

全国普通高等医学院校药学类专业"十三五"规划教材
书　　目

序号	教材名称	主编	ISBN
1	高等数学	艾国平　李宗学	978 – 7 – 5067 – 7894 – 7
2	物理学	章新友　白翠珍	978 – 7 – 5067 – 7902 – 9
3	物理化学	高　静　马丽英	978 – 7 – 5067 – 7903 – 6
4	无机化学	刘　君　张爱平	978 – 7 – 5067 – 7904 – 3
5	分析化学	高金波　吴　红	978 – 7 – 5067 – 7905 – 0
6	仪器分析	吕玉光	978 – 7 – 5067 – 7890 – 9
7	有机化学	赵正保　项光亚	978 – 7 – 5067 – 7906 – 7
8	人体解剖生理学	李富德　梅仁彪	978 – 7 – 5067 – 7895 – 4
9	微生物学与免疫学	张雄鹰	978 – 7 – 5067 – 7897 – 8
10	临床医学概论	高明奇　尹忠诚	978 – 7 – 5067 – 7898 – 5
11	生物化学	杨　红　郑晓珂	978 – 7 – 5067 – 7899 – 2
12	药理学	魏敏杰　周　红	978 – 7 – 5067 – 7900 – 5
13	临床药物治疗学	曹　霞　陈美娟	978 – 7 – 5067 – 7901 – 2
14	临床药理学	印晓星　张庆柱	978 – 7 – 5067 – 7889 – 3
15	药物毒理学	宋丽华	978 – 7 – 5067 – 7891 – 6
16	天然药物化学	阮汉利　张　宇	978 – 7 – 5067 – 7908 – 1
17	药物化学	孟繁浩　李柱来	978 – 7 – 5067 – 7907 – 4
18	药物分析	张振秋　马　宁	978 – 7 – 5067 – 7896 – 1
19	药用植物学	董诚明　王丽红	978 – 7 – 5067 – 7860 – 2
20	生药学	张东方　税丕先	978 – 7 – 5067 – 7861 – 9
21	药剂学	孟胜男　胡容峰	978 – 7 – 5067 – 7881 – 7
22	生物药剂学与药物动力学	张淑秋　王建新	978 – 7 – 5067 – 7882 – 4
23	药物制剂设备	王　沛	978 – 7 – 5067 – 7893 – 0
24	中医药学概要	周　晔　张金莲	978 – 7 – 5067 – 7883 – 1
25	药事管理学	田　侃　吕雄文	978 – 7 – 5067 – 7884 – 8
26	药物设计学	姜凤超	978 – 7 – 5067 – 7885 – 5
27	生物技术制药	冯美卿	978 – 7 – 5067 – 7886 – 2
28	波谱解析技术的应用	冯卫生	978 – 7 – 5067 – 7887 – 9
29	药学服务实务	许杜娟	978 – 7 – 5067 – 7888 – 6

注：29 门主干教材均配套有中国医药科技出版社"爱慕课"在线学习平台。

全国普通高等医学院校药学类专业"十三五"规划教材
配套教材书目

序号	教材名称	主编	ISBN
1	物理化学实验指导	高 静 马丽英	978 – 7 – 5067 – 8006 – 3
2	分析化学实验指导	高金波 吴 红	978 – 7 – 5067 – 7933 – 3
3	生物化学实验指导	杨 红	978 – 7 – 5067 – 7929 – 6
4	药理学实验指导	周 红 魏敏杰	978 – 7 – 5067 – 7931 – 9
5	药物化学实验指导	李柱来 孟繁浩	978 – 7 – 5067 – 7928 – 9
6	药物分析实验指导	张振秋 马 宁	978 – 7 – 5067 – 7927 – 2
7	仪器分析实验指导	余邦良	978 – 7 – 5067 – 7932 – 6
8	生药学实验指导	张东方 税丕先	978 – 7 – 5067 – 7930 – 2
9	药剂学实验指导	孟胜男 胡容峰	978 – 7 – 5067 – 7934 – 0

前言
PREFACE

　　本教材是全国普通高等医学院校药学类专业"十三五"规划教材之一。本教材的编写紧密结合全国高等医学院校药学类专业教育教学改革的要求，满足培养应用型、服务型药学人才的需要，将波谱解析技术的发展和本科生教材的特点相融合，使学生适应药品生产、质量检验和药学服务等工作岗位的要求。

　　波谱解析技术的应用涉及医药、生物、环境、食品、材料等众多领域，具有很强的实用价值，尤其在天然药物化学成分研究中具有重要地位。本教材旨在培养学生掌握天然化合物波谱解析的基本概念、原理和规律，并能综合运用各种光谱技术对天然药物化学成分进行结构解析。由于天然化合物种类繁多，结构抽象，不同类型化合物波谱特征复杂，初学者会觉得所学内容枯燥、晦涩难懂，没有把知识付诸实践的概念，只是单纯地学习基础知识，机械记忆波谱解析的基本概念和理论，所以学生感觉学习难度较大。本教材在专业知识上力求通俗易懂，引导初学者理论联系实际由浅入深地逐渐掌握天然有机化合物波谱解析方法。

　　本教材共分十一章，第一章介绍了波谱解析技术的理论知识和发展趋势；第二至十一章，分别介绍了天然药物中各类化学成分波谱规律，并选用在天然药物中分布广泛、结构简单、结构规律明显的代表性化合物，结合大量图谱，详细介绍了波谱解析方法。本书可作为高等医学院校药学类各专业本科生的教学用书，同时也可作为研究生及广大医药工作者的参考书。

　　在本教材编写过程中得到了各位编委和相关院校的大力支持，兄弟院校的许多同仁也对本书的编写提出了宝贵的意见和建议，在此我们一并表示由衷的感谢！

　　虽然我们尽了最大努力，但书中定有不当及谬误之处，敬请广大读者提出宝贵意见，以便再版时修订和完善。

编者

2015 年 10 月

目 录

CONTENTS

第一章 绪 论

学习导引

知识要求

1. **掌握** ^{1}H-NMR 谱化学位移、偶合常数；^{13}C-NMR 谱化学位移的主要影响因素。
2. **熟悉** 2D-NMR 在化合物解析过程中的作用。
3. **了解** 紫外光谱、红外光谱及质谱法在化合物解析过程中的作用。

能力要求

1. 熟练掌握四大光谱的用法。
2. 学会综合应用波谱技术解析化合物结构。

第一节 天然化合物波谱解析的一般方法

天然药物来源于植物、动物、矿物、微生物和海洋生物等，并以植物为主，种类繁多，尤其在中草药的临床应用方面具有悠久的历史和丰富的经验，是一个亟待发掘、整理、提高的巨大宝库。因此，从中草药中发现结构新颖，具有显著生理活性的天然产物是天然药物化学研究的主要任务。这已经成为我国新药开发的重要研究方向。

第三次全国中药资源普查统计结果表明，我国已鉴定且有学名的中药有 12807 种，其中植物药为 11146 种，动物药为 1581 种，矿物药为 80 余种。随着科学技术的进步和医疗实践的发展，还会发现更多的中药资源。随着国际交流的发展和当今世界对天然药物的重新认识和重视，世界植物药市场正在迅猛扩张，同时中医药的价值也越来越受到世界的瞩目。

天然产物化学类型丰富，包括糖类、苷类、醌类、苯丙素类、香豆素、木脂素、黄酮、萜类、挥发油、皂苷、甾体、生物碱、鞣质、有机酸、油脂、蜡、氨基酸、蛋白质、酶、色素、维生素、树脂、无机盐和微量元素等。从天然药物中经过提取、分离、精制得到的有效成分，必须鉴定或测定其化学结构，才可能为深入探讨有效成分的生物活性、构效关系、体内代谢以及进行结构改造、人工合成等研究提供必要的依据。天然药物中的化学成分无论是数量上还是结构类型上均很复杂，这无疑给天然药物化学研究，如分离技术与方法、结构测定与解析等，带来了很大的难度。以往的天然药物化学研究存在方法陈旧、设备落后、效率极低、周期很长等不足。近十几年来，随着科学技术的发展，一些新理论、新方法、新技术、新设备等不断地被引用，使以前阻碍中药化学研究的问题正在不断地得到解决。

紫外-可见吸收光谱（ultraviolet-visible absorption spectrum，UV）是指有机化合物吸收紫外光或可见光后，发生电子跃迁而形成的吸收光谱。常用于判断分子内的共轭系统情况。在天然有机化合物结构解析中，本法对含共轭体系较长的有机分子如苯丙素类、醌类和黄酮类有一定的价值。尤其在黄酮类化合物结构解析时，将加入诊断试剂前后的 UV 光谱进行对照，必要时结合显色反应是进行黄酮结构鉴定的经典方法。

红外光谱（infrared spectra，IR）是以连续波长（波数 $4000 \sim 400 \text{cm}^{-1}$ 之间）的红外线为光源照射样品后，测得的吸收光谱。主要用于羟基、羰基、苯环、双键等官能团的确认。在天然有机化合物结构解析中，本法对蒽醌类化学成分的 α-羟基数目及位置的确认、甲型和乙型强心苷元的区别有一定的价值。

由于 UV 和 IR 只能给出分子中部分结构的信息，不能给出整个分子的结构信息，能提供化合物的结构信息较少，所以单独使用 UV 和 IR 不能确定分子结构，必须与 NMR 谱、MS 谱以及其他理化方法结合才能得到可靠的结论。

近年来核磁共振（nuclear magnetic resonance，NMR）技术已成为确定天然有机化合物结构的主要手段，NMR 谱能提供分子中有关氢质子及碳原子的类型、数目、相互连接方式、周围化学环境以及构型、构象等结构信息。尤其是超导核磁共振技术的普及和各种一维、二维核磁共振技术的不断应用和日趋完善，使其具备了灵敏度高、选择性强、用量少及快速、简便的优点，大大加快了确定化合物结构的速度并提高了准确性。因此在进行天然化合物的结构测定时，NMR 谱已经成为结构研究的主要手段。

质谱（mass spectrometry，MS）是利用一定的电离方法将有机化合物分子进行电离、裂解，并将所产生各种离子质量与电荷的比值（m/z）按照由小到大的顺序排列而成的图谱，是目前确定分子式最常用的方法。运用高分辨的质谱还可获得化合物的分子式；用碎片峰结合分子离子峰推测结构；运用串联质谱技术还可以达到对混合离子信息进行分离后再鉴定的目的。

需要说明的是，虽然近现代各种波谱法在鉴定中药有效成分的化学结构中发挥着极为重要的作用，而经典的化学方法由于所需的样品量大，花费时间多，工作量大而复杂，故渐少应用，但是这并不意味着不再需要经典的化学方法。正确的方法是灵活运用两种方法，使它们相互补充、相互印证，以达到快速而准确无误地鉴定或推测天然化合物结构的目的。

第二节　核磁共振氢谱在结构鉴定中的应用

核磁共振系指原子核的磁共振现象。将磁性原子核放入强磁场后，用适宜频率的电磁波照射，它们会吸收能量，发生原子核能级跃迁，同时产生核磁共振信号。核磁共振的研究对象是针对具有磁矩的原子核，只有存在自旋运动的原子核才具有磁矩。原子核的自旋运动与自旋量子数相关，只有当自旋量子数为 1/2 时（如 ^1H、^{13}C、^{15}N、^{19}F、^{31}P 等），其核磁共振的谱线较窄，适宜于核磁共振的检测。核磁共振氢谱（proton nuclear magnetic resonance spectroscopy，$^1\text{H-NMR}$）是氢质子在外加磁场中吸收不同频率电磁波后产生的共振吸收峰。$^1\text{H-NMR}$ 谱能提供的结构信息参数主要是：化学位移（chemical shift），用 δ 表示，能够确定峰位，判定氢的类型和化学环境；质子峰面积值，反映质子的相对数目；偶合常数（coupling constant），用 J 表示，表明核与核之间的关系。总之，核磁共振氢谱可提供分子中质子的类型、连接方式以及数目等结构信息。

一、^{1}H-NMR 谱的化学位移

不同类型氢核因所处化学环境不同，共振峰将分别出现在磁场的不同区域。当照射频率为 60MHz 时，这个区域为 $14092\pm0.1141G$，即只在一个很小的范围内变动，故精确测定其绝对值相当困难。实际工作中多将待测氢核共振峰所在位置（以磁场强度或对应的共振频率表示）与某基准物氢核共振峰所在位置进行比较，求其相对距离，称之为化学位移（chemical shift，δ）。

$$\delta = \left[(\nu_{sample} - \nu_{ref})/\nu_0 \right] \times 10^6$$

式中，ν_{sample}，试样吸收频率；ν_{ref}，基准物氢核的吸收频率；ν_0，照射试样用的电磁辐射频率。

知识链接

> 1950 年 W. G. Proctor 和当时旅美学者虞福春研究硝酸铵的 ^{14}N 核磁共振时，发现硝酸铵的共振谱线为两条。显然，这两条谱线分别对应硝酸铵中的铵离子和硝酸根离子，即核磁共振信号可反映同一种原子核的不同化学环境。

化学位移采用与测试仪器工作频率和磁场强度绝对值无关的标度 δ 值来表示，δ 值的大小决定于屏蔽常数 σ 的大小。δ 是无量纲的，曾经以 ppm 为单位（$1ppm = 1\times10^{-6}$），现在已经不用，只保留其数值。目前通常使用四甲基硅烷（tetramethylsilane，TMS）作参考化合物，规定 $\delta_{TMS} = 0$。与一般化合物相比，TMS 中甲基上氢、碳原子核外电子的屏蔽作用都很强，因此，无论氢谱或碳谱，一般化合物的信号都出现在 TMS 峰的左边，按照"左正右负"的规定，一般化合物的各个基团的 δ 为正值。TMS 沸点低，容易从样品中除去，利于样品的回收，且其化学稳定性好，与样品分子不会发生缔合。天然化合物的 ^{1}H-NMR 谱化学位移多数在 0~20 范围内。

（一）影响 ^{1}H-NMR 谱化学位移的主要因素

化学位移数值的大小反映了所讨论的氢原子核外电子云密度的大小，由于氢原子核外只有 s 电子，因此氢原子核外电子云密度的大小即为氢原子核外 s 电子的电子云密度的大小。s 电子的电子云密度越大，化学位移的数值越小，相应的峰越位于核磁共振氢谱谱图的右方，反之亦然。任何使氢谱的峰往右移动（化学位移数值减小）的作用称之为屏蔽效应；反之，任何使氢谱的峰往左移动（化学位移数值增大）的作用称为去屏蔽效应。核磁共振氢谱中影响化学位移的因素可以从官能团本身的性质、取代基的影响和介质的影响等方面进行讨论。

1. 取代基电负性 化学位移受电子屏蔽效应的影响，而电子屏蔽效应的强弱则取决于氢核外围的电子云密度，后者又受与氢核相连的原子或原子团的电负性强弱的影响。以甲基的衍生物为例：

化合物： CH_3F CH_3OCH_3 CH_3Cl CH_3I CH_3CH_3 $Si(CH_3)_4$ CH_3Li

δ：   4.26   3.24   3.05   2.16   0.88   0   -1.95

显然，随着相连基团电负性的增加，CH_3 氢核外围电子云密度不断降低，故化学位移值不断增大。

取代基的诱导效应可沿碳链延伸，α 碳原子上的氢位移较明显，β 碳原子上的氢有一定的位移，γ 位以后的碳原子上的氢位移甚微，相隔 3 个 C 以上可忽略。除此之外当有多个取代基时，诱导效应还具有加和性。

对芳香氢来说，取代基的作用和上面讨论的不一样，此时需要同时考虑诱导效应和共轭效应。

2. 共轭效应（conjugative effect，C 效应） 在具有多重键或共轭多重键的分子体系中，由于 π 电子的转移导致某基团电子云密度和磁屏蔽的改变，此种效应称为共轭效应。共轭效应包括 p-π 共轭和 π-π 共轭两种类型，需要注意的是这两种效应电子转移方向是相反的，所以对化学位移的影响是不同的。例如：

6.38 COOCH$_3$ 4.74 OCOCH$_3$ 5.25

H · · · · · · H   H · · · · · · H   H · · · · · · H

H · · · · · · H   H · · · · · · H   H · · · · · · H

5.82 6.20   4.43 7.18

π-π 共轭   p-π 共轭   乙烯

π-π 共轭   8.07   p-π 共轭   6.52   苯   7.27

当芳环或 C＝C 与－OR、－C＝O、－NO$_2$ 等吸电、供电基团相连时，δ 值发生相应的变化，而且这种效应具有加和性。例如：

OCH$_3$ 6.81   NO$_2$ 8.21

7.11   7.45

6.86   7.66

3. 相连碳原子的杂化状态（hybridization） 与氢相连的碳原子从 sp^3（碳碳单键）到 sp^2（碳碳双键），s 电子的成分从 25% 增加至 33%，使键电子更靠近碳原子，因此对相连的氢质子的去屏蔽作用也增加，即共振位置移向低场。至于炔氢相对烯氢处于较高场，芳环氢相对于烯氢处于较低场，则是由于磁各向异性效应所致。

4. 磁各向异性效应（magnetic anisotropic effect） 乙烯氢的 δ 值为 5.23，苯环氢的 δ 值为 7.3，而它们的碳原子都是 sp^2 杂化，有人计算过，若无别的影响，仅从 sp^2 杂化考虑，苯环氢的 δ 值应该大约为 5.7，但其实际出现在远比烯氢共振峰低的磁场处，原因在于化学键尤其是 π 键，使其电子的流动产生一个小的诱导磁场，并通过空间影响到邻近的氢核。在电子云分布不是球形对称时，这种影响在化学键周围也是不对称的，有的地方与外加磁场方向一致，将增强外加磁场，并使该处氢核共振峰向低磁场方向位移，故化学位移值增大；有的地方则与外加磁场方向相反，将会削弱外加磁场，并使该处氢核共振峰移向高场，故化学位移值减小，上述两种效应叫作磁的各向异性效应，π 电子环流产生的磁各向异性效应是通过空间传递的，不是通过化学键传递的。

（1）C＝X 基团（X＝C、N、O、S）中磁的各向异性效应 以乙烯为例，在外加磁场中，双键 π 电子环流产生的磁的各向异性效应如图 1-1 所示。即双键平面的上下方为正屏蔽区（＋），平面周围则为负屏蔽区（－）。烯烃氢核因正好位于 C＝C 键 π 电子云的负屏蔽区（－），故其共振峰移向低场，δ 值较大，为 4.5～4.7。

醛基氢核除与烯烃氢核相同位于双键 π 电子环流的负屏

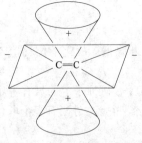

图 1-1 双键的磁各向异性

蔽区，还受相连氧原子强烈电负性的影响，故其共振峰位将移向更低场，δ 值在 9.4~10.0 处，易于识别。

（2）环状共轭体系的环电流效应　以苯环为例，情况与双键类似（图1-2）。苯环六个 π 电子形成一个首尾闭合的大 π 键。苯环平面上下方为正屏蔽区，平面周围为负屏蔽区。苯环氢因位于负屏蔽区，故共振峰也移向低场，δ 值较大。与孤立的 C＝C 双键不同，苯环是环状的离域 π 电子形成的环电流，其磁的各向异性效应要比双键强得多，故其 δ 值比一般烯氢更大，约为 6.0~9.0。

不仅仅是苯环，所有具有 $4n+2$ 个离域 π 电子的环状共轭体系都有强烈的环电流效应。如果氢核在环的上、下方会受到强烈的屏蔽作用，这时氢的信号峰在高场方向，甚至 δ 值可小于零；若在环的侧面则受到强烈的去屏蔽作用，这时氢核在低场方向出峰，δ 值较大。例如图1-3 环状结构中 $\delta_{Ha}=9.28$，$\delta_{Hb}=-2.99$。

（3）碳碳三键的各向异性效应　炔烃分子为直线型，形成对称圆筒状的 π 电子环流，其上氢核正好位于 π 电子环流形成的诱导磁场的正屏蔽区，如图1-4所示，故 δ 值移向高场，小于烯氢，约为 1.8~3.0。

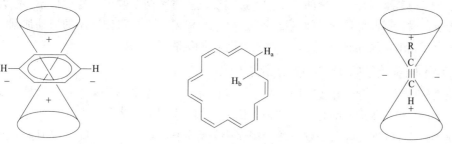

图1-2　苯环的环电流效应　　图1-3　环状共轭体系的环电流效应　　图1-4　三键的屏蔽作用

（4）单键的磁各向异性效应　C－C 单键也有磁的各向异性效应，但要比 π 电子环流的影响弱得多。如图1-5所示，因 C－C 键为负屏蔽圆锥的轴，故当烷基相继取代甲烷的氢原子后，剩下的氢核所受的负屏蔽效应即逐渐增大，故 δ 值移向低场。

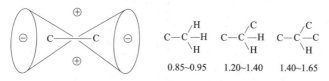

图1-5　单键的屏蔽作用

5. 相邻基团电偶极和范德华效应　当分子内有强极性基团（如硝基、羟基）时，它在分子内产生电场，这将影响分子内其余部分的电子云密度，从而影响其他核的屏蔽常数。当所研究的氢核和邻近的原子间距小于范德华半径之和时，氢核外电子被排斥，σ_d 减小，共振移向低场。

6. 溶剂效应（solvent effect）　由于在不同的溶剂中样品分子受到的磁感应强度不同，溶剂分子对于样品分子的不同官能团的作用也可能有差别，因此使用不同的溶剂所得到的核磁共振谱图可能会有变化。核磁共振氢谱的变化可能比较明显，除了官能团的化学位移数值变化以外，峰型还可能变化。

7. 氢键效应（hydrogen bond effect） 氢键缔合的氢核与不成氢键缔合时比较，其电子屏蔽作用减小，吸收峰将移向低场，δ 值增大。

分子间氢键的形成及缔合程度取决于试样浓度、溶剂性能、温度等。显然，试样浓度越高，则分子间氢键缔合程度越大，δ 值也越大。而当试样用惰性溶剂稀释时，则因分子间氢键缔合程度的降低，吸收峰将相应向高场方向位移，故 δ 值不断减小。温度的变化也会影响相应氢核的化学位移，高温时小分子热运动加剧，不利于氢键的形成。除分子间氢键外，分子内氢键的形成也对氢核的化学位移有很大的影响。例如，β-二酮有酮式和烯醇式两种互变异构体，其烯醇式结构由于能形成共轭六元环分子内氢键，故其烯醇式质子的化学位移很大，可以达到 $\delta=16$ 左右。因此，乙酰丙酮和二苯甲酰甲烷的烯醇式羟基上氢核的共振峰分别位于 $\delta=15$ 和 $\delta=16.6$ 处。

乙酰丙酮　　　　　　　　　　　　　　二苯甲酰甲烷

对于分子内氢键缔合，浓度的变化并不影响形成氢键的两个基团的碰撞概率，故对氢键强度的影响甚微，据此可与分子间氢键缔合相区别。但温度升高将使基团的振动加剧，不利于氢键的形成，因此随温度的升高，活泼氢的化学位移将向高场移动。

（二）不同氢质子的 ^{1}H-NMR 谱化学位移

各类型氢核因所处化学环境不同，共振信号将分别出现在磁场的某个特定区域，即具有不同的化学位移值。根据影响化学位移值的因素可知，与芳环、叁键、羰基、双键、单键和 π 键碳原子相连的 H，δ 值大小顺序为：醛基 H>芳环 H>双键 H>炔 H>单键 H。常见官能团 ^{1}H-NMR 的化学位移值范围见表 1-1。

表 1-1　常见官能团 ^{1}H-NMR 的化学位移值范围

官能团	δ_H	官能团	δ_H
$-(CH_2)_n-CH_3$	0.87	$-C-CH_2-O-$	3.5~4.5
$-C=C-CH_3$	1.7~2.0	$-C\equiv CH$	2.2~3.0
$-C-CH_3$（O）	2.1~2.6	$C=CH_2$	4.5~6.0
$-N-CH_3$	2.2~3.1	$-CH=CH-$	4.5~8.0
$-O-CH_3$	3.5~4.0		6.5~8.0
$-C-CH_2-C-$	1.2~1.4		8.0~8.8
$-C-CH_2-N-$	2.3~3.5		6.5~7.3

活泼氢的化学位移值范围见表 1-2 所示。常见的活泼氢，如—OH、—NH—、—SH、—COOH 等基团的质子的化学位移受溶剂、温度及浓度的影响较大，并可因加入重水而消失。

表 1-2 活泼氢的化学位移值范围

化合物类型	δ_H	化合物类型	δ_H
ROH	0.5~5.5	RNH₂，RNHR′	0.4~3.5
ArOH（缔合）	10.5~16	ArNH₂，ArNHR′	3.5~6.0
ArOH	4.0~8.0	RCONHCOR′	5.0~8.5
RCOOH，ArCOOH	10.0~13.0	=NOH	10.0~12.0
RSH	1.0~1.2	ArSH	3.0~4.0

二、¹H-NMR 谱的偶合常数

（一）常见的偶合系统

偶合常数是磁不等同的两个或两组氢核，在一定距离内因相互自旋偶合干扰时信号发生裂分，在多重峰中峰线间的频率差称为偶合常数（J），单位为 Hz。偶合常数反映的是两个核之间作用的强弱，其数值仅与通过化学键的种类和数目有关，而与仪器的工作频率无关。¹H 和 ¹H 常见的偶合关系有以下几种：磁不等同的两个或两组氢核，在一定距离内因相互自旋偶合干扰使核磁共振谱线发生裂分，其形状有二重峰（d）、三重峰（t）、四重峰（q）及多重峰（m）等，裂分峰间的距离即为偶合常数。

偶合常数反映有机结构的信息，特别是反映立体化学的信息。偶合常数有正、负之分，一般来说，通过偶数个化学键偶合的氢质子 J 为负值，通过奇数个化学键偶合的氢质子 J 为正值。J 值绝对值的大小为裂分峰每个小峰 δ 值之差乘以所用核磁共振仪器的频率，即 $\Delta\delta×$仪器的频率。

1. 偕偶（geminal coupling） 位于同一碳原子上的两个氢核相互之间的偶合称为偕偶，也叫同碳偶合，简写为 J_{gem} 或 ^2J，一般为负值，双键上的偕偶常数为正值。偕偶偶合常数变化范围较大，并与结构密切相关，通常其绝对值在 0~17Hz。

^2J 值随取代基电负性增加而向正方向移动，^2J 绝对值依次减小。例：CH_4（-12.4）< CH_3OH（-10.8）<CH_3F(-9.7)。

常见同碳质子偶合的 ^2J 范围如下：

^2J(Hz): 12.0~18.0　　0.5~3.0　　5.4~6.3　　7.6~17.0　　12.6

环己烷由于分子旋转，CH_2 可能为磁全同，无法表现出裂分，测定上需用特殊方法才能实现。

2. 邻偶（vicinal coupling） 位于相邻的两个碳原子上的两个氢核相互之间的偶合称为邻偶，简称 J_{vic} 或 ^3J。邻偶偶合常数一般为正值，邻位偶合在氢谱中占有突出的位置，常为化合物的结构与构型确定提供重要的信息。^3J 值大小与许多因素有关，如键长、取代基的电负性、两面角以及 C—C—H 间键角大小等。

（1）饱和型化合物^3J与键长、取代基电负性、两面角等因素相关。邻位基团电负性增加，^3J减小。

解释$^3J_{HH}$最有效的方法是 Karplus 方程。Karplus 方程是对于 $H_a-C_a-C_b-H_b$ 建立的。

从 Karplus 方程式可以得出，^3J 主要依赖于 H_a-C_a 与 C_b-H_b 键之间的两面角（图1-6）。顺式（0°）与反式（180°）构型，偶合常数有最大值。折式（60°与120°）有较小的值，而 $\phi=90°$ 时偶合常数为最小。例如，二氢黄酮类化合物的3位上有2个氢质子，H_a 与 2 位氢反式偶合常数为 11Hz，H_b 与 2 位氢顺式偶合常数为 5Hz。烯烃上的$^3J_{HH}$由于双键的关系，夹角只有 0°（顺）或 180°（反）两种，且$^3J_反>^3J_顺$。对六元环的$^3J_{H-H}$也有同样的情况。

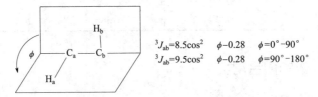

$$^3J_{ab}=8.5\cos^2 \phi-0.28 \quad \phi=0°\text{-}90°$$
$$^3J_{ab}=9.5\cos^2 \phi-0.28 \quad \phi=90°\text{-}180°$$

图1-6　H_a-C_a 与 C_b-H_b 键的两面角 ϕ

根据这个规律，$^3J_{H-H}$数值可用于确定苷类化合物糖的端基构型。葡萄糖等多种单糖以及它们的苷类化合物，糖上的 H2 处于直立键上，当端基上氧取代 β-构型时，端基质子与 H2 的两面角 ϕ 为 180°，$^3J_{H1-H2}$值为 6~8Hz；α-构型时，两面角 ϕ 为 60°，$^3J_{H1-H2}$值为 1~3Hz。

对 H2 位于直立键的吡喃糖可根据^{1}H-NMR 谱测得的端基氢$^3J_{H1-H2}$值判断糖的端基构型。但甘露糖及鼠李糖苷因 H2 位于平伏键，在端基为 α 及 β 构型中，两质子的二面角均为 60°或 120°，J 值相近，因此无法判断。

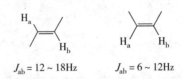

β-D-葡萄糖苷　　　　α-D-葡萄糖苷

葡萄糖1-H:　$J_{H1-H2}=6\text{~}9Hz$　　　$J_{H1-H2}=2\text{~}4Hz$

开链脂肪族化合物由于单键自由旋转的平均化，使^3J数值约为 6~8Hz。

（2）烯型化合物　　烯氢的邻位偶合是通过二个单键和一个双键（H－C＝C－H）发生作用的。由于双键的存在，反式结构的双面夹角为 180°，顺式结构的双面夹角为 0°，因此 $J_反=12\text{~}18Hz$，$J_顺=6\text{~}12Hz$。例如乙烯衍生物^3J（顺式）$\approx10Hz$，^3J（反式）$\approx17Hz$。

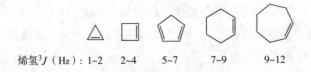

$J_{ab}=12\text{~}18Hz$　　　$J_{ab}=6\text{~}12Hz$

如果双键上取代基的电负性增加，则^3J减小；如果双键与共轭体系相连，则^3J减小。

如果环烯的环数目增加，则^3J增加。例如：

烯氢^3J（Hz）：1~2　　2~4　　5~7　　7~9　　9~12

（3）芳氢 芳氢的偶合可分为邻（o）、间（m）、对（p）位三种偶合，偶合常数都为正值，$J_o = 6 \sim 10\,\text{Hz}$，$J_m = 1 \sim 3\,\text{Hz}$，$J_p = 0 \sim 1\,\text{Hz}$。表1-3列举了不同芳氢常见的 J 值。

表 1-3 不同芳氢常见的 J 值

结构	类型	范围	典型值	结构	类型	范围	典型值
	J_o	6~10	8.0		J_{1-2}	2~3	
	J_m	1~3	2.5		J_{2-3}	2~3	
	J_p	0~1	0		J_{3-4}	3~4	
					J_{1-3}	2~3	
	J_{2-3}	5~6	5		J_{2-5}	1.5~2.5	
	J_{3-4}	7~9	8				
	J_{2-4}	1~2	1.5		J_{2-3}	1.3~2.0	1.8
	J_{3-5}	1~2	1.5		J_{3-4}	3.1~3.8	3.6
	J_{2-6}	0~1	0		J_{2-5}	1~2	1.5
	J_{2-5}	0~1	1		J_{2-4}	0~1	0

3. 远程偶合（long range coupling） 间隔3个以上化学键的偶合叫作远程偶合，偶合常数用 $J_{远}$ 表示。在不饱和系统如烯属、炔属、芳香族、杂环及张力环系统中，相隔3个以上化学键时，自旋-自旋偶合作用也可以发生。远程偶合的 J 值一般都很小。饱和烷烃类化合物的远程偶合常数接近于零，一般忽略不计。

（1）取代苯 偶合常数见表1-3。

$J_o = 6 \sim 10\,\text{Hz}$
$J_m = 1 \sim 3\,\text{Hz}$
$J_p = 0 \sim 1\,\text{Hz}$

（2）烯属 $\text{H}-\text{C}-\text{C}=\text{C}-\text{H}$，$J = 0.3\,\text{Hz}$，$\text{H}-\text{C}-\text{C}=\text{C}-\text{C}-\text{H}$ 的偶合常数可忽略不计。对于共轭多烯的偶合，甚至相隔9个键还会发生。

^4J（Hz）范围：　0~3　　　　　　0~3　　　　　　0~3
典型值：　　　　2　　　　　　　1.5　　　　　　1.2

（3）在五元杂环，如呋喃环中，2位和4位质子之间的偶合常数在0~2Hz之间。

（4）化合物结构中若有"W"型偶合，可通过4个键产生远程偶合，如双环己烷的 $J_{ab} = 7\,\text{Hz}$。

（5）如在含有 —C—C—C— 片断的化合物中，H_x 和 H_b 的化学位移相差较大，同时 H_b 和 H_a

的化学位移相差不多（$\Delta v/J<2$），这时 H_a 与 H_x 会发生虚假偶合，结果使 H_x 的信号成为复杂的谱线。这种情况在脂肪族类化合物中是很常见的。

（二）自旋偶合系统

1. 磁等同氢核　实践中发现，"磁等同"的氢核，即化学环境相同、化学位移也相同，且对组外氢核表现出相同偶合作用强度的氢核，相互之间虽有自旋偶合却并不产生裂分；只有"磁不等同"的氢核之间才会因自旋偶合而产生裂分。

（1）化学环境不相同的氢核一定是磁不等同的。

（2）处于末端双键上的2个氢核，由于双键不能自由旋转，也是磁不等同的。以1，1-二氟乙烯为例，H_a 及 H_b 两个氢核虽然在化学上等价，但对两个氟核的偶合作用并不相同。H_a 对 F_1 的偶合为顺式偶合，对 F_2 的偶合为反式偶合；H_b 对 F_1 及 F_2 的偶合则恰好相反。故 H_a 及 H_b 是磁不等同氢核，相互之间也可因自旋偶合而产生裂分。

$$\begin{array}{c} H_a \\ H_b \end{array} C=C \begin{array}{c} F_1 \\ F_2 \end{array}$$

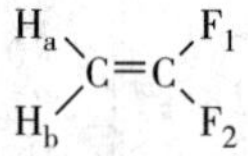

（3）单键带有双键性质时也会产生磁不等同氢核　例如酰胺化合物中，因 p-π 共轭作用使 C−N 键带有一定的双键性质，自由旋转受阻，故 N 上的两个 CH_3 氢核也是磁不等同氢核，共振峰分别出现在不同的位置。

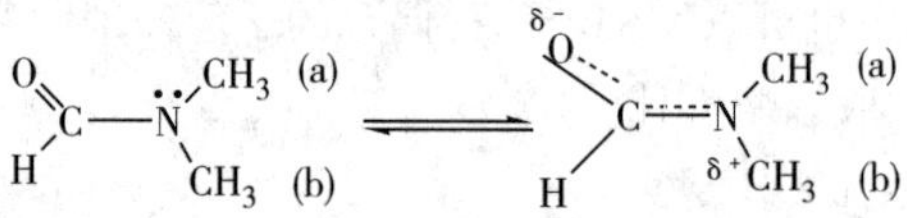

$$\begin{array}{c} O \\ \parallel \\ H-C-N \end{array} \begin{array}{c} CH_3 \ (a) \\ CH_3 \ (b) \end{array} \rightleftharpoons \begin{array}{c} \delta^- \\ O \\ \mid \\ H-C=N \end{array} \begin{array}{c} CH_3 \ (a) \\ \delta^+ CH_3 \ (b) \end{array}$$

（4）与不对称碳原子（C^*）相连的 CH_2 上的2个氢核也是磁不等同氢核。以1-溴-1，2-二氯乙烷为例，虽然碳碳单键可以任意旋转，但与 C^*（X、Y、Z）相连的 CH_2 上的两个 H 在 Newman 投影式表示的任一种构象式中所处化学环境均不相同，故为非磁等价氢核，化学位移也不相同，如图1-7所示。

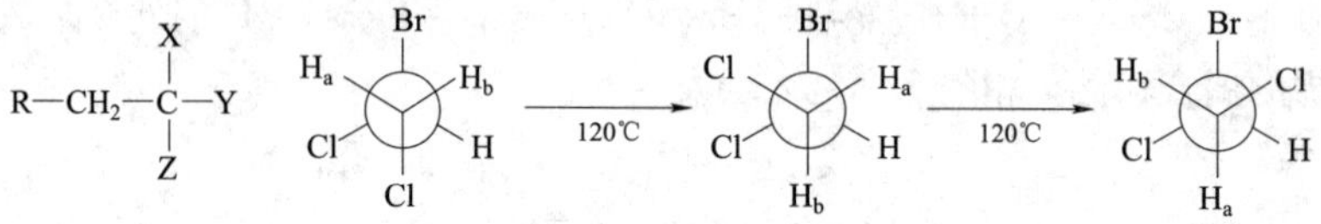

图1-7　Cl（Br）CH−CH$_2$Cl 的 Newman 投影式

（5）CH_2 上的氢核如果位于刚性环上或不能自由旋转的单键上时，也为磁不等同氢核。

（6）芳环上取代基的邻位质子也可能是磁不等同的。例如，在对二取代苯中，H_a 与 $H_{a'}$ 的化学位移虽然相同，但 H_a 及 H_x 是邻位偶合，$H_{a'}$ 与 H_x 则为对位偶合，$J_{H_a,H_x} \neq J_{H_{a'},H_x}$，故 H_a 与 $H_{a'}$ 也为磁不等同。

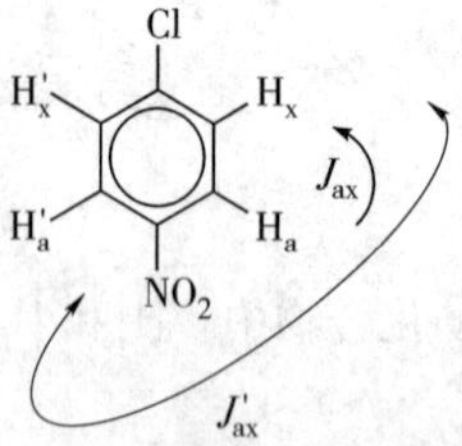

但是，磁不等同氢核之间并非一定存在自旋偶合作用。由于自旋偶合作用是通过键合电子间传递而实现的，故间隔键数越多，偶合作用越弱。通常，磁不等同的两个（组）氢核，当间隔超过 3 根单键以上时（如下列体统中的 H_a 与 H_b），相互自旋干扰作用即可忽略不计。

$$
\begin{array}{ccc}
H & Cl & H \\
| & | & | \\
H{-}C{-} & C{-} & C{-}Cl \\
| & | & | \\
H_a & Cl & H_b
\end{array}
$$

2. 低级偶合与高级偶合 几个（组）相互偶合的氢核可以构成一个偶合系统。自旋干扰作用的强弱与相互偶合的氢核之间的化学位移差距有关。偶合系统中涉及的氢核用英文字母表上相距较远的字母，如 A，M，X 等表示。这里，A，M 及 X 分别代表化学位移彼此差距较大的各个（组）氢核。

（1）低级偶合系统的特征及其表示方法　若系统中两个（组）相互干扰的氢核化学位移差距 Δv（用赫兹表示）比偶合常数 J 大得多，即 $\Delta v / J > 6$ 时，干扰作用较弱，谓之低级偶合；低级偶合图谱又称一级图谱或初级图谱。一级图谱简单，容易解析。

一级图谱的特点：由偶合裂分所产生的峰的数目可用 $n+1$ 规律描述；被裂分的峰组内的各峰的相对强度比可用二项式展开的系数近似表示。两重峰的强度比是 1∶1，三重峰的强度比是 1∶2∶1，四重峰的强度比是 1∶3∶3∶1，其余类推；峰组的中心位置为该组质子的化学位移，峰形左右对称，还有"倾斜效应"；偶合常数可以从图上直接计算；不同类型质子积分面积（或积分高度）之比等于质子的个数之比。

（2）高级偶合系统的特征及其表示方法　若 $\Delta v / J \leq 6$ 时，则干扰作用比较严重，则表现为高级偶合（如 AB 系统、A_2B 系统、ABX 系统、A_2B_2 系统、AB_3 系统、A_2B_3 系统等），所得图谱为二级图谱。

二级图谱的特点：一般情况下，峰组内峰的数目超过由 $n+1$ 规律计算的数目；峰组内各峰的相对强度比不能用二项式展开的系数表示，呈现复杂的关系；化学位移数值和偶合常数都不能直接读出。二级谱的谱图复杂，难以解析。

（3）^{1}H-NMR 图谱和仪器磁场强度的关系　由于 Δv 与测定条件有关，而 J 值与测定条件无关，所以在不同条件下得到的谱图往往为不同的裂分系统。例如 $CH_2{=}CHCN$ 中的 3 个质子，在 60MHz 的仪器测定时，表现为 ABC 系统；100MHz 仪器测定时，表现为 ABX 系统；200MHz 仪器测定时表现为 AMX 系统。所以，使用高磁场强度的仪器就可以使图谱简单化。目前，测试仪器已经达到 300MHz 以上，400MHz、500MHz、600MHz 甚至 900MHz 的核磁共振仪普遍使用，测得的图谱近似于一级图谱。

三、^{1}H-NMR 谱的测定技术

现代核磁共振波谱仪的测试工作包括一维和二维实验，这些实验的操作程序基本相同，不同之处仅在于脉冲序列和试验参数的改变（表 1-4），但操作流程基本一致，具体如图 1-8 中所示。

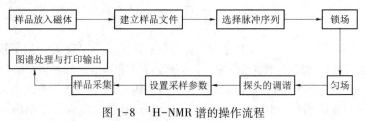

图 1-8　^{1}H-NMR 谱的操作流程

表 1-4　核磁共振波谱仪常用谱图的实验名称及脉冲序列

谱图类型	实验名称	脉冲序列
^{1}H-NMR	PROTON	zg30
^{13}C-NMR	C13CPD	zgpg30
DEPT45	C13DEPT45	dept45
DEPT90	C13DEPT90	dept90
DEPT135	C13DEPT135	dept135
1H-1H COSY	COSYGPMFSW	cosygpmfqf
HSQC	HSQCETGPSISP	hsqcetgpsisp2. 2
HMBC	HMBCGPND	hmbcgpndqf
TOCSY	MLEVPHSW	mlevphpp
NOESY	NOESYPHSW	noesygpphpp
ROESY	ROESYPHSW	Roesyphpp. 2

1. 选择脉冲序列　NMR 实验的核心是脉冲序列，不同的实验对应不同的脉冲序列。如做氢谱时选择氢谱的脉冲序列，做碳谱时选择碳谱的脉冲序列。脉冲序列是由发射脉冲和信号采集两部分组成的，最简单的脉冲序列只有一个脉冲和一个时间延迟，如单脉冲实验。

2. 建立样品文件　实验时，首先要建立一个新的实验文件。输入"NEW"命令，在弹出的对话框中设置将做实验的命名、保存路径等参数，点击 OK 生成新文件（图 1-9）。

图 1-9　核磁共振波谱仪新建窗口

3. 锁场和匀场　根据核磁共振原理可知：当静磁场 B_0 稍有变动时，原子核的共振频率 ω 就会改变。其实 B_0 的变动包含着两个方面，一个是磁场本身由于外界因素而产生的偏移，另一个是磁场在一定的空间范围内（如线圈所含的圆柱体）的不均匀性造成的，即相同的原子核在不同的空间位置会感受到不同的磁场强度。前者是通过"锁场"来解决的，后者是通过

"匀场"解决的。

　　锁场：液体核磁共振实验中，用氘（^{2}H）代替氢（^{1}H）不仅可以避免^{1}H谱上出现很强的溶剂峰，同时也为锁场提供了条件，即用氘的频率跟踪溶剂中氘的信号，使之保持共振条件，一旦磁场有所漂移，频率就会做相应的改变，补偿磁场的漂移。当 NMR 实验要检测氘信号时，Bruker 仪器还提供了同样原理的^{19}F 信号锁场的功能。仪器上专门有一个连接谱仪和探头的锁场（lock）通道，发射固定的氘共振频率。现在仪器上已有自动锁场的功能，只要键入"lock"命令，然后在出现的对话框中选择样品所用的氘代溶剂（图 1-10），计算机就会完成锁场的过程。

　　匀场：就是调节各组线圈中的电流，使之产生的附加磁场，抵消静磁场的不均匀，在探头发射线圈所含的范围内保持最大的均匀性，匀场的好坏通常是由锁场电平信号的高低来表示的。当锁场电平在匀场过程中超出范围时，可以用"Lock power"或"Lock gain"两个键调低至观察范围内（这种锁场电平的降低并不表示磁场均匀性的降低）继续匀场，也可以采用自动匀场的方法。只要打开"TopShim"窗口（图 1-11），点击"Start"键计算机就会自动完成整个匀场。

图 1-10　Bruker 核磁共振波谱仪锁场溶剂选择窗口

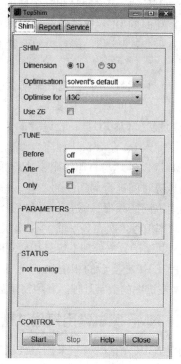

图 1-11　Bruker 核磁共振波谱匀场窗口

　　4. 探头的调谐（tuning）与阻抗匹配（matching）　探头中通常有高频的发射接收线圈（^{1}H）和低频的发射接收线圈（^{31}P、^{13}C 等），当样品放入探头后，它们与样品、电容器组成了谐振回路，每个回路都有一个最灵敏的谐振频率。Tuning 就是利用电容器来调节该回路的谐振频率使之与谱仪发射到探头上的脉冲频率完全一致，类似于收音机接收无线电台发射频率时的调谐。另外由于发射到探头上的都是射频脉冲，必须使探头谐振回路的输入阻抗与谱仪发射电缆的输出阻抗（通常为 50Ω）一致，才能使探头接收所有的发射功率，matching 调节的就是探头的输入阻抗。探头的谐振调谐和阻抗匹配是和发射的射频频率有关的，但由于谐振频率和阻抗匹配调节好的探头可以适应一个较宽的频率范围，因此发射频率的变化在几百甚至上千赫兹，调谐和阻抗匹配不会有太大的变化。然而，由于样品溶液是与线圈一起形成谐振回路的，样品性质的变化对探头的调谐和阻抗匹配影响很大，特别当样品或者溶剂的极性改变时，调谐和阻抗匹配会有较大的差别，需要重新调节。

现代仪器探头上都装有自动调谐与阻抗匹配（ATM）的附件，那么键入一个命令"atma"，计算机就会自动地完成所有的 tuning 和 matching 过程。

5. 设置采样参数 指的是与样品和谱图外观有关的参数。这类参数的设置与样品的性质和样品量的多少以及图谱的质量有关，因此不同的样品和不同的实验都有可能要改变这类参数，其中经常需要改变的参数如下：

（1）采样谱宽 SW：通常以 ppm 为单位。

（2）采样数据点 TD：该数值决定了采集 FID 时所用的数据点。确定了上述两个参数，同时也就确定了其他一些采样参数的数值，如 FID 数据的分辨率：FIDRES（FIDRES = SW × SFO1/TD）；采样时间：AQ（AQ = TD×DW）；采样数据点的时间间隔：DW（DW = 10^6/2×SW× SFO1）。实际上它们之间是相互关联的，一个参数的改变会引起其他一个或几个参数的改变。

（3）死时间 DE：该参数是发射脉冲结束后，数据采集前的间隔时间。

（4）采集次数 NS：该参数的设置既要考虑样品的浓度，也要考虑脉冲程序中相循环的要求。

（5）空采次数 DS：在正式采集之前，执行脉冲序列的次数。主要使样品体系达到一个稳定的状态，然后再采样，使得每次采样得到的数据基本相同。通常视脉冲序列的要求而定。

（6）接受增益 RG：一般设置的数值使第一次采集的 FID 占屏幕高度的三分之一左右即可，也可键入 rga 命令，让程序自动确定合适的数值。

（7）谱图处理与打印输出：执行采样命令后，采集的信号是时间域的函数，即各个共振频率信号随时间进行周期性的变化，称为 FID 信号，它是许多频率的叠加，依靠肉眼很难辨别出其中不同的频率，需要利用数字上的傅立叶变换（FT）将其转换成频率域的函数，即不同的共振频率信号依次在频率轴上不同的位置出峰，这就是我们平时看到的核磁共振谱图。当然，通常核磁共振的数据处理不仅是指傅立叶变换，它还包括 FT 变换前的窗函数加权、充零或线性预测，以及 FT 变换后的相位和基线校正、峰面积的积分和化学位移的定标等。所有这些都是 FID 信号或谱图的数字处理。其中窗函数加权、充零或线性预测等参数，不需要经常修改。

四、NMR 测试常用氘代试剂

测定 NMR 图谱时一般采用氘代试剂作溶剂，它不含氢，不产生干扰信号；其中的氘又可作核磁仪锁场之用。测试溶剂的选择依据：①对测试样品溶解度要大，②对信号峰的干扰要小，③氘代试剂的价格。常用氘代溶剂的 δ_C、δ_H 值见表 1-5。

表 1-5 常用氘代溶剂的化学位移值（TMS 为内标）

溶剂	δ_C	δ_H
三氯甲烷（CDCl$_3$）	77.0	7.24
二氯甲烷（CD$_2$Cl$_2$）	53.8	5.32
甲醇（CD$_3$OD）	49.0	3.3，4.8

溶剂	δ_C	δ_H
丙酮（acetone-d_6）	29.8，206.0	2.04
水（D_2O）	—	4.7
二甲基亚砜（DMSO-d_6）	39.5	2.49
苯（C_6D_6）	128.0	7.16
吡啶（C_5D_5N）	123.6，135.6，149.9	7.2，7.6，8.7

第三节　核磁共振碳谱在结构鉴定中的应用

在确定有机化合物结构时，与^{1}H-NMR相比，^{13}C-NMR在某种程度上起着更为重要的作用，两者相辅相成，已经成为化学及药学工作者最强有力的工具。

^{12}C在自然界碳元素中丰度最大（98.9%），但是由于核磁矩$\mu=0$，因而没有核磁共振现象。而^{13}C有核磁矩，但是天然丰度仅为1.1%，且^{13}C核的磁旋比γ仅为^{1}H的1/4，因此在核磁共振中的灵敏度很低，仅是^{1}H的1/6400，限制了核磁共振的应用范围。1966年发展起来的脉冲傅立叶变换核磁共振（PFT-NMR）技术，使信号采集由频域变为时域，大大提高了检测灵敏度，使研究低自然丰度的核成为现实。

绝大多数有机化合物的天然产物分子的骨架是由碳原子组成的，掌握了碳原子的结构信息，对确定有机化合物和天然产物的结构十分有利。

一、影响^{13}C-NMR谱化学位移的主要因素

影响^{13}C-NMR谱化学位移的各种因素与^{1}H-NMR谱相似，如碳原子杂化类型、周围化学环境对碳原子电子云密度的影响、磁的各向异性效应、分子内空间效应以及溶剂效应等，其中起主要作用的是杂化轨道状态及化学环境。与^{1}H-NMR谱不同的是，^{13}C-NMR谱中取代基对化学位移的影响不只限于邻近的碳原子，还可延伸数个原子。此外，^{13}C-NMR谱化学位移受分子间影响比^{1}H-NMR谱小，因为H处于分子的外部，邻近分子对H影响较大，如氢键缔合等；而碳处于分子骨架上，所以分子间效应对碳影响较小，但分子内部相互作用显得很重要。

1. 杂化状态　杂化状态是影响δ_C的重要因素。各类碳的化学位移顺序与各类碳上对应质子的化学位移顺序基本一致。若质子在高场，则该质子连接的碳也在高场；反之，若质子在低场，则该质子连接的碳也在低场。

2. 诱导效应　碳原子上连有电负性取代基、杂原子以及烷基，可使δ_C信号向低场位移，位移的大小随取代基电负性的增大而增加，并且随离取代基的距离增大而减小。诱导效应具有加和性，因此，碳的化学位移向低场位移的程度也随着取代基数目的增多而增加。

3. 空间效应　^{13}C化学位移对分子的几何形状非常敏感，相隔几个键的碳，如果它们空间非常靠近，则互相发生强烈的影响，这种短程的非成键的相互作用为空间效应。例如苯乙酮中若乙酰基邻近有甲基取代，则苯环和羰基的共平面发生扭曲，羰基碳的化学位移与扭曲角ϕ有关。

ϕ:　　　　0　　　　　　28　　　　　　50

$\delta_{C=O}$:　　195.7　　　　199.0　　　　205.5

4. 缺电子效应　羰基碳原子缺少电子，则羰基碳原子共振出现在最低场。若羰基与杂原子（具有孤电子对的原子）或不饱和基团相连，羰基碳原子的电子短缺得以缓和，则共振移向高场方向。因此醛、酮共振信号在最低场，一般 $\delta_C > 195$，酰氯、酰胺、酯、酸酐等相对醛、酮共振位置明显移向高场方向，一般 $\delta_C < 185$。

5. 电场效应　在含氮化合物中，如含 $-NH_2$ 的化合物，由于质子化作用生成 $-NH_3^+$，此正离子的电场使化学键上电子移向 α 或 β 碳，从而使它们的电子密度增加，屏蔽作用增大，其化学位移向高场偏移约 $0.5 \sim 5.0$。这种效应对含氮化合物 ^{13}C-NMR 谱的指定很有用。

6. 邻近基团的各向异性效应　例如下述 5 个化合物，在结构式 A、B、C 中，异丙基与手性碳原子相连，而 D、E 中与非手性碳原子相连。异丙基上 2 个甲基在前 3 个化合物中由于受到较大的各向异性效应的影响，这两个甲基碳的化学位移差别较大，在后两个化合物中，异丙基上两个甲基碳受各向异性效应的影响小，其化学位移的差别也较小。

7. 取代基构型的影响　取代基的构型对化学位移也有不同程度的影响，如下面 4 个结构。

二、不同类型碳的化学位移

　　^{13}C-NMR 谱提供的结构信息是分子中各种不同碳核的化学位移、异核偶合常数（J_{CH}）和弛豫时间（T_1），其中利用程度最高的是化学位移（δ）。^{13}C 化学位移范围为 $0 \sim 250$ ppm。决

定^{1}H 化学位移的各种结构因素，基本上也会影响^{13}C 的化学位移，如碳原子杂化类型、周围化学环境对碳原子电子云密度的影响、磁的各向异性效应、分子内空间效应以及溶剂效应等。不过^{13}C 核外有 p 电子，p 电子云的非球形对称性使^{13}C 化学位移主要受顺磁屏蔽的影响。顺磁屏蔽的强弱取决于碳的最低电子激发态与电子基态的能极差，差值越小，顺磁屏蔽就越大，^{13}C 的化学位移值也越大。

各种类型碳原子的化学位移值的大致范围如图 1-12 所示。

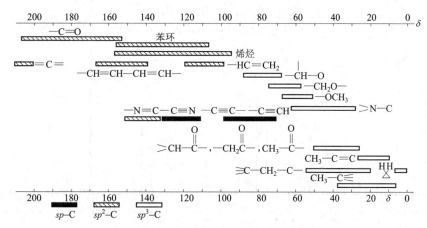

图 1-12　各类型碳的化学位移值范围

三、^{13}C-NMR 谱常用去偶技术

在碳谱中^{13}C-^{13}C 之间的同核偶合影响很弱，一般可以不予考虑。相反^{1}H 的偶合影响（异核偶合）却表现得十分突出，裂分数目遵守 $n+1$ 规律。以直接相连的^{1}H 的偶合影响为例，^{13}C 信号将分别表现为 s（C）、d（CH）、t（CH$_2$）、q（CH$_3$）。实际上，除了$^1J_{CH}$影响外，由于还可能同时存在两根键（$^2J_{CH}$）及三根键（$^3J_{CH}$）范围内的远程偶合影响，^{13}C 信号还可能进一步裂分，表现为更复杂的图形，即降低了灵敏度，又出现了信号重叠。为了克服这些缺点，现已发展了下述主要的^{13}C-NMR 谱技术。

1. 质子宽带去偶谱（proton broad band decoupling） 也称质子噪声去偶谱（proton noise decoupling）或全氢去偶谱（proton complete decoupling），是目前应用最普遍的常规^{13}C-NMR 谱技术，在读取^{13}C 的 FID 信号期间，用覆盖所有^{1}H 核共振频率的宽频电磁辐射照射^{1}H 核，以消除所有核对相关^{13}C 核的偶合影响。在质子宽带去偶谱中，分子中所有的碳核均表现为单峰，因此无法区分碳核的类型（伯碳、仲碳、叔碳、季碳），但可据以准确判断不等同碳核信号的数目及它们的化学位移。与^{1}H-NMR 不同，^{13}C-NMR 谱上信号强度与碳的数目不完全呈定量相关，这是因为信号强度主要取决于各个碳的纵向弛豫时间 T_1，T_1 值越小；信号越强，T_1 值越大，信号越弱。羰基碳、双键季碳因 T_1 值很大，故吸收信号非常弱，有时甚至弱到无法观测的程度。如图 1-13 所示是绿原酸的质子宽带去偶谱，由于没有重叠的信号，在谱图上能直接给 16 个碳信号的信息。可见质子宽带去偶谱具有信号分离度好、强度高的优点。

2. 偏共振去偶（off resonance decoupling，OFR） 在这种谱图中^{13}C 信号由于连接的^{1}H 核的数目不同而产生不同的裂分。次甲基（—CH）碳核呈双峰，亚甲基（—CH$_2$）呈三重峰，甲基（—CH$_3$）呈四重峰，季碳为单峰强度最低。由此可获得碳所连接的质子数、偶合情况等

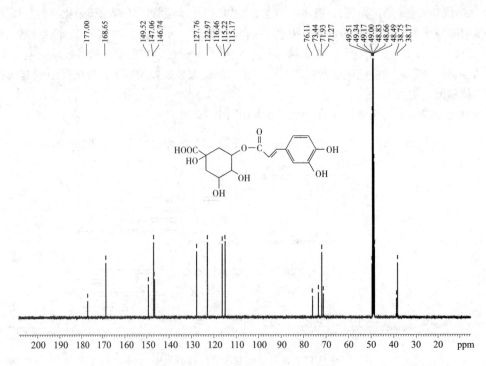

图 1-13　绿原酸的质子宽带去偶谱

信息。但此法常因各信号的裂分峰相互重叠，对结构比较复杂的中药有效成分，有些信号难于全部识别或解析，远不及下述的 DEPT 法易于解析。

3. 选择性质子去偶（selective proton decoupling）　是在已明确归属氢信号的前提下，用弱或很弱的能量选择性照射某种或某组特定的氢核（选择的照射频率与该特定氢核的共振频率相同），消除它们对相关碳的偶合影响，结果只有与该质子相连的碳发生去偶而使谱线变为单峰，又由于 NOE 效应而使峰强度增加，与其他质子相连的碳则发生偏共振去偶。此时图谱上峰形发生变化的信号只有与之有偶合关系或远程偶合关系的碳信号。质子选择性去偶是偏共振去偶的特例，是归属碳-氢之间关系的重要方法之一。如果化合物的氢谱已全部归属时，可以用质子选择性去偶归属碳信号，如果氢谱、碳谱都未归属时，也可以通过质子选择性去偶找出氢谱和碳谱中峰之间的对应关系，但是测定一次，只能解决一个碳的关系，需要测试多次才能解决多个碳核氢的关系，现在已经被异核二维相关谱 HMBC 取代。

4. 无畸变极化转移技术（distortionless enhancement by polarization transfer，DEPT）
DEPT 技术是通过采用两种特殊的脉冲序列分别作用于高灵敏度的 ^{1}H 核及低灵敏度的 ^{13}C，将灵敏度高的 ^{1}H 核磁化转移至灵敏度低的 ^{13}C 核上，从而显著提高了 ^{13}C 核的观测灵敏度。此外还能有效地利用异核间的偶合对 ^{13}C 信号进行调制的方法来确定碳原子的类型。照射 ^{1}H 的脉冲宽度 $\theta = 45°$ 时，所有的 CH、CH$_2$、CH$_3$ 均显正信号；当 $\theta = 90°$ 时，仅显示 CH 正信号；当 $\theta = 135°$ 时，CH 和 CH$_3$ 为正信号，而 CH$_2$ 为负信号。季碳均无信号出现。

绿原酸的 DEPT 谱如图 1-14 所示，将碳谱与 DEPT 135 和 DEPT 90 对比，可以指认碳谱中的各个碳的类型，如 CH$_3$、CH$_2$、CH 或 C。解析 ^{13}C/DEPT 谱最简单的方法是先找去偶 C 谱中有而在其他两种 DEPT 谱中没有的峰。这些峰可标为季碳，然后，观察 DEPT 135 谱所标出

的所有 CH_2，因为它们为负信号，易于识别。最后，对比 DEPT 135 和 DEPT 90，识别 CH_3 和 CH，因为 DEPT 90 只给出 CH，所以 DEPT 135 中与之不同的其他正信号就是 CH_3 的峰。

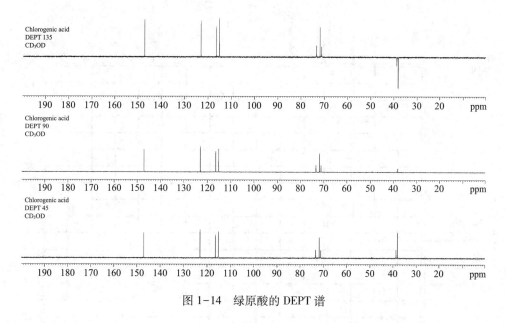

图 1-14 绿原酸的 DEPT 谱

第四节 二维核磁共振谱在结构鉴定中的应用

二维傅立叶变换磁共振（2D-FT-NMR）是 20 世纪 80 年代发展起来的核磁共振技术。它将 1D-NMR 自然推广，采用各种脉冲序列，在两个独立的时间域进行两次傅立叶变换得到两个独立的垂直频率坐标系的谱图，即 2D-NMR 谱图。2D-NMR 大大提高分辨力，清楚准确地反映出各种复杂分子结构中各种原子之间的连接、偶合及空间信息。主要有三类谱图：J 分辨谱、化学位移相关谱及多量子跃迁谱，其中应用最广的是化学位移相关谱。可以通过同核 $^1H-^1H$ 相关（COSY）和全相关谱（TOCSY）研究分子结构中各种氢的关系，再通过异核相关谱（HMQC、HSQC、HMBC）来研究分子结构中碳与氢的相互键合与偶合关系，还可以通过空间效应谱（NOESY 或 ROESY）来研究更为复杂的分子空间立体结构。

1. $^1H-^1H$ COSY 谱 也称氢-氢化学位移相关谱，是同一个偶合体系中质子之间的偶合相关谱。指把同一偶合系统里质子之间的偶合相关，这种方法把复杂的自旋系统中有关自旋偶合的信息用二维谱的形式绘制出来。图谱多以等高线图表示，同一氢核信号在对角线上相交，交点为对角峰，对角峰两侧对称出现的峰为相关峰，相互偶合的两个或两组 ^1H 核信号将在相关峰上相交。因此，若以某一确定的质子着手分析，依次就可以对其自旋系统中各质子的化学位移进行精确归属。$^1H-^1H$ COSY 谱可以确定相邻含氢基团（氢原子之间的偶合常数为 ^3J）的偶合关系，从而确定两个相邻的含氢基团，此外芳香体系、含有双键的体系（以及一些特殊构型的体系）中可能显示 ^4J，甚至更远的偶合关系；这些对于推导未知物结构起到非常重要的作用。例如，图 1-15 是咖啡酸的 $^1H-^1H$ COSY 放大谱，在图谱中能清楚地看到咖啡酰基反式双键上 7 位氢 $\delta 7.52$（1H, d, $J=15.9Hz$）与 8 位氢 6.21（1H, d, $J=15.9Hz$）的相关峰，咖啡酰基苯环上 2 位氢 $\delta 7.02$（1H, d, $J=2.1Hz$）与 6 位氢 $\delta 6.76$（1H, dd, $J=2.1$,

8.2Hz）的相关峰，6 位氢 δ 6.76（1H，dd，J = 2.1，8.2Hz）与 5 位氢 6.77（1H，d，J = 8.2Hz）的相关峰。

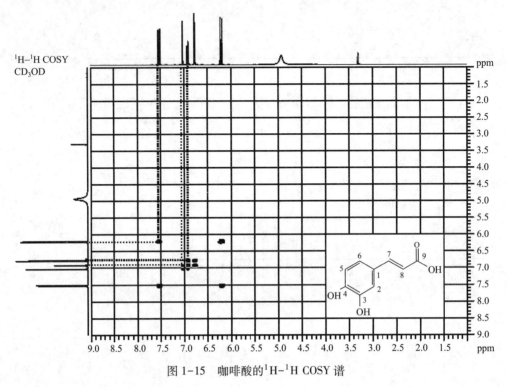

图 1-15　咖啡酸的 ^1H-^1H COSY 谱

2. ^{13}C-^1H COSY 谱　是指碳-氢化学位移相关谱，属异核化学位移相关谱。此谱能反映 ^1H 核和与其直接相连的 ^{13}C 的关联关系，以确定 C－H 偶合关系（$^1J_{CH}$）。一般通过 ^1H 核检测的异核多量子相关谱（^1H detected heteronuclear multiple quantum coherence，HMQC）和 ^1H 核检测的异核单量子相关谱（^1H detected heteronuclear single quantum coherence，HSQC）测定。由于后者的灵敏度高，较为常用。在 HMQC 或 HSQC 谱中，F_1 域为 ^{13}C 化学位移，F_2 域为 ^1H 化学位移。直接相连的碳与氢将在对应的 ^{13}C 和 ^1H 化学位移的交点处给出相关信号。由相关信号分别沿两轴画平行线，就可将相连的 ^{13}C 与 ^1H 信号予以直接归属。例如，在咖啡酸的 HSQC 谱（图 1-16）中，可找到各碳、氢的相关峰，由此可容易确定各碳氢的归属。

3. HMBC 谱　是通过 ^1H 核检测的异核多键相关谱（^1H detected heteronuclear multiple bond correlation）的简称，它把 ^1H 核和与其远程偶合的 ^{13}C 核关联起来。在 HMBC 谱中，F_1 轴为 ^{13}C 化学位移，F_2 轴为 ^1H 化学位移，HMBC 可以高灵敏地检测 ^1H-^{13}C 远程偶合，显示 $^nJ_{C-H}$（$n \geqslant 2$）的信息，不显示 $^1J_{C-H}$ 的偶合信息，能够高灵敏地检测到 $^2J_{C-H}$ 和 $^3J_{C-H}$ 的信号，可以跨过季碳，甚至杂原子，得到分子结构中碳链骨架的信息、有关季碳的结构信息，及因含有杂原子而被切断的偶合系统的结构信息。例如，海胆苷的 HMBC 谱（图 1-17）中显示，Glu″的 4 位氢 δ 4.89（1H，t，J=7.5Hz，H-4″）与 δ 168.4 有远程相关，说明咖啡酰基连在 Glu″的 4 位上；鼠李糖端基氢 δ 5.28（1H，br.s，H-1‴）与 δ 81.7（C-3″）有远程相关关系，说明鼠李糖连在 Glu″的 3 位上；Glu‴′的端基氢信号 δ 4.36（1H，d，J=7.7Hz，H-1‴′）与 δ 68.9（C-6″）有远程相关关系以及 C-6″的化学位移向低场位移 6.9ppm，说明 Glu‴′连在 Glu″的 6 位上。

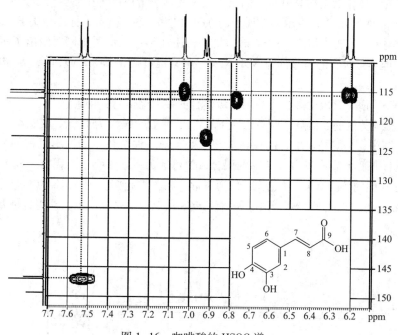

图 1-16　咖啡酸的 HSQC 谱

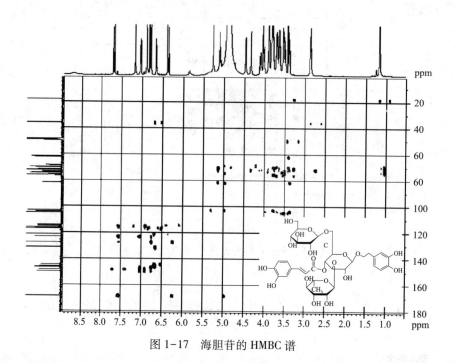

图 1-17　海胆苷的 HMBC 谱

4. NOESY 谱　两个（组）不同类型质子位于相近的空间距离时，照射其中一个（组）质子会使另一个（组）质子的信号强度增强。这种现象称为核的 overhauser 效应，简称 NOE。NOE 通常以照射后信号增强的百分率表示。NOE 与距离的 6 次方成反比，故其数值大小反映了相关质子的空间距离，可据以确定分子中某些基团的空间相对位置、立体构型及优势构象，对研究分子的立体化学结构具有重要的意义，尤其是对蛋白质等生物大分子的研究十分有用。二维 NOE 谱简称 NOESY，表示的是质子的 NOE 相关关系，横纵坐标均为质子的化学位移值，其图谱外观与 COSY 谱类似。NOESY 谱的最大作用在于一张谱图中同时给出了所有质子间的 NOE 信息，但不是所有的信号都为 NOE 相关，常常混有质子 COSY 残留峰，结构解析时需加以注意。

5. TOCSY 谱 灵敏度高，可给出多级偶合的接力谱信息，得到二、三、四、五键的相关点。F_1、F_2 轴均为氢的 δ 信息，对角线在 F_1、F_2 坐标上的投影为 H 谱，交叉峰为直接偶合的相关峰。从图中一个氢核出发，能找到与该氢处于同一偶合体系的所有氢核的相关峰，尽管所讨论的氢核与偶合体系内的 H 核间的偶合常数可能为零。多级接力需有中间 H 的传递，传递的效果与 H 间的 J 值有关，J 越大，传递越远，相关点越多。图 1-18 为毛蕊花糖苷糖片段的 TOCSY 放大谱，在该 TOCSY 谱中，从葡萄糖和鼠李糖端基氢出发，获得各糖基的自旋偶合体系。

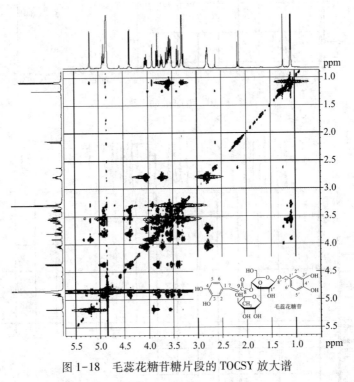

图 1-18　毛蕊花糖苷糖片段的 TOCSY 放大谱

第五节　其他波谱法在结构鉴定中的应用

一、质谱法

质谱是一种经典的物理分析方法，早阶段主要用于同位素分析，而用于有机化合物结构研究的有机质谱方法在 20 世纪 40 年代才逐渐发展起来。有机化合物分子的质谱裂解机制和离子化技术是这一领域长期以来引人注目的研究对象。传统上有机化合物结构研究主要采用的是电子轰击电离源、化学电离源、场致电离源、场解吸电离源等。这些质谱技术多年来一直应用于中药有效成分和其他有机化合物的结构测定。随着科学技术的不断进步，质谱技术也得到了突飞猛进的发展。1981 年出现了快原子轰击质谱（fast atom bombardment mass spectrometry，FAB-MS），1988 年出现了电喷雾电离质谱（electrospray ionization mass spectrometry，ESI-MS）。这些质谱技术的发展和应用，对中药有效成分和天然产物的结构研究起到了很大的推动作用，特别是对于天然药物中极性大、挥发性差、分子量大的化学成分，如苷类、多糖、多肽、蛋白质的结构研究起到非常积极的促进作用。质谱的优点是用微量样品就可以测定分子量、分子式，能鉴别两个化合物是否相同。此外，它还能得到大量结构信息，这在未知物的分析，尤其是天然药物化学成分的结构鉴定方面起到重要作用。

这里介绍主要离子源的电离方式及特点。

1. 电子轰击质谱（electron impact mass spectrometry，EI-MS）　EI 是目前应用最普遍、发展最成熟的电离方法。样品气化后，气态分子受到一定能量的电子轰击，大多数分子电离后生成缺一个电子的分子离子，并可以继续发生键的断裂形成"碎片"离子。EI 的特点是样品需要气化，能得到较多的碎片离子信息，为解析化合物的结构提供较多的信息，有较好的重现性，其裂解规律的研究也最为完善，已经建立了数万种有机化合物的标准谱图库可供检索；但当样品相对分子质量较大或对热稳定性差时，常常得不到分子离子峰，因而不能测定这些样品的相对分子质量。后来开发的各种离子源技术基本上都是为了弥补电子轰击离子源的不足。

2. 化学电离质谱（chemical ionization mass spectrometry，CI-MS）　CI 的离子源与 EI 相似，区别是离子源中含有较高浓度的反应气体，如 CH_4，H_2，NH_3 等。化学电离中样品经加热气化后，进入反应室，与反应气体发生离子-分子反应，使样品分子实现电离。利用化学电离源，即使是不稳定的化合物，也能得到较强的准分子离子峰，即 M±1 峰，从而有利于确定其分子量。化学电离的特点是样品需要气化，准分子离子峰的强度高，便于推算分子量，但此法的缺点是碎片离子峰较少，可提供的有关结构方面信息少。

3. 场解吸质谱（field desorption mass spectrometry，FD-MS）　本法的样品被沉积在电极上，在电场的作用下，样品分子不经气化直接得到准分子离子。FD-MS 特别适用于难气化和热稳定性差的固体样品分析，如有机酸、甾体类、糖苷类、生物碱、氨基酸、肽和核苷酸等。此法的特点是形成的 M^+ 没有过多的剩余内能，减少了分子离子进一步裂解的概率，增加了分子离子峰的丰度，碎片离子峰相对减少。因此用于极性物质的测定，可得到明显的分子离子峰或 [M+1]$^+$ 峰；但碎片离子峰较少，对提供结构信息受到一些局限。为提高灵敏度可在样品中加入微量的带阳离子 K^+、Na^+ 等碱金属的化合物，这样会产生明显的准分子离子峰、[M+Na]$^+$、[M+K]$^+$ 和碎片离子峰。

4. 快原子轰击质谱（fast atom bombardment mass spectrometry，FAB-MS）　本法将样品分散于基质（常用甘油等高沸点溶剂）制成溶液，涂布于金属靶上送入 FAB 离子源中，将经强电场加速后的惰性气体中性原子束对准靶上样品轰击。基质中存在的缔合离子及经快原子轰击产生的样品离子一起被溅射进入气相，并在电场作用下进入质量分析器。样品若在基质中的溶解度小，可预先用能与基质互溶的溶剂（如甲醇、乙腈、H_2O、DMSO、DMF 等）溶解，然后再与基质混匀。此方法常用于大分子极性化合物特别是对于糖苷类化合物的研究。除得到分子离子峰外，还可得到糖和苷元的结构碎片峰，从而弥补了 FD-MS 的不足。由于配备了阴离子捕获器，还可以给出相应的阴离子质谱。另外，由于离子寿命较长，可以获得高分辨质谱。

5. 基质辅助激光解吸电离质谱（matrix-assisted laser desorption mass spectrometry, MALDI-MS） 本法是将样品溶解于在所用激光波长下有强吸收的基质中，利用激光脉冲辐射分散在基质中的样品使其解离成离子，并根据不同质荷比的离子在仪器无场区内飞行和到达检测器时间，即飞行时间的不同而形成质谱。此种质谱技术适用于结构较为复杂、不易气化的大分子如多肽、蛋白质等的研究，可得到分子离子、准分子离子和具有结构信息的碎片离子。

6. 电喷雾电离质谱（electrospray ionization mass spectrometry, ESI-MS） ESI-MS 是目前使用较多的质谱测定方法之一，常与 HPLC 联合使用。样品溶液被喷成在溶剂蒸气中的无数细微带电荷的液滴，液滴在进入质谱仪之前，沿一不断被抽真空的管子运动，溶剂不断蒸发，样品分子和溶剂从液滴中排除，产生的离子可能带单电荷或多电荷。是一种使用强静电场的电离技术，既可分析大分子也可分析小分子。对于分子量在 1000D 以下的小分子，会产生 $[M+H]^+$ 或 $[M-H]^-$ 离子，选择相应的正离子或负离子形式进行检测，就可得到物质的分子量。而分子量高达 20000D 的大分子会生成一系列多电荷离子，通过数据处理系统能得到样品的分子量。例如，毛蕊花糖苷的（+）-ESI-MS 谱（图 1-19）中只出现准分子离子峰，测得 m/z 623.2 $[M-H]^+$，所以分子量为 624.2。

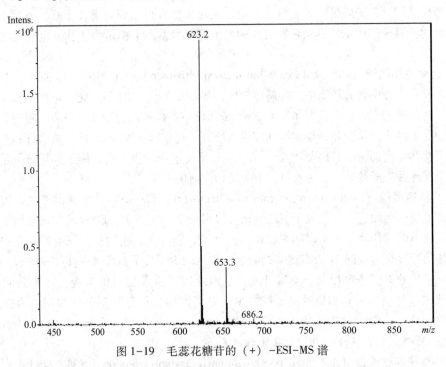

图 1-19 毛蕊花糖苷的（+）-ESI-MS 谱

二、紫外光谱

化合物的紫外光谱是由分子中的价电子吸收一定波长（200~800nm）的光从基态跃迁到激发态而产生的。一般来说，对于饱和碳氢化合物，由于 $\sigma\rightarrow\sigma^*$ 跃迁需要较高的能量，超出了正常的紫外可见光范围，所以在上述区域无吸收；若含有杂原子基团（如 N、O、S）时，虽有 $n\rightarrow\pi^*$ 跃迁，但只能在 200~210nm 附近有末端吸收，对于结构解析提供的信息较少。一般来说，UV 光谱主要提供分子中的共轭体系的结构信息，如分子中含有共轭双键、α, β-不饱和羰基（醛、酮、酸、酯）结构的化合物及芳香化合物。这些化合物可因 $n\rightarrow\pi^*$ 或 $\pi\rightarrow\pi^*$

跃迁而在紫外光谱中显示强吸收，因而能够提供的信息较多。

　　一般来说，UV 光谱主要可提供分子部分的结构信息，而不能给出整个分子的结构信息，所以只能作为化合物结构鉴定的辅助手段。本法对具有共轭体系结构的天然药物化学成分的结构确定具有一定的实际应用价值。如黄酮类香豆素类等化合物的 UV 光谱在加入一定诊断试剂后因分子结构中的取代类型、数目、排列方式不同而发生一定规律的变化，可根据这些变化推断化合物的精细结构，如取代基的位置、种类和数目。

三、红外光谱

　　红外光谱是由分子的振动−转动能级跃迁引起的，范围在 $4000 \sim 625 cm^{-1}$ 区域。其中 $1250 cm^{-1}$ 以上的区域为特征频率区（functional group region），特征官能团如羟基、氨基、羰基、芳环等的吸收均出现在这个区域。$1250 \sim 625 cm^{-1}$ 的区域为指纹区（fingerprint region），出现的峰主要是由 $C-X$（$X=C,O,N$）单键的伸缩振动及各种弯曲振动而引起。峰带特别密集，形状比较复杂。如果被测物质与已知对照品的红外光谱完全一致，则可推测是同一物质。但在少数情况下也有例外，如正二十二烷与正二十三烷，它们的官能团和化学环境基本一致。红外光谱主要用于功能基的确认、芳环取代类型的判断等。在某些情况下 IR 也可以用于天然药物化学成分构型的确定，如 25R 与 25S 型螺甾烷型皂苷元，在 $960 \sim 900 cm^{-1}$ 附近有显著区别，很容易鉴别。

　　如果被测定物是已知物，只要和已知对照品做一张红外光谱图，如果二者红外光谱完全一致，则可推测是同一物质。如无对照品，也可检索有关红外光谱数据图谱文献。如果被测物结构基本已知，可能某一局部构型不同，在指纹区就会有差别。红外光谱在对未知结构化合物进行鉴定时，主要用于功能基的确认和芳环取代类型的判断等。

四、旋光光谱、圆二色谱

　　大多数天然有机化合物往往存在手性中心，构成手性化合物。尽管核磁共振谱、质谱、红外光谱和紫外光谱在有机化合物的结构确定中发挥着不可替代的作用，但对于手性化合物绝对构型的解决，往往表现得力不从心。单纯的核磁共振谱能够解决结构测定中大多数的相对构型问题，而对于绝对构型的确定，需要借助价格昂贵的手性试剂，对仪器、操作都有较高的要求，且所测定化合物的范围有很大限制。目前，测定绝对构型最常用的方法是旋光光谱（optical rotatory dispersion，ORD）、圆二色谱（circular dichroism，CD）和单晶 X 线衍射（X-ray diffraction）。前两者在常用有机溶剂中测定，样品用量小，可测定非晶体化合物，操作简单，数据易处理。

（一）旋光光谱

　　当平面偏振光通过手性物质时，能使其偏振平面发生旋转，产生所谓的"旋光性"。旋光现象的产生是因为组成平面偏振光的左旋圆偏振光和右旋圆偏振光在手性物质中传播时，其折射率不同，即两个方向的圆偏振光在此介质中的传播速度不同，导致偏振面的旋转。同时，不同波长的平面偏振光在该手性物质中的折射率不同，因此造成偏振面的旋转角度不同。偏振光的波长越短，旋转角度越大。如果用不同波长（$200 \sim 760 nm$）的平面偏振光照射光活性物质，以波长 λ 对比旋光度 $[\alpha]$ 或摩尔旋光度 $[M]$ 作图，所得曲线即为旋光光谱。

　　因为手性化合物的结构不同，其旋光光谱的谱线形状也不同。通常，旋光光谱的谱线主要分为两大类：正常的平滑谱线和异常的 Cotton 效应谱线。后者又包括了简单的 Cotton 效应谱线和复合 Cotton 效应谱线。平坦的旋光谱线，不存在峰和谷，如图 1-20 中谱线 1、2 和 3，简单 Cotton 效应谱线则只包含一个峰和一个谷，如图 1-20 的谱线 4 和 5，而复合 Cotton 效应谱线则包含多个峰和谷，如图 1-20 的谱线 6 和 7。谱线由长波长处向短波长处上升的称为正性谱线，图 1-20 中的谱线 1、4、6 和 7 都是正性谱线；而谱线由长波长处向短波长处下降的称为负性谱线，如图 1-20 中的谱线 2、3 和 5。

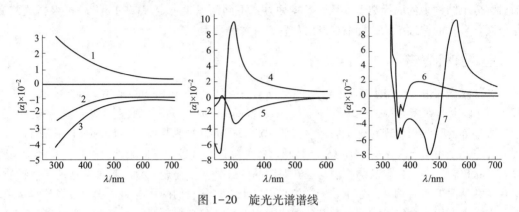

图 1-20　旋光光谱谱线

（二）圆二色谱

手性化合物不仅对组成平面偏振光的左旋和右旋圆偏振光的折射率不同，还对二者的吸收系数不同，这种性质被称作"圆二色性"。若用 ε_L 和 ε_R 分别表示左旋和右旋圆偏振光吸收系数，它们之间的差值可表示为 $\Delta\varepsilon = \varepsilon_L - \varepsilon_R$，$\Delta\varepsilon$ 被称作吸收系数差。若以 $\Delta\varepsilon$ 对波长作图，则可得到圆二色谱。由于左旋和右旋圆偏振光的吸收系数不同，透射出的光则不再是平面偏振光，而是椭圆偏振光，因此圆二色谱中的纵坐标亦可以摩尔椭圆度 $[\theta]$ 代替 $\Delta\varepsilon$，二者的关系是 $[\theta] = 3300\Delta\varepsilon$。

如果样品在一定波长范围内（200~700nm）没有特征吸收，则 $\Delta\varepsilon$ 的变化很微小，尽管在旋光光谱中会出现平滑的谱线，但圆二色谱的谱线不具有特征性，往往是一条接近水平的直线。当样品存在吸收时，则会给出 Cotton 效应谱线。同旋光光谱一样，圆二色谱也分为呈现峰的正性谱线和呈现谷的负性谱线（图 1-21）。同时，旋光光谱和圆二色谱谱线的正负性是一致的，如图 1-22 为（+）-樟脑的旋光光谱和圆二色谱谱线。通常钟形的圆二色谱谱线比 S 形的旋光光谱谱线简单，容易分析，因此在手性化合物绝对构型的确定方面应用的更加广泛。

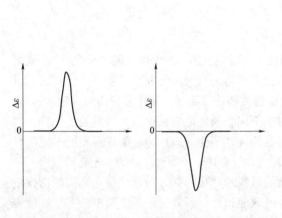

图 1-21　圆二色谱的谱线

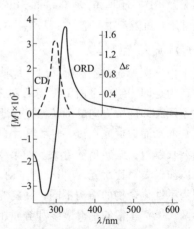

图 1-22　（+）-樟脑的旋光光谱和圆二色谱

目前，圆二色谱主要包括针对紫外可见光区的电子圆二色谱（electronic circular dichroism，ECD）和针对红外线范围的振动圆二色谱（vibrational circular dichroism，VCD）；前者是基于分子的电子能级跃迁产生，而后者则是基于分子的振转能级跃迁产生，我们通常所说的圆二色谱多指 ECD。

（三）八区律

所谓圆二色谱和旋光光谱的八区律，是指用来表征饱和醛或酮特征的一个半经验规律。此外，亦有 α，β-不饱和环酮的八区律，共轭双烯或共轭不饱和环酮的螺旋规律，以及 Klyne 内酯扇形区规律等。现以饱和酮的八区律为例简要介绍八区律的内容。羰基有两个相互垂直的对称面，本身不具有手性。当其存在于手型分子中时，由于不对称因素的干扰，羰基氧原子非共用电子对固有的 n→π* 能级跃迁受到影响，造成谱线在 270~310nm 范围内出现 Cotton 效应的转折。Cotton 效应的符号和谱型取决于羰基所处的非对称环境，手性中心距离羰基越近，效应越显著；反之，效应较微弱。同时，手性中心构型和构象的变化，也会影响到 Cotton 效应谱线的谱型和符号。

如图 1-23，羰基位于被分成 8 个区域的 3 个节面中心，如果该羰基属于一个手型分子的一部分，那么该分子的其他部分则位于这 8 个区域内。其中，前上右、前下左、后下右、后上左为正性 Cotton 效应区，相应地前下右、前上左、后上右、后下左为负性 Cotton 效应区，而处于节面内的基团作用为零。由于羰基碳原子是 sp^2 杂化，3 个杂化轨道间的夹角大约为 120°，所以决定了手性分子除羰基外其他部分主要分布在后四区，如环己酮，1、2、4、6 位碳原子分布于节面上，而 3 位和 5 位碳原子则分别落入后上左和后上右区域。

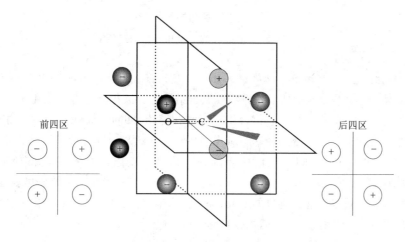

图 1-23　八区律示意图

（四）圆二色谱在天然产物绝对构型确定中的应用

随着量子化学的不断发展，已经能够通过计算手性化合物的激发态能量来获得理论的圆二色谱。因此，通过比较圆二色谱的理论计算值和实验值，可以确定手性分子的绝对构型。随着量子化学算法的不断改进，这种方法的可靠性已经被越来越多的实例所证实。

利用量子化学方法计算圆二色谱的原理是先将手性化合物各构象的激发态能量、旋转强度、振动强度等计算出来，再将数据带入到相关公式进行拟合，进而得到手性化合物的模拟谱图。对比量子化学计算与实验测得的谱图，可以确定该化合物的绝对构型。计算圆二色谱常用的密度泛函方法主要包括 B3LYP、PBE0、MPW1PW91、B3PW91 等，常用的基组有 6-31G（d），6-311+G（d），6-311++G（2d，p）等。

Scaparvin A 为一个从地钱类植物粗疣合叶苔（*Scapania parva* Heeg.）中分离的笼状顺-克罗烷型二萜类化合物，借助高分辨质谱，一维核磁共振谱（^{1}H-NMR 和 ^{13}C-NMR）及广泛的二维核磁共振谱（^{1}H-^{1}H COSY，HSQC 和 HMBC），可以确定其平面结构，通过 NOESY 谱分析则能够得到其相对构型。由于该化合物不结晶，其绝对构型的确定采用了圆二色谱。通过时间依赖密度泛函理论计算，获得了该化合物一对对映异构体在气相及甲醇中的圆二色谱（图 1-24），经过实验测定和理论计算的 Cotton 效应谱线对比，确定了该化合物的绝对构型。

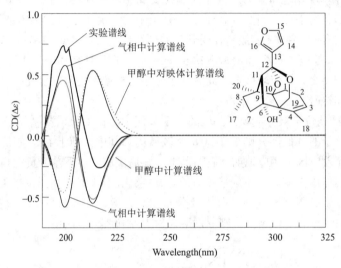

图 1-24　Scaparvin A 的实验和计算圆二色谱

从传统中药红花（*Carthamus tinctorius* Linn.）中获得的 saffloflavoneside B 为白色粉末，经紫外光谱、红外光谱、质谱及一维和二维核磁共振谱分析，该化合物为一个在 5-位和 6-位骈合了呋喃环的二氢黄酮碳苷，由于该化合物与同时获得的 saffloflavoneside A 含有相同的糖基，基于相似的生物合成途径，二者的糖基绝对构型相同，即 3″*S*，4″*R* 和 5″*R*。但该化合物中 2-位碳原子存在手性，可以用圆二色谱确定其绝对构型。该化合物的一对非对映异构体经 MMFFF94 力场系统分析构象，在 B3LYP/6-31G（d）水平上利用时间依赖密度泛函理论计算得到优化的构象，通过最低能量构象的 Boltzmann 权重生成计算的谱图。如图 1-25，实验谱图与 2*S* 的计算谱图一致，因此可以推断该化合物 2-位构型为 *S*。

五、X 射线衍射法

单晶 X 射线衍射法（X-ray diffraction method）是通过测定单晶的晶体结构，可以在原子分辨率水平上了解晶体中原子的三维空间排列，获得有关键长、键角、扭角、分子构型和构象、分子间相互作用和堆积等大量微观信息并研究其规律，并可以在不破坏样品的情况下，能够准确地测定分子的单晶结构。中草药化学成分的结构鉴定是中药研究中非常重要的内容，随着科学技术的发展，特别是核磁共振技术的发展，使得天然化合物的结构分析变得更加容易。但是，有些天然产物结构复杂，比如一些从海洋天然产物中分离得到的化合物，分子比较大且含有多个手性中心，这时单独依靠核磁共振技术鉴定结构就会有些困难；反而，只要

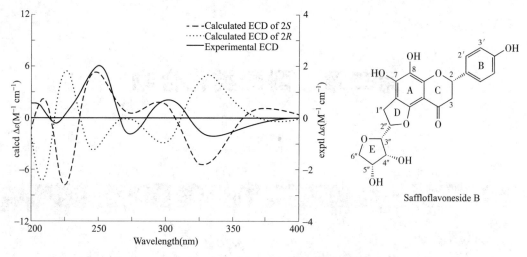

图 1-25　Saffloflavoneside B 及其圆二色谱

有一颗晶体（大约 0.2mg），单晶 X 射线衍射分析就可以解决这个难题。单晶 X 射线衍射法测定出的化学结构可靠性大，不仅能测定出化合物的一般结构，还能测定出化合物结构中的键长、键角、构象、绝对构型等结构细节。因此，单晶 X 射线衍射法在测定中药中微量、新骨架化合物的结构时非常有用，并且还是测定手性碳绝对构型最有效、最便捷的方法。单晶 X 射线衍射技术正在极大地推动人们对物质微观结构的深入认识并带来巨大的成果。

本 章 小 结

本章主要讲述光谱法在化合物波谱解析过程中的应用。

重点：核磁共振氢谱、碳谱及二维核磁共振谱的应用。

难点：综合运用光谱法解析化合物的结构。

思考题

1. ^{1}H-NMR 谱能够提供哪些结构信息？

2. 偶合常数是如何计算的？

3. 说出氘代甲醇、氘代丙酮、氘代三氯甲烷、氘代二甲基亚砜在 ^{1}H-NMR 谱和 ^{13}C-NMR 谱中的溶剂峰位置。

4. HSQC 谱和 HMBC 谱分别能提供什么结构信息？

（冯卫生　张艳丽　幺焕开）

第二章 酚酸类化合物

学习导引

知识要求

1. **掌握** 小分子酚酸类化合物的苯环上常见基团的种类、取代方法、取代位置及相应波谱特征。

2. **熟悉** 酚酸类化合物的结构解析方法。

能力要求

1. 掌握常见小分子酚酸类化合物和简单苯丙素类化合物的波谱规律。

2. 学会应用波谱技术解析简单酚酸类化学成分。

第一节 结构特点与波谱规律

酚酸类化合物是含有酚羟基和羧基的一类植物代谢产物成分，广泛分布在药用植物中，除常见的收敛、抗菌消炎、止血作用外，还具有抗肿瘤、抗氧化作用。

自然界植物中发现的酚酸类化合物的主要骨架类型有两类：C_6-C_1 型，其基本骨架是苯甲酸，如没食子酸、儿茶酸，由于分子中含有羧基和酚羟基，常与另一分子的酚酸发生酯化反应；C_6-C_3 型，称为简单苯丙素类，如咖啡酸、阿魏酸等。该类化合物结构简单，为酚羟基取代的芳香羧酸，具有 C_6-C_3 结构，有单个单位存在的，也有聚合体。常见的化合物有：

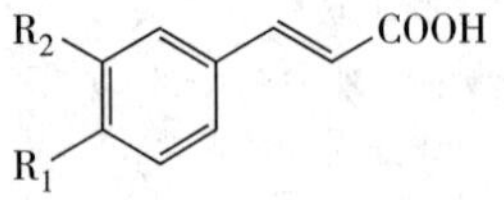

$$R_2 \quad \text{(苯环)} \quad \text{CH=CH—COOH}$$
$$R_1$$

对羟基桂皮酸	R_1=OH，R_2 = H
咖啡酸	R_1 = R_2 = OH
阿魏酸	R_1=OH，R_2 = OCH$_3$
异阿魏酸	R_1=OCH$_3$，R_2=OH

C_6-C_1 型小分子酚酸类化合物结构简单，一般根据 ^{1}H-NMR 和 ^{13}C-NMR 即可确认其结构。根据苯环上芳氢的峰形和偶合常数（$J_{邻}$ = 7.5~9.0Hz，$J_{间}$ = 1.5~2.5Hz）来判断取代基的数目和在苯环上的取代位置。苯环上引入的取代基对芳氢及芳碳的化学位移具有加和性，符合取代苯上芳氢、芳碳的位移规律。^{13}C-NMR 中，苯环上的羧基碳化学位移为 δ165.0~180.0，若

与醇结合成酯，则向高场位移 0~2，如没食子酸 $\delta_{C=O}$170.4，没食子酸乙酯 $\delta_{C=O}$169.8，没食子酸丙酯 $\delta_{C=O}$166.0。

C_6-C_3 型的简单苯丙素类化合物通过桂皮酸途径生成，莽草酸为其生物前体，对羟基桂皮酸是生物合成途径中的一个关键的中间体，因而多数在苯环 4 位中有羟基取代，常见 1，4-二取代、1，3，4，5-四取代模式，反映在氢谱中，出现芳氢的 AA′BB′ 或 AB 系统，可以通过 ¹H-NMR 中芳氢之间的偶合常数来判断取代基的位置。侧链多有 α、β 双键结构，可通过烯烃质子的偶合常数来判断顺反异构体。在 ¹H-NMR 中，若 α、β 氢的偶合常数 J 为 12.0~18.0Hz，可判断为双键反式取代；多数苯丙酸具有反式双键，偶合常数经常为 16.0Hz 左右。α、β 双键如为顺式取代则结构不如反式时稳定，J 在 6~12Hz 之间。另外，苯丙酸侧链上双键 α、β 氢的化学位移 δ 受末端羧基共轭效应影响较大，α 氢位于较高场，δ 6.2~6.5，β 氢位于较低场 δ 7.4~7.7；若末端羧基被还原为羟甲基后，α、β 氢的差别不大，δ_α、δ_β 为 6.3~6.7。

苯丙酸类、苯丙醛类 ¹³C-NMR 均具有羰基碳特征信号，依据 δ_{-COOH}165.0~182.0、δ_{-CHO}185.0~208.0 很容易区分苯丙酸和苯丙醛；苯丙醇类碳链末端为 δ 61.0~64.0 伯醇基连氧饱和碳信号，若末端醇羟基和酸形成酯，则该碳向低场位移，出现在 δ 68.0~72.0。当苯丙酸类成酯后，羰基碳信号稍向高场位移，但变化不大，仍为 δ 167.0 左右。侧链烯碳信号受羰基共轭效应影响，δ_α 为 114.0~115.0，δ_β 为 142.0~147.0；以及末端羰基信号在 δ 167.0 左右。

第二节 结构解析实例

案例解析 2-1

苯甲酸

化合物 1 为白色针状结晶，微溶于水，易溶于乙醇、乙醚。¹H-NMR 谱（CD₃OD，500MHz）中（图 2-1）共出现 5 个芳氢信号，δ 8.01（2H，m），7.55（1H，m），7.43（2H，m）为苯环单取代的特征信号峰，提示结构存在一个单取代的苯环。¹³C-NMR 谱（图 2-2）中共有 7 个信号峰，单取代苯环存在对称性，因此 δ 130.7、129.4 信号为两组化学等价芳环碳信号，δ 134.0、131.8 为其余两个芳环碳信号，低场区的 δ 169.9 为羧基碳信号，综合以上信息确定化合物 1 为苯甲酸（benzoic acid）。NMR 谱数据归属见表 2-1。

化合物1: 苯甲酸

表 2-1 化合物 1 的 NMR 谱数据（CD₃OD）

No.	δ_H (J, Hz)	δ_C	No.	δ_H (J, Hz)	δ_C
1	—	131.8	4	7.55 (1H, m)	134.0
2, 6	8.01 (2H, m)	130.7	7	—	169.9
3, 5	7.43 (2H, m)	129.4			

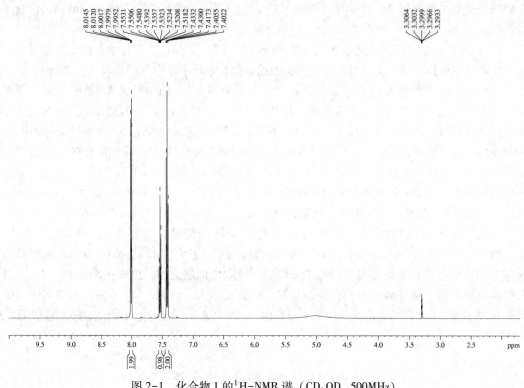

图 2-1 化合物 1 的 ^{1}H-NMR 谱（CD$_3$OD，500MHz）

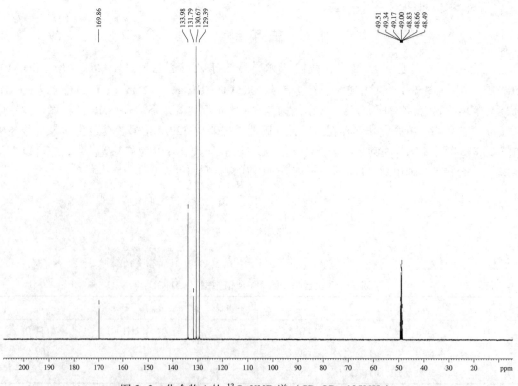

图 2-2 化合物 1 的 ^{13}C-NMR 谱（CD$_3$OD，125MHz）

案例解析 2-2 ············

对羟基苯甲酸

从卷柏科（Selaginellaceae）卷柏属（*Selaginella*）植物旱生卷柏（*Selaginella stautoniana* Spring）中分离得到化合物 2，为无色结晶，m. p. 213~214℃。易溶于乙醇、乙醚和丙酮，微溶于水和三氯甲烷，不溶于二硫化碳，遇三氯化铁–铁氰化钾试剂显蓝色，提示含有酚羟基。^{1}H-NMR 谱（CD$_3$OD，500MHz）中（图 2-3）仅在芳香区出现 4 个芳氢信号，δ 7.89（2H，d，*J* = 8.9Hz）和 6.82（2H，d，*J* = 8.9Hz）为苯环 AA'BB'取代的特征信号峰，提示苯环应为对位二取代。^{13}C-NMR 谱（图 2-4）中共有 7 个碳信号，δ 116.0、133.0 为 AA'BB'取代苯环上两组化学等价芳环碳信号；δ 122.6、163.3 为其余两个芳环碳信号，苯环上连氧碳信号出现在 140~165 之间，因此 δ 163.3 为苯环上连氧碳信号；δ 170.2 为羧基碳信号，综合以上信息确定化合物 2 为对羟基苯甲酸（*p*-hydroxybenzoic acid）。NMR 谱数据归属见表 2-2。

化合物2：对羟基苯甲酸

表 2-2　化合物 2 的 NMR 谱数据（CD$_3$OD）

No.	δ_H (*J*, Hz)	δ_C	No.	δ_H (*J*, Hz)	δ_C
1	—	122.6	4	—	163.3
2, 6	7.89 (2H, d, 8.9)	133.0	7	—	170.2
3, 5	6.82 (2H, d, 8.9)	116.0			

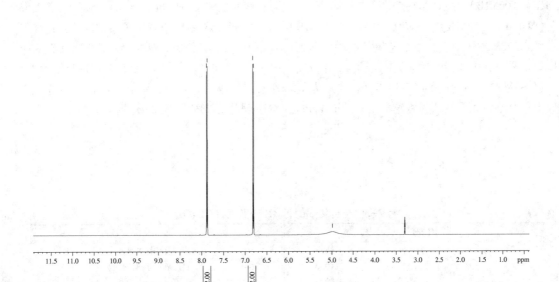

图 2-3　化合物 2 的 ^{1}H-NMR 谱（CD$_3$OD，500MHz）

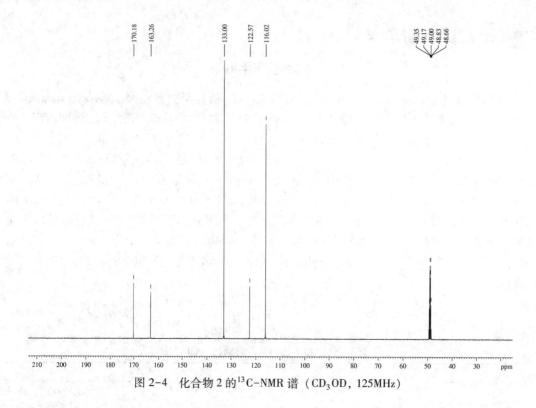

图 2-4 化合物 2 的 ^{13}C-NMR 谱（CD$_3$OD，125MHz）

案例解析 2-3

香 草 酸

从桑科植物桑（*Morus alba* L.）的根皮中分离得到化合物 3，白色针晶（甲醇），易溶于甲醇和丙酮。遇三氯化铁显色剂显蓝色，提示该化合物分子中含酚羟基。^{1}H-NMR 谱（CD$_3$OD，500MHz）中（图 2-5）共有 6 个氢信号，芳香区 δ 7.54（1H，dd，J = 1.8，8.4Hz），7.55（1H，d，J = 1.8Hz），6.82（1H，d，J = 8.4Hz）为苯环上 ABX 系统中氢质子的特征信号；高场区 δ 3.88（3H，s）为甲氧基氢信号。^{13}C-NMR 谱（CD$_3$OD，125MHz）中（图 2-6）共有 8 个碳信号，其中 δ 170.1 为羧基碳信号；δ 152.7（C-3）、148.6（C-4）、125.3（C-1）、123.1（C-6）、115.8（C-5）、113.8（C-2）为苯环骨架碳信号；δ 56.4 为甲氧基碳信号。综合以上信息确定化合物 3 为香草酸（vanillic acid）。NMR 谱数据归属见表 2-3。

化合物3：香草酸

表 2-3 化合物 3 的 NMR 谱数据（CD$_3$OD）

No.	δ_H (J, Hz)	δ_C	No.	δ_H (J, Hz)	δ_C
1	—	125.3	5	6.82（1H，d，8.4）	115.8
2	7.55（1H，d，1.8）	113.8	6	7.54（1H，dd，1.8，8.4）	123.1
3	—	152.7	7	—	170.1
4		148.6	OCH$_3$	3.88（3H，s）	56.4

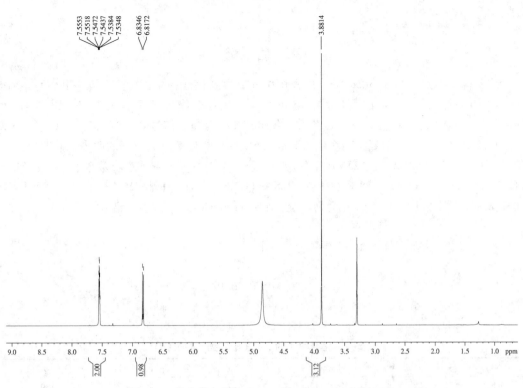

图 2-5　化合物 3 的 ^{1}H-NMR 谱（CD$_3$OD，500MHz）

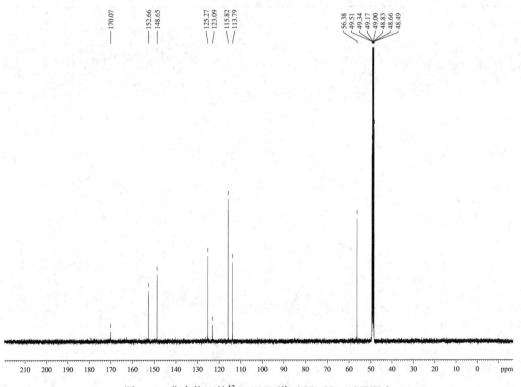

图 2-6　化合物 3 的 ^{13}C-NMR 谱（CD$_3$OD，125MHz）

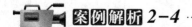 案例解析 *2-4* ···

丁 香 酸

　　从桑科植物桑（*Morus alba* L.）的根皮中分离得到化合物 4，白色针晶（甲醇），易溶于甲醇、丙酮。遇三氯化铁显色剂显蓝色，提示该化合物分子中含酚羟基。^{1}H-NMR 谱（CD$_3$OD，500MHz）中（图 2-7），芳香区仅出现 2 个氢质子信号峰，δ 7.32（2H，s）为苯环上处于对称位置的两个氢；高场区 δ 3.87（6H，s）为处于对称位置的两个甲氧基氢质子信号。^{13}C-NMR（CD$_3$OD，125MHz）谱（图 2-8）中，δ 174.3 为羰基碳信号，δ 148.4（C-3，5），139.4（C-4），128.8（C-1），108.0（C-2，6）为苯环骨架碳信号，δ 56.7 为两个甲氧基碳信号。综合以上信息确定化合物 4 为丁香酸（syringic acid），NMR 谱数据归属见表 2-4。

化合物4：丁香酸

表 2-4　化合物 4 的 NMR 谱数据（CD$_3$OD）

No.	δ$_H$ (*J*, Hz)	δ$_C$	No.	δ$_H$ (*J*, Hz)	δ$_C$
1	—	128.1	4	—	139.4
2, 6	7.32 (2H, s)	108	7	—	174.3
3, 5	—	148.4	—OCH$_3$	3.87 (3H, s)	56.7

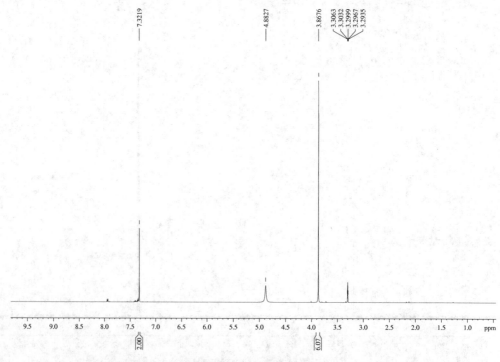

图 2-7　化合物 4 的^{1}H-NMR 谱（CD$_3$OD，500MHz）

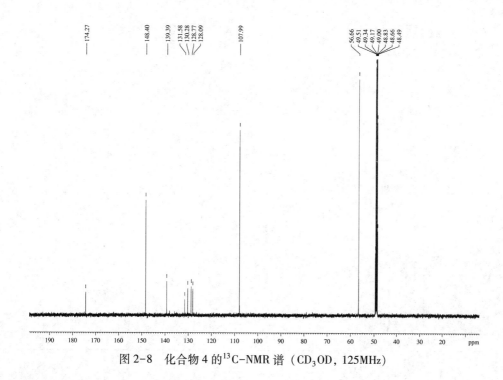

图 2-8　化合物 4 的 ^{13}C-NMR 谱（CD$_3$OD，125MHz）

案例解析 2-5

咖　啡　酸

从桑科植物桑（Moros alba L.）的根皮中分离得到化合物 5，为白色针晶（甲醇），易溶于甲醇、丙酮。遇三氯化铁显色剂显蓝色，提示该化合物分子中含酚羟基，茴香醛-浓硫酸喷雾后加热显紫色（105℃）。^{1}H-NMR 谱（CD$_3$OD，500MHz）中（图 2-9）共有 5 个氢质子信号，芳香区 δ 6.99（1H，d，J=1.8Hz），6.84（1H，dd，J=1.8，8.2Hz）和 6.73（1H，d，J=8.2Hz）为苯环 ABX 系统的氢质子的特征信号；δ 7.27（1H，d，J=15.9Hz）和 6.28（1H，d，J=15.9Hz）为反式双键相邻烯氢的特征信号。^{13}C-NMR 谱（CD$_3$OD，125MHz）中（图 2-10）共有 9 个碳信号，提示化合物 5 可能为简单苯丙素类化合物，其中 δ 147.9、146.5、129.3、123.1、121.7、116.4 为苯环骨架碳信号；δ 141.5 和 114.6 为反式双键碳信号；δ 176.2 为羧基碳信号。综合以上信息确定化合物 5 为咖啡酸（caffeic acid）。NMR 谱数据归属见表 2-5。

化合物5：咖啡酸

表 2-5　化合物 5 的 NMR 谱数据（CD$_3$OD）

No.	δ_H (J, Hz)	δ_C	No.	δ_H (J, Hz)	δ_C
1	—	129.3	6	6.84（1H，dd，1.8，8.2）	123.1
2	6.99（1H，d，1.8）	116.4	7	7.27（1H，d，15.9）	141.5
3	—	146.5	8	6.28（1H，d，15.8）	114.6
4	—	147.9	9	—	176.2
5	6.73（1H，d，8.2）	121.7			

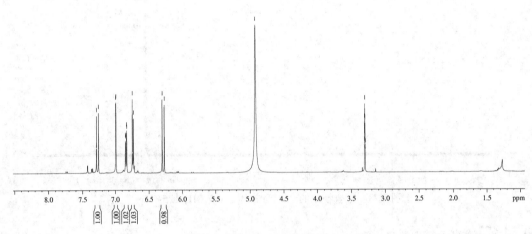

图 2-9　化合物 5 的¹H-NMR 谱（CD₃OD，500MHz）

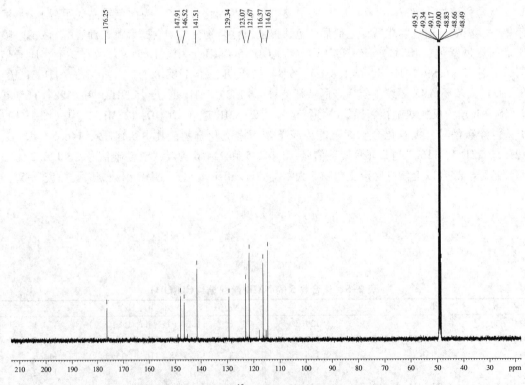

图 2-10　化合物 5 的¹³C-NMR 谱（CD₃OD，125MHz）

案例解析 2-6

对羟基苯丙酸

从卷柏科（Selaginellaceae）卷柏属（Selaginella）植物旱生卷柏（Selaginella stautoniana Spring）中分离得到化合物 6，白色粉末（甲醇），易溶于丙酮和甲醇。遇三氯化铁显色剂显蓝色，提示该化合物分子中含酚羟基，茴香醛-浓硫酸喷雾后加热显红色（105℃）。^{1}H-NMR 谱（CD$_3$OD，500MHz）中（图 2-11），在芳香区出现 4 个氢质子信号峰，δ 7.02（2H，d，$J = 8.2$Hz）和 6.66（2H，d，$J = 8.2$Hz）为苯环上 AA′BB′系统氢质子特征信号，说明苯环为 1，4 双取代；高场区 δ 2.79（2H，t，$J = 7.6$Hz）和 2.42（2H，t，$J = 7.6$Hz）提示化合物结构中含有一个—CH$_2$—CH$_2$—基团。^{13}C-NMR 谱（CD$_3$OD，125MHz）中（图 2-12），δ 180.6 为羧基碳信号，δ 156.4、134.0、130.2 和 116.1 为苯环骨架碳信号；δ 40.2、32.5 分别为—CH$_2$—CH$_2$—中的两个碳信号。综合以上信息确定化合物 6 为对羟基苯丙酸（p-hydroxy-phenylpropionic acid）。NMR 谱数据归属见表 2-6。

化合物6：对羟基苯丙酸

表 2-6　化合物 6 的 NMR 谱数据（CD$_3$OD）

No.	δ_H (J, Hz)	δ_C	No.	δ_H (J, Hz)	δ_C
1	—	134.0	7	2.79 (2H, t, 7.6)	32.5
2, 6	7.02 (2H, d, 8.2)	130.2	8	2.43 (2H, t, 7.6)	40.2
3, 5	6.66 (2H, d, 8.2)	116.1	9	—	180.6
4	—	156.4			

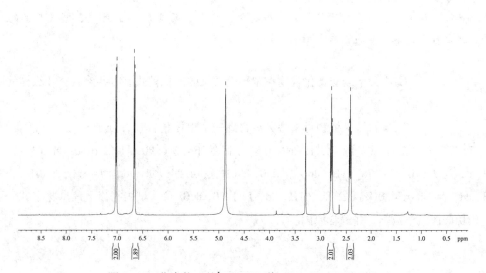

图 2-11　化合物 6 的 ^{1}H-NMR 谱（CD$_3$OD，500MHz）

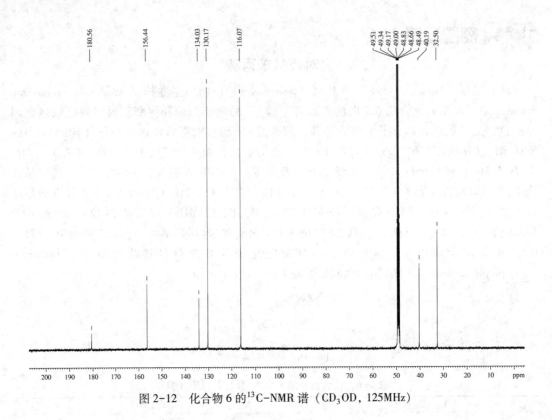

图 2-12　化合物 6 的 ^{13}C-NMR 谱（CD$_3$OD，125MHz）

本 章 小 结

　　本章主要学习了小分子酚酸类 C$_6$-C$_1$ 骨架、C$_6$-C$_3$ 骨架的结构特点、^{1}H-NMR 谱规律、^{13}C-NMR 谱规律及具体的解析实例等内容。

　　重点：小分子酚酸类化合物的主体特征，及其在 ^{1}H-NMR 谱和 ^{13}C-NMR 谱中规律；掌握小分子酚酸类化合物的波谱解析方法。

　　难点：苯环上邻、间、对位芳氢的偶合特征；简单苯丙素 C$_3$ 链上反式、顺式双键的化学位移、偶合常数，苯丙酸的羧基 NMR 谱特征。

思考题

　　1. 小分子羧酸类化合物在苯环上常见的取代模式有哪些？具有什么样的图谱特征？

　　2. 从唇形科植物丹参中分离得到一个单体化合物，分子式为 C$_9$H$_{10}$O$_5$，三氯化铁反应呈黄绿色，^{1}H-NMR 谱数据如下：δ 6.90（1H，d，$J = 8.0$Hz），6.87（1H，d，$J = 2.0$Hz），6.78（1H，dd，$J = 8.0$，2.0Hz），4.24（1H，dd，$J = 8.0$，4.0Hz），3.02（1H，dd，$J = 14.0$，4.0Hz），2.80（1H，dd，$J = 14.0$，8.0Hz）。试根据以上信息鉴定其分子结构，确切归属氢谱数据，并解释原因。

（田海英）

第三章　香豆素类化合物

学习导引

知识要求

1. **掌握** 香豆素类化合物的波谱学规律。
2. **熟悉** 简单香豆素类化合物的结构解析方法。
3. **了解** 呋喃香豆素类和吡喃香豆素类化合物的结构解析方法。

能力要求

1. 熟练掌握香豆素类化合物的波谱学规律。
2. 学会应用波谱技术解析简单香豆素类化合物的结构。

第一节　结构特点与波谱规律

一、香豆素类化合物的紫外光谱特征

香豆素类化合物具有苯骈 α-吡喃酮结构，在紫外-可见光范围内大多具有特征吸收，因此，紫外光谱能够辅助推断具有共轭体系的香豆素类化合物的结构类型。

（一）简单香豆素

1. 无取代基香豆素的母核有三个紫外特征吸收峰，分别是：274（$\log\varepsilon$ 4.03，K 带，内酯结构），311（$\log\varepsilon$ 3.72，R 带，α-吡喃酮羰基）和 284nm（B 带，苯环相连的共轭体系）。

2. 含氧取代基能使吸收峰发生红移，而烷基取代基则多无影响。红移程度根据含氧取代基对发色团的共轭情况不同而有所区别。7-O 取代或 5-O 取代：217 和 315~330nm 呈现强峰，240 和 255nm 呈现弱峰。6-O 取代：311nm 红移，230nm 产生苯环吸收峰。5，7-二氧取代或 7，8-二氧取代：250~270nm 吸收峰增强。6，7-二氧取代：230 和 340nm 处产生两个强峰，260 和 300nm 处产生两个等强的弱峰。

（二）呋喃香豆素

强峰：204 和 245nm；弱峰：290 和 320nm。

（三）吡喃香豆素

主要吸收峰：220、270 和 330nm。

二、香豆素类化合物的红外光谱特征

（一）简单香豆素

在香豆素类化合物的红外光谱中，α-吡喃酮羰基在 $1775 \sim 1700 cm^{-1}$ 处有特征吸收峰，$1660 \sim 1600 cm^{-1}$ 处出现的 3 个较强峰为香豆素母核上苯环骨架的特征吸收。骨架中的 $C-O$ 在 $1270 \sim 1000 cm^{-1}$ 呈现出多个强吸收峰。

结构中有羟基存在时，在 $3600 \sim 3200 cm^{-1}$ 处有羟基特征峰。如果羟基与内酯环羰基形成分子内氢键，则其在 $1680 \sim 1660 cm^{-1}$ 处有强吸收峰。5-氧单取代、6-氧单取代或 7-氧单取代的香豆素的羰基吸收一般低于 $1700 cm^{-1}$。

（二）呋喃香豆素

除了与简单香豆素相似的红外吸收峰外，呋喃环上双键在 $1610 \sim 1640 cm^{-1}$ 处还可出现强尖峰，并在 $1100 \sim 1050 cm^{-1}$ 和 $1280 \sim 1240 cm^{-1}$ 处出现两个由呋喃环的 $C-O$ 伸缩振动产生的吸收峰。5-氧取代补骨脂素的羰基大于 $1720 cm^{-1}$，8-氧取代补骨脂素的羰基则小于 $1720 cm^{-1}$。

（三）吡喃香豆素

吡喃香豆素的 α-吡喃酮羰基在 $1730 \sim 1717 cm^{-1}$ 处有强吸收。

三、香豆素类化合物的质谱特征

（一）简单香豆素

香豆素母核大多具有较强的分子离子峰，但很少为基峰。香豆素母核结构可以先失去一个 CO 中性分子形成的苯骈呋喃离子峰（常为基峰），随后还可以再失去一分子 CO 形成 $[M-2CO]^+$ 峰，并可进一步形成 $[M-2CO-H]^+$ 峰，呈现出了简单香豆素的一系列质谱特征峰。

7-羟基香豆素的质谱裂解过程与香豆素母核相似，可以连续失去 3 个 CO，依次形成 m/z 134、m/z 105 和 m/z 78 的 3 个特征碎片峰。

含烷氧基的简单香豆素，除了可以连续失去 CO 中性分子形成香豆素类化合物的特征峰外，还可以丢失烷氧基上的烷基后再丢失 CO，如 7-甲氧基香豆素。

m/z 76(100%) m/z 148(82%) C_8H_8O m/z 120

m/z 133(83%) m/z 105(12%)

（二）呋喃香豆素

呋喃香豆素一般也具有非常强的分子离子峰，也是从 α-吡喃酮上先失去一个 CO 形成具有苯骈双呋喃的离子峰，然后再依次失去 2 个 CO 中性分子而形成 ［M-2CO］⁺峰及 ［M-3CO］⁺峰，呈现出一系列特征的质谱信号，如补骨脂素的裂解情况。如果含有烷氧取代基，则与简单香豆素裂解情况相类似，可以丢失烷氧基上的烷基后再丢失 CO。

m/z 186(100%) m/z 158(40%)

m/z 102(23%) m/z 130(11%)

（三）吡喃香豆素

在吡喃香豆素的吡喃环上多具有取代基，一般是先失去烷基取代基后，再失去 CO 中性分子，呈现出香豆素类化合物的特征裂解过程，如邪蒿内酯的裂解。

四、香豆素类化合物的核磁共振氢谱特征

香豆素类化合物的核磁共振氢谱具有很强的规律性，是目前解析香豆素类化合物的最有效手段之一。

（一）简单香豆素

香豆素母核上的质子因受到 α-吡喃酮羰基吸电子共轭效应的影响，H-3、H-6 和 H-8 的质子信号处于较高场，而 H-4、H-5 和 H-7 的质子信号则处于较低场。当 C-3 和 C-4 无取代基时，H-3 和 H-4 信号分别以双重峰形式出现，是鉴别香豆素类化合物的特征信号。当香豆素母核上连有取代基后，其¹H-NMR 谱的化学位移情况见表 3-1。

表 3-1 简单香豆素的 ¹H-NMR 谱化学位移

	无取代	7-羟基取代	7, 8-二氧代	6, 7-二氧代	5, 7-二氧代	6, 7, 8-三氧代
H-3	6.10~6.50 (d, ~9Hz)	6.10~6.50 (d, ~9Hz)	6.10~6.50 (d, ~9Hz)	6.10~6.50 (d, ~9Hz)	6.10~6.50 (d, ~9Hz)	6.10~6.50 (d, ~9Hz)
H-4	7.50~8.30 (d, ~9Hz)	7.80~8.30 (d, ~9Hz)	7.60~7.90 (d, ~9Hz)	7.60~7.90 (d, ~9Hz)	7.80~8.30 (d, ~9Hz)	7.60~7.90 (d, ~9Hz)
H-5	7.20~7.60 (dd, ~8, 2Hz)	7.20~7.70 (d, ~9Hz)	7.20~7.40 (d, ~9Hz)	6.70~7.10 (s)	—	6.70~7.00 (s)
H-6	7.10~7.40 (m)	6.70~7.00 (dd, ~9, 2Hz)	6.80~7.00 (d, ~9Hz)	—	6.10~6.20 (d, ~9Hz)	—
H-7	7.40~7.60 (m)	—				
H-8	7.20~7.60 (dd, ~8, 2Hz)	7.00~7.60 (d, ~9Hz)	—	6.40~7.10 (s)	6.20~6.30 (dd, ~9, 1Hz)	

（二）呋喃香豆素

呋喃香豆素的 H-2′ 和 H-3′ 是一对烯氢质子，相互偶合形成双峰，是鉴别呋喃香豆素类化合物的特征信号。

线型呋喃香豆素中，H-2′ 的化学位移为 δ 7.50~7.70（d，$J \approx 2.5Hz$）。H-3′ 的化学位移为 δ 6.70（d，$J \approx 2.5Hz$），因 H-3′ 和 H-8 有远程偶合作用（$J \approx 1.0Hz$），可显示为宽双重峰。

角型呋喃香豆素中，H-2′ 的化学位移为 δ 7.50~7.70（d，$J \approx 2.5Hz$）。H-3′ 的化学位移为 δ 7.20（d，$J \approx 2.5Hz$），因 H-3′ 和 H-6 有远程偶合作用（$J \approx 1.0Hz$），也可显示为宽双重峰。

线型呋喃香豆素和角型呋喃香豆素的主要区别：线型香豆素 H-5 和 H-8 均为单峰，角型呋喃香豆素的 H-5 和 H-6 形成 AB 系统，相互偶合成双峰，$J \approx 8.5Hz$。

线型香豆素

（三）吡喃香豆素

吡喃香豆素的 H-3′ 和 H-4′ 是一对烯氢质子，相互偶合形成双峰，H-3′ 的化学位移为 δ 5.30~5.80（d，$J \approx 2.5Hz$）。H-4′ 的化学位移为 δ 6.30~6.90（d，$J \approx 2.5Hz$）；并且在 C-2′ 上有一对偕甲基，其化学位移为 δ 1.50（s），是鉴别吡喃香豆素类化合物的特征信号。线型和角型吡喃香豆素的主要区别与呋喃香豆素的方法相同。

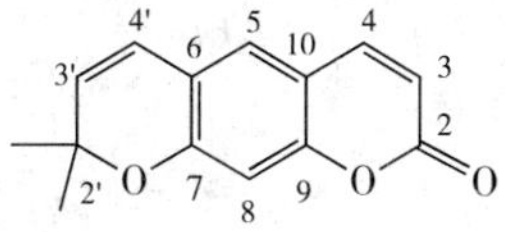

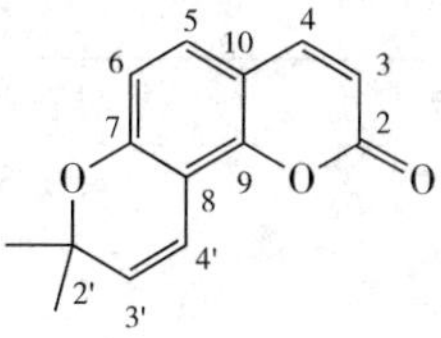

五、香豆素类化合物的核磁共振碳谱特征

(一) 简单香豆素

香豆素母核上共有 9 个碳原子，均为 sp^2 杂化，其在 ^{13}C-NMR 的化学位移主要在 δ 100.0~165.0 范围内，其中 C-2 和 C-9 因受到共轭效应的影响而处在较低场。当有－OR(H) 取代时，取代基所连接碳的化学位移约增加 30ppm，邻位碳的化学位移约减少 13ppm，对位碳的化学位移约减少 8ppm，具体情况见表 3-2。

表 3-2　简单香豆素的 ^{13}C-NMR 谱化学位移

	C-2	C-3	C-4	C-5	C-6	C-7	C-8	C-9	C-10
无取代	160.4	116.4	143.6	128.1	124.4	131.8	116.4	153.9	118.8
7-羟基取代	160.7	111.5	144.3	129.6	113.4	161.6	102.8	155.7	111.5

(二) 呋喃香豆素和吡喃香豆素

呋喃香豆素和吡喃香豆素的 C-7 位氧原子因与香豆素母核骈合而向低场位移，而线型和角型香豆素的主要区别在于 C-6 和 C-8 的变化，具体的 ^{13}C-NMR 化学位移情况，以补骨脂素、异补骨脂素、花椒内酯和凯琳内酯为例示于表 3-3。

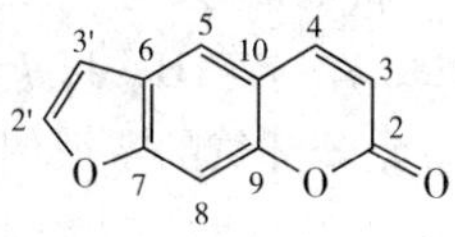

补骨脂素 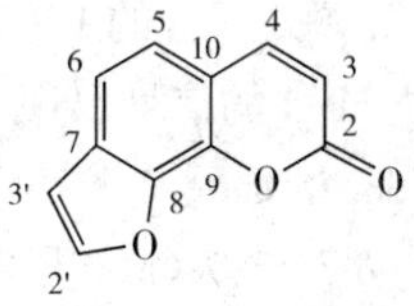　　　　　　　　　异补骨脂素

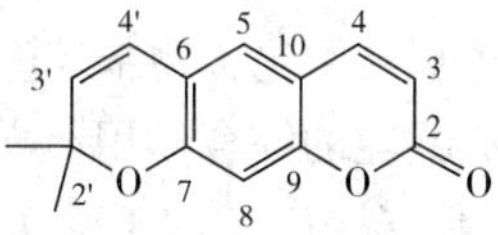

花椒内酯 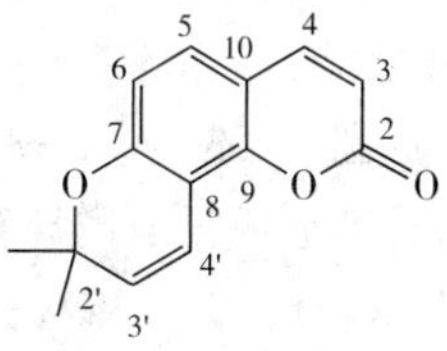　　　　　　　　　凯琳内酯

表 3-3　呋喃香豆素和吡喃香豆素的 ^{13}C-NMR 谱化学位移

	补骨脂素	异补骨脂素	花椒内酯	凯琳内酯
C-2	161.2	160.2	160.6	160.4
C-3	114.7	114.5	112.5	112.2
C-4	144.2	144.5	143.1	143.5
C-5	120.2	123.9	120.4	127.5

续表

	补骨脂素	异补骨脂素	花椒内酯	凯琳内酯
C-6	125.0	108.8	118.2	114.6
C-7	156.6	157.3	156.4	155.9
C-8	99.9	116.9	103.9	108.8
C-9	152.2	148.5	155.0	149.8
C-10	115.6	113.5	112.3	112.2
C-2′	147.0	145.9	77.5	77.2
C-3′	106.6	104.0	130.8	130.4
C-4′	—	—	124.6	113.1

第二节　结构解析实例

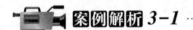 **案例解析 3-1** ·····················

伞形花内酯

从瑞香科植物黄瑞香（*Daphne giraldii* Nitsche）的叶子中分离得到一种无色针状结晶（化合物1），其易溶于甲醇、乙醇、三氯甲烷或乙酸乙酯等有机溶剂，难溶于水，紫外灯下显蓝色荧光。异羟肟酸铁反应显阳性，显示其具有内酯环结构，提示可能为香豆素类化合物。遇$FeCl_3$-$K_3[Fe(CN)_6]$试剂呈现蓝色，表明其含有酚羟基。Molish 反应阴性，表明无糖结构。

在 ^{1}H-NMR 谱（图3-1）中，除 δ 4.87 的单峰和 δ 3.30 的五重峰为溶剂 CD_3OD 的峰信号外，在芳香区有 5 个不饱和氢质子信号。其中，δ 6.16（1H, d, J = 9.5Hz）和 7.83（1H, d, J = 9.5Hz）为香豆素母核上双键顺式偶合的 H-3 和 H-4 特征信号，其中，吡喃酮环上羰基 α 位的 H-3 出现在高场，羰基 β 位 H-4 的信号出现在低场；δ 7.43（1H, d, J = 8.5Hz），6.69（1H, d, J = 2.3Hz）和 6.77（1H, dd, J = 8.5, 2.3Hz）为香豆素苯环氢的特征信号且为 ABX 系统，是三取代的苯环，其中 δ 6.77 与 δ 7.43 为邻位质子偶合，δ 6.69 与 δ 6.77 为间位质子偶合，从化学位移值和偶合常数值可判断为苯环 H-5、H-8 和 H-6。H-6 和 H-8 处于高场表明 7 位应含有一个羟基。

在 ^{13}C-NMR 谱（图3-2）中，δ 48.9 处的七重强峰为溶剂 CD_3OD 的峰信号；其余 9 个碳信号出现在 δ 103.0～164 之间，δ 163.3（C-7）、δ 157.2（C-9）、δ 130.7（C-5）、δ 113.1（C-10）、δ 112.3（C-6）和 δ 103.4（C-8）为香豆素类化合物苯环上碳的特征信号。内酯环上羰基与 C-3 和 C-4 间双键形成吸电诱导和 π-π 共轭的综合作用，导致 C-3、C-6、C-8 和 C-10 处于高场，而 C-4、C-5、C-7 和 C-9 处于低场；C-8 由于受 7-OH 的供电子效应的影响而使其化学位移最小。δ 163.7 是内酯环上羰基碳 C-2 的特征信号，δ 114.6 和 δ 146.1 为香豆素内酯环双键 C-3 和 C-4 的特征信号。C-6 和 C-10 的 δ 值较为接近，季碳信号一般丰度较低，从而确定 δ 113.1 为 C-10。综上分析，表明化合物 1 是 7-羟基香豆素，即伞形花内酯（umbelliferone）。化合物 1 的 NMR 谱数据归属见表 3-4 所示。

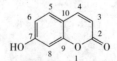

化合物1：伞形花内酯

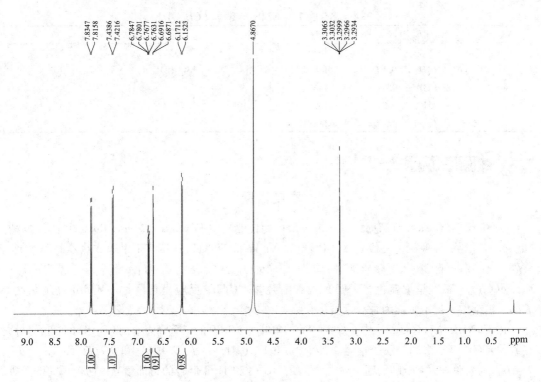

图 3-1 化合物 1 的 ^{1}H-NMR 谱（CD$_3$OD，500MHz）

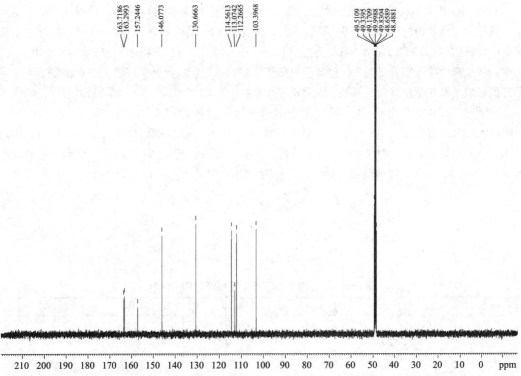

图 3-2 化合物 1 的 ^{13}C-NMR 谱（CD$_3$OD，125MHz）

表 3-4　化合物 1 的 NMR 谱数据（CD₃OD）

No.	δ_H (J, Hz)	δ_C	No.	δ_H (J, Hz)	δ_C
2	—	163.7	7	—	163.3
3	6.16 (1H, d, 9.5)	114.6	8	7.43 (1H, d, 8.5)	103.4
4	7.83 (1H, d, 9.5)	146.1	9		157.2
5	7.43 (1H, d, 8.5)	130.7	10	—	113.1
6	6.77 (1H, dd, 8.5, 2.3)	112.3			

案例解析 3-2

秦皮乙素

从木犀科（Oleaceae）儿属（*Fraxinus*）植物白蜡树（*Fraxinus chinensis* Roxb.）的干燥树叶中分离得到一种淡黄色棱状晶体（化合物 2），m. p. 270℃，其易溶于甲醇或热乙醇等溶剂，紫外灯下显灰蓝色荧光。异羟肟酸铁反应显阳性，表示有内酯环结构。遇 $FeCl_3$ - $K_3[Fe(CN)_6]$ 试剂呈现蓝色，表明其含有酚羟基。Gibb's 反应呈现阴性。Molish 反应阴性，表明无糖结构。提示可能为香豆素类化合物。

在 ^1H-NMR 谱（图 3-3）中，除 δ 4.85 的单峰和 δ 3.30 的三重峰为溶剂 CD₃OD 的峰信号外，在芳香区有 4 个不饱和氢质子信号。其中，δ 6.17（1H, d, J = 9.4Hz）和 δ 7.77（1H, d, J = 9.4Hz）为简单香豆素吡喃酮环上顺式烯烃质子 H-3 和 H-4 偶合的特征信号，两个孤立的芳香环质子信号 δ 6.93（1H, s）和 δ 6.74（1H, s）可分别归属于 H-5 和 H-8，表明化合物 2 中含有一个苯环且为二氢对位取代；结合 H-5 和 H-8 的化学位移较小，表明 6 位和 7 位均应含有羟基。

在 ^{13}C-NMR 谱（图 3-4）中，除去 δ 49.0 处的七重强峰为溶剂 CD₃OD 的峰信号外，其余 9 个碳信号出现在 δ 103.0~165 之间，提示可能为香豆素母核结构。其中，δ 163.7 是内酯环上羰基 C-2 的特征信号，δ 112.5 和 δ 146.0 为香豆素内酯环双键 C-3 和 C-4 的特征吸收峰；δ 103.6 为 C-8 的特征吸收峰，因其受到 7 位羟基和内酯环羰基的双重影响而处于高场；C-6 和 C-7 因受到羟基的影响使其化学位移向着低场分别移动至 δ 144.6 和 δ 152.0；C-10 为季碳 sp^2 杂化，峰强较小，从而确定 δ 112.8 为 C-10。最终确定碳谱信号的具体归属为：δ 164.3（C-2）、δ 152.0（C-7）、δ 150.5（C-9）、δ 146.0（C-4）、δ 144.6（C-6）、δ 113.0（C-5）、δ 112.8（C-10）、δ 112.5（C-3）和 δ 103.6（C-8）。综上分析，表明化合物 2 是 6, 7-二羟基香豆素，即秦皮乙素（esculetin），又称七叶内酯或七叶亭，化合物 2 的 NMR 谱数据归属见表 3-5。

化合物2：秦皮乙素

表 3-5　化合物 2 的 NMR 谱数据（CD₃OD）

No.	δ_H (J, Hz)	δ_C	No.	δ_H (J, Hz)	δ_C
2	—	164.3	7		152.0
3	6.17 (1H, d, 9.4)	112.5	8	6.74 (1H, s)	103.6
4	7.78 (1H, d, 9.4)	146.0	9		150.5
5	6.93 (1H, s)	113.0	10		112.8
6		144.6			

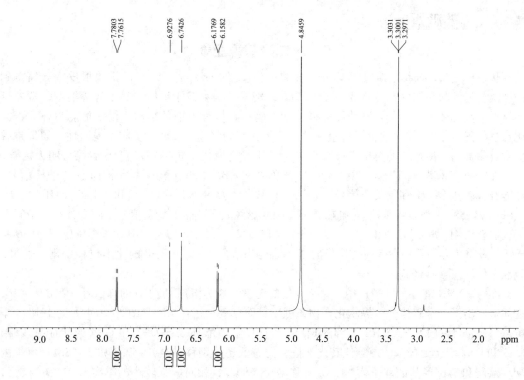

图 3-3　化合物 2 的 ^{1}H-NMR 谱（CD$_3$OD, 500MHz）

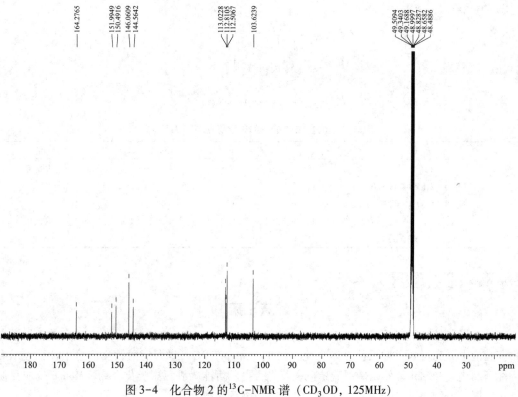

图 3-4　化合物 2 的 ^{13}C-NMR 谱（CD$_3$OD, 125MHz）

案例解析 3-3 ·························

5，7-二羟基香豆素

从桑科（Moraceae）桑属（*Morus*）植物桑白皮（*Morus alba* L.）的干燥根皮中分离得到一种淡黄色针状晶体（化合物 3），m. p. 286~287℃，其易溶于甲醇、热乙醇等溶剂，紫外灯下显现出蓝色荧光。异羟肟酸铁反应显阳性，提示其具有内酯环结构，提示可能为香豆素类化合物。三氯化铁-铁氰化钾反应呈阳性，表示含有酚羟基。Gibb's 反应显阳性，如果是香豆素类化合物则酚羟基的对位未被取代或 6-位上没有取代。Molish 反应呈阴性，表明无糖链。

在 ^{1}H-NMR 谱（图 3-5）中，δ 4.82 的单峰和 δ 3.30 的五重峰为溶剂 CD_3OD 的峰信号。在芳香区有 4 个不饱和氢质子信号。δ 8.06（1H，d，$J=9.6$Hz，H-4）和 δ 6.02（1H，d，$J=9.6$Hz，H-3）为香豆素母核 α-吡喃酮环上顺式烯烃质子偶合的特征信号。两个芳环质子间有远程偶合作用，δ 6.19（1H，d，$J=2.0$Hz）和 δ 6.21（1H，d，$J=2.0$Hz）分别归属于 H-6 和 H-8，表明化合物 3 中含有间位取代的苯环结构；结合 H-6 和 H-8 的化学位移变化，表明 5 位和 7 位均应含有羟基。

在 ^{13}C-NMR 谱（图 3-6）中，δ 49.0 处的七重强峰为溶剂 CD_3OD 的峰信号。在 δ 95~165 之间显示出了 9 个碳信号，提示化合物 3 可能是香豆素类化合物。其中，δ 164.1 是 α-吡喃酮羰基 C-2 的特征信号，δ 109.2 和 δ 141.6 为香豆素内酯环双键 C-3 和 C-4 的特征吸收峰；C-5 和 C-7 因受到羟基的影响使其化学位移向着低场分别移动至 δ 157.8 和 δ 158.1；由于内酯环羰基和 7 位羟基的双重影响，C-8 移动至 δ 95.3，相对峰强较小的季碳 C-9（sp^2 杂化）则移动至 δ 164.4，而 δ 103.8 也可以直接确定是同为 sp^2 杂化的季碳 C-10。

综上分析，表明化合物 3 是 5，7-二羟基香豆素（5，7-dihydroxycoumarin），NMR 谱数据归属见表 3-6。

化合物3：5,7-二羟基香豆素

表 3-6　化合物 3 的 NMR 谱数据（CD₃OD）

No.	δ_H（J, Hz）	δ_C	No.	δ_H（J, Hz）	δ_C
2	—	164.1	7	—	158.1
3	6.02（1H，d，9.6）	109.2	8	6.21（1H，d，2.0）	95.3
4	8.06（1H，d，9.6）	141.6	9	—	164.4
5	—	157.8	10	—	103.8
6	6.19（1H，d，2.0）	99.4			

案例解析 3-4 ·························

蛇床子素

从伞形科植物重齿毛当归（*Angelica pubescens* Maxim. f. biserrata Shan et Yuan）的干燥根即中药独活中分离得到一种无色晶体（化合物 4），m. p. 83℃。异羟肟酸铁反应呈阳性，表示有内酯环结构。365nm 紫外光呈现蓝紫色强荧光，提示可能为香豆素类化合物。Molish 反应显阴性，表明无糖结构。

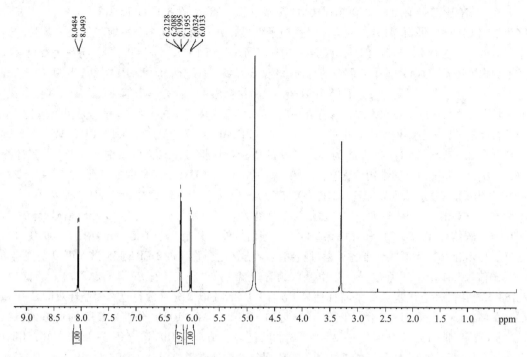

图 3-5 化合物 3 的 ^{1}H-NMR 谱（CD$_3$OD，500MHz）

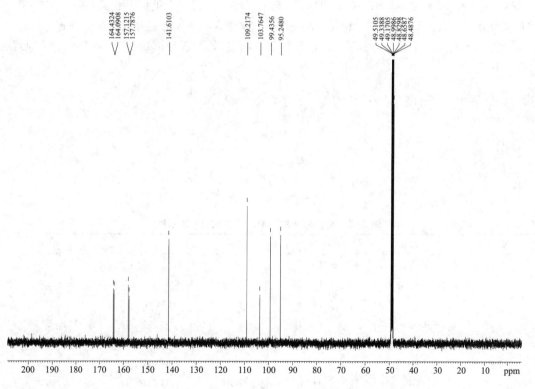

图 3-6 化合物 3 的 ^{13}C-NMR 谱（CD$_3$OD，125MHz）

在 ^{1}H-NMR 谱（图 3-7）和 ^{1}H-^{1}H COSY 谱（图 3-8），除 δ 4.85 的单峰和 δ 3.30 的五重峰为溶剂 CD$_3$OD 的峰信号外，共有 9 个氢质子信号，在芳香区有 4 个不饱和氢质子信号。其中，有两对相关峰，δ 6.21（1H，d，J=9.5Hz）和 δ 7.85（1H，d，J=9.5Hz）分别为香豆素母核上顺式烯烃质子 H-3 和 H-4 偶合的特征信号，δ 7.45（1H，d，J=8.7Hz）和 δ 7.00（1H，d，J=8.7Hz）分别为香豆素母核上 H-5 和 H-6，表明化合物 4 中含有一个苯环且为二氢邻位取代，并提示香豆素母核的 7 位和 8 位均含有取代基。δ 3.93（3H，s）处的氢质子信号是甲氧基上 3 个氢的特征信号，表明结构中含有甲氧基。δ 3.49（2H，d，J=7.3Hz），δ 5.17（1H，m），δ 1.82（1H，s）和 δ 1.64（1H，s）推测为异戊烯基的质子特征信号，结合质谱中 m/z 189 即碎片峰 [M-C$_4$H$_9$]$^+$，也充分证明结构中含有异戊烯基。因 δ 5.17（1H，m）是多重峰且与 δ 3.49（2H，d，J=7.3Hz）相关，表明 δ 5.17（1H，m）应为 H-2′，δ 3.49（2H，d，J=7.3Hz）应为 H-1′。

在 ^{13}C-NMR 谱（图 3-9）中，除去 δ 49.0 处的溶剂峰信号外，共有 15 个碳信号，除去 1 个甲氧基碳信号（δ 56.7）和异戊烯基的 5 个碳信号外，其余 9 个碳信号出现在 δ 109.0~165 之间，提示化合物 4 可能具有香豆素母核结构。结合化合物 4 的 DEPT 135 谱，可以发现有 6 个季碳信号和 1 个亚甲基信号，亚甲基应为异戊烯基的 C-1′特征信号（δ 22.7）。碳谱中，δ 163.5 是内酯环上羰基 C-2 的特征信号，δ 113.1 和 δ 146.2 分别为香豆素内酯环双键 C-3 和 C-4 的特征峰。结合 HSQC 谱（图 3-10）可知，δ 128.1 和 δ 109.0 分别为 C-5 和 C-6 的特征峰，δ 122.4 和 δ 133.3 分别为 C-2′和 C-3′的特征峰。结合 HMBC 谱（图 3-11）可知，甲氧基上的氢、H-5 和 H-6 均与 C-7 相关，表明甲氧基应连在 7 位上；而 H-1′、H-5 和 H-6 均与 C-8 相关，表明异戊烯基应连在 8 位上；C-7 和 C-8 因受到取代基的影响使其化学位移分别移动至 δ 161.8 和 δ 118.6；同时，H-1′又与 C-2′、C-3、C-7 和 C-9 相关，C-2′、C-3′与 H-4′相关，C-2′、C-3′与 H-5′相关，也证明了结构中含有异戊烯基且取代在 8 位上。

综上分析，表明化合物 4 是香豆素类化合物蛇床子素（osthole），NMR 谱数据归属见表 3-7。

化合物 4：蛇床子素

表 3-7　化合物 4 的 NMR 谱数据（CD$_3$OD）

No.	δ_H（J，Hz）	δ_C	No.	δ_H（J，Hz）	δ_C
2	—	163.5	10	—	114.4
3	6.21（1H，d，9.5）	113.1	1′	3.49（2H，d，7.3）	22.7
4	7.85（1H，d，9.5）	146.2	2′	5.17（1H，m）	122.4
5	7.45（1H，d，8.7）	128.1	3′	—	133.3
6	7.00（1H，d，8.7）	109.0	4′	1.82（1H，s）	18.0
7	—	161.8	5′	1.64（1H，s）	25.9
8	—	118.6	—OCH$_3$	3.93（3H，s）	56.7
9	—	153.9			

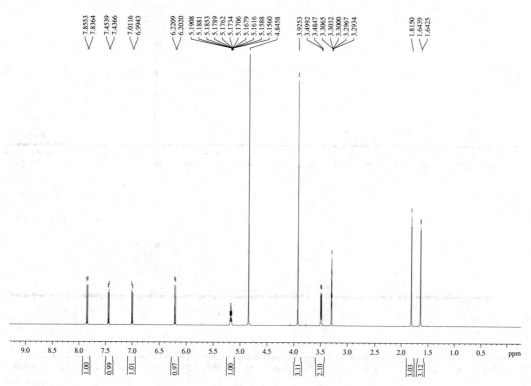

图 3-7　化合物 4 的 ^{1}H-NMR 谱（CD$_3$OD，500MHz）

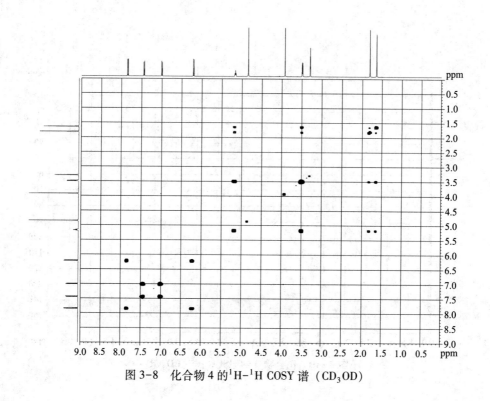

图 3-8　化合物 4 的 ^{1}H-^{1}H COSY 谱（CD$_3$OD）

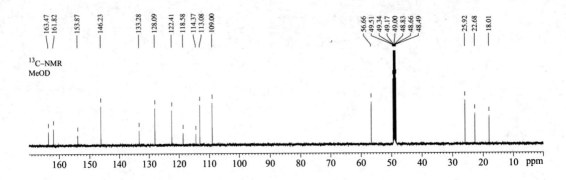

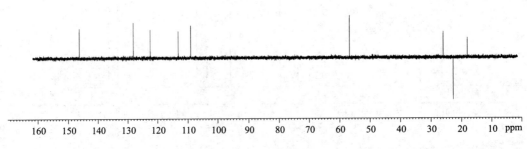

图 3-9 化合物 4 的 ^{13}C-NMR 谱和 DEPT 135 谱（CD$_3$OD，125MHz）

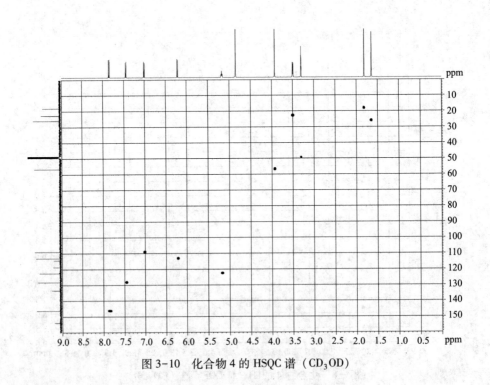

图 3-10 化合物 4 的 HSQC 谱（CD$_3$OD）

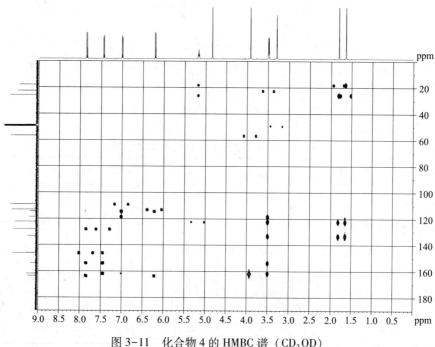

图 3-11　化合物 4 的 HMBC 谱（CD$_3$OD）

案例解析 3-5

花椒毒素

从伞形科植物珊瑚菜（*Glehnia littoralis* Fr. Schmidt ex Miq.）的干燥根即北沙参中分离得到一种无色针状晶体（化合物 5），m. p. 142~143℃。异羟肟酸铁反应呈阳性，表示有内酯环结构。365nm 紫外光呈现蓝紫色强荧光，提示可能为香豆素类化合物。Molish 反应显阴性，表明无糖结构。

化合物 5 的 ^{13}C-NMR 谱（图 3-12）中有 12 个碳原子和 8 个氢原子，DEPT 135 谱（图 3-13）表明化合物 5 的结构中有 6 个季碳。^{1}H-NMR 谱（图 3-14）和 ^{1}H-^{1}H COSY 谱（图 3-15）分析表明结构中有两对相关峰，δ 8.00（1H, d, J=9.6Hz）和 6.36（1H, d, J=9.6Hz）分别为香豆素 α-吡喃酮环上 H-4 和 H-3 的特征氢信号，δ 7.87（1H, d, J=2.2Hz）和 6.94（1H, d, J=2.2Hz）分别为呋喃香豆素上呋喃环上 H-2' 和 H-3' 的特征氢信号，H-5 为单峰信号（δ 7.53），无 H-8 信号；δ 4.23（3H, s）处的氢质子信号是甲氧基上 3 个氢的特征信号，表明结构中含有甲氧基。在 ^{13}C-NMR 谱中，除去 1 个甲氧基碳信号（δ 61.8）外，δ 162.7、148.5 和 107.9 分别为呋喃香豆素中 C-2、C-2' 和 C-3' 的特征碳信号；δ 115.0 和 146.7 为香豆素内酯环双键 C-3 和 C-4 的特征峰，结合 HSQC 谱（图 3-16）可知，δ 128.0、149.1 和 133.9 分别为 C-6、C-7 和 C-8 的特征峰，且均为季碳，可以推断化合物 5 应为 8-甲氧基取代的线性呋喃香豆素类化合物。并且，在 HMBC 谱（图 3-17）中可以看出，C-6、C-7、C-9、C-10 和 C-3' 均与 H-5 相关，C-8 与甲氧基上的 H 相关，也证明了结构中含有甲氧基且取代在 8 位上。

综上分析，表明化合物 5 是呋喃香豆素类化合物 8-甲氧基补骨脂素，即花椒毒素（xanthotoxin），NMR 谱数据归属见表 3-8。

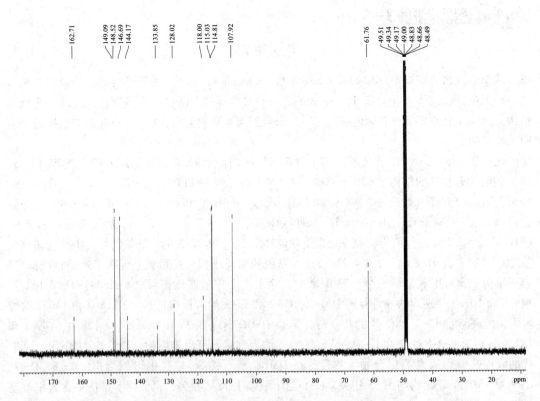

化合物5：花椒毒素

表 3-8　化合物 5 的 NMR 谱数据（CD₃OD）

No.	δ_H (J, Hz)	δ_C	No.	δ_H (J, Hz)	δ_C
2	—	162.7	8	—	133.9
3	6.36 (1H, d, 9.9)	115.0	9	—	144.2
4	8.00 (1H, d, 9.6)	146.7	10	—	118.0
5	7.53 (1H, s)	114.8	2′	7.87 (1H, d, 2.2)	148.5
6	—	128.0	3′	6.94 (1H, d, 2.2)	107.9
7	—	149.1	—OCH₃	4.23 (3H, s)	61.8

图 3-12　化合物 5 的 ¹³C-NMR 谱（CD₃OD，125MHz）

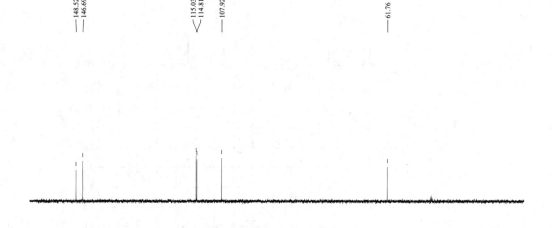

图 3-13　化合物 5 的 DEPT 135 谱（CD$_3$OD，125MHz）

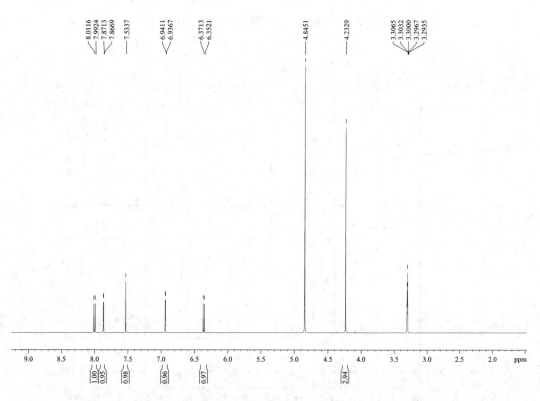

图 3-14　化合物 5 的 ^{1}H-NMR 谱（CD$_3$OD，500MHz）

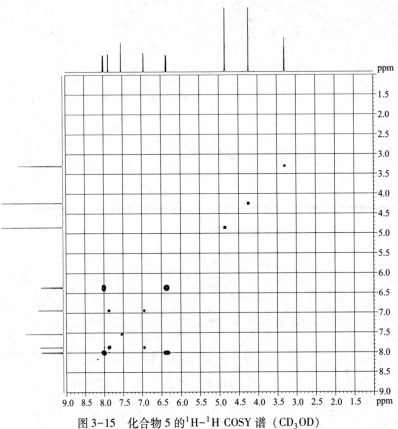

图 3-15　化合物 5 的 ^1H-^1H COSY 谱（CD$_3$OD）

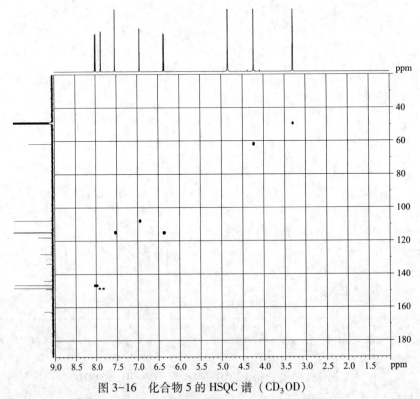

图 3-16　化合物 5 的 HSQC 谱（CD$_3$OD）

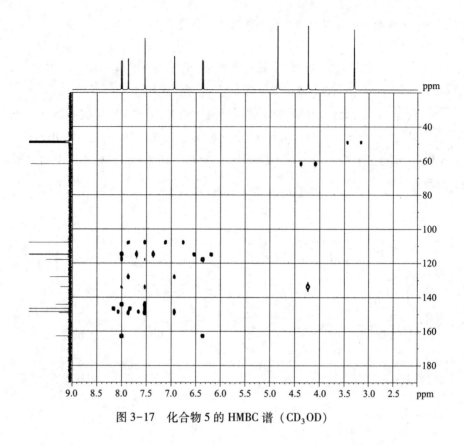

图 3-17　化合物 5 的 HMBC 谱（CD₃OD）

知识拓展

香豆素类化合物在自然界中广泛存在，具有抗病毒、抗肿瘤和抗凝血等多种生物活性，已经临床应用的主要有以下几种：

1. 抗凝血作用（防止血栓）：双香豆素、醋硝香豆素和华法林等。
2. 抗炎作用（治疗胆囊炎和胃炎等）：亮菌甲素。
3. 光敏作用（治疗白癜风等）：补骨脂素、8-甲氧补骨脂素。
4. 抗菌、抗病毒作用：蛇床子素（奥斯脑）。
5. 平滑肌松弛作用（治疗哮喘等）：滨蒿内酯。

本章小结

本章主要包括香豆素类化合物结构特点、紫外光谱规律、红外光谱规律、质谱规律、^{1}H-NMR 谱规律、^{13}C-NMR 谱规律及具体的解析实例等内容。

重点：简单香豆素类化合物的 ^{1}H-NMR 谱规律及 ^{13}C-NMR 谱规律；简单香豆素类化合物的波谱解析方法及技巧等。

难点：呋喃香豆素类化合物和吡喃香豆素类化合物的 ^{1}H-NMR 谱规律及 ^{13}C-NMR 谱规律；

呋喃香豆素类化合物和吡喃香豆素类化合物的波谱解析方法。

思考题

1. 如何根据核磁共振氢谱数据区别简单香豆素和呋喃香豆素？

2. 从菊科植物茵陈中分离得到一种白色结晶，分子式为 $C_{10}H_8O_3$，在紫外灯下显蓝色荧光，异羟肟酸铁试剂反应呈阳性，^1H-NMR 谱数据如下：δ 6.17（1H, d, $J=9.5Hz$），7.58（1H, d, $J=9.5Hz$），7.32（1H, d, $J=8.0Hz$），6.78（1H, dd, $J=8.0, 2.5Hz$），6.72（1H, d, $J=2.5Hz$），3.82（3H, s）。试根据以上信息鉴定其分子结构，并归属各质子信号。

（张羽男）

第四章　木脂素类化合物

学习导引

知识要求

1. **掌握** 木脂素类化合物的结构特点和波谱规律。

2. **熟悉** 简单木脂素、单环氧木脂素、双环氧木脂素、芳基萘型木脂素类等化合物结构解析方法。

3. **了解** 其他结构类型木脂素类化合物的解析方法。

能力要求

1. 熟练掌握木脂素类化合物波谱规律。

2. 学会应用波谱技术解析简单木脂素类化合物的结构。

第一节　结构特点与波谱规律

木脂素类（lignans）化合物是一类由苯丙素氧化聚合而成的天然产物，通常指由两个苯丙素 C_6-C_3 结构单元通过 β 碳原子 8-8′碳相连的二聚体，少数为三聚体和四聚体等。木脂素（lignan）最初是指两分子苯丙素以侧链中碳原子连接而成的化合物；其他的称为新木脂素（neolignan）、苯丙素低聚体、杂木脂素（hybrid lignan）、降木脂素（norlignan）等。多种多样的连接方式形成了结构式样形形色色的木脂素分子。组成木脂素的单体主要有四种：肉桂醇（cinnamyl alcohol）、桂皮酸（cinnamic acid）、丙烯基酚（propenylphenol）、烯丙基酚（allylphenol）。

目前研究木脂素类化合物的结构主要依靠波谱解析法，尤其是 NMR 谱。多数木脂素类化合物借助于波谱方法就能确定其化学结构，包括其立体结构。

一、木脂素类化合物的核磁共振谱特征

核磁共振氢谱和碳谱以及二维核磁是研究、确定木脂素类化合物结构的主要技术手段。木脂素类化合物的结构类型较多，其 NMR 谱特征因结构不同而异，下面分别简单介绍常见的几种木脂素类化合物的结构特点和其 ^{1}H-NMR、^{13}C-NMR 谱规律。

（一）简单木脂素（二苄基丁烷类）

简单木脂素是木脂素类化合物中最大的一种结构类型，具有如图 4-1 所示的基本结构骨

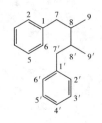

图 4-1 简单木脂素的
基本结构骨架

架（图 4-1）。

这类结构是由两个桂皮酸或桂皮醇分别通过侧链 β 碳原子 8-8′ 连接而成。分子中连氧活性基团往往形成一个或两个四氢呋喃环或内酯环。其中二苄基丁烷类是其他类型木脂素的生源前体。这类木脂素的两个苯环可以是单取代、二取代或三取代，取代基一般为羟基、甲氧基、连氧亚甲基或氧糖基。这类木脂素中烃基结构单元大部分有甲基存在，但也有部分结构中的甲基被氧化为连有羟基的亚甲基，少数化合物为双键亚甲基。

在解析该类成分 NMR 图谱时应注意：此类成分常具有对称结构，^{13}C-NMR 谱中仅出现一半结构的信号。9-9′ 的羟甲基由于连在手性碳原子（C8、C8′）上，羟甲基上的两个氢质子发生裂分（呈 dd 峰，δ 3.5~3.7）。^{13}C-NMR 谱中 9、9′ 位羟甲基碳原子出现在 δ 59~62。另外木脂素类化合物苯环的 3、4 位或 3′、4′ 位常见亚甲二氧基取代，该基团的碳、氢信号非常典型，^{13}C-NMR 谱中在 δ 100~102 出现 $-O-CH_2-O-$ 上碳原子信号，^{1}H-NMR 谱 $-O-CH_2-O-$ 在 δ 5.6~6.0 处出现双氢单峰。苯环上取代基对芳氢的化学位移也有影响，当亚甲二氧基在芳氢邻位时，该芳氢比一般芳氢出现在较高场。

未取代的二苄基丁烷类木脂素，会在 δ 2.0~2.9 范围出现 6 个烃基质子信号，其中与苯基相邻的烃基质子具有清晰的偶合裂分。烃基链上含氧取代基的引入会使临近的质子向低场移动。常见木脂素类化合物（如二苄基丁烷类木脂素、二苄基丁内酯类木脂素、单环氧木脂素和双环氧木脂素等）2 个苯环的 4、4′ 位通常有羟基取代，或在 3、3′ 位同时有 $-OCH_3$ 或 $-OH$ 取代，根据 ^{1}H-NMR 谱中低场芳香质子区氢质子的数目和偶合情况很容易确定苯环上取代基的数目和所处的位置。如果仅在 4 或 4′ 位有 $-OH$ 取代，则在 ^{1}H-NMR 谱中苯环上 2、3、5、6 位（或 2′、3′、5′、6′）4 个氢质子出现典型 AA′BB′ 系统峰组（呈现 2 个双质子 dd 峰，$J \approx 8.0$ Hz）；如果在 3、4 位和 3′、4′ 位均有 $-OCH_3$ 或 $-OH$ 等含氧基团取代，则 ^{1}H-NMR 谱中苯环上 2、5、6 位的 3 个氢质子呈现一组 ABX 系统的相关峰（出现 2 个双重峰和一个双二重峰，2-H：d，$J \approx 2.0$ Hz；5-H：d，$J \approx 8.0$ Hz；6-H：dd，$J \approx 2.0$、8.0 Hz）。

（二）二苄基丁内酯木脂素

二苄基丁内酯的结构特征是在简单木脂素的基础上，9、9′ 位氧化环合形成内酯环，9 位为羰基 C＝O。二苄基丁内酯还有单去氢和双去氢化合物两种结构类型。^{13}C-NMR 谱能给出二苄基丁内酯基本骨架的信号，包括 2 个苯环的 12 个碳信号（δ 105~135）、2 个苄基中的亚甲基（7、7′）信号（δ 30，35）和 1 个五元内酯环的信号（δ 40、45、70、175）。如果苯环上连接含氧取代基，则在 δ 140~150 范围内给出相应芳香碳的信号；如果基本骨架中含有双键，则在低场 δ 125 附近增加相应的 2 个烯碳信号，同时在高场区（δ 35~75）相应的减少 2 个饱和碳信号。其分子基本骨架上含有其他取代基时，则给出相应取代基的信号，如甲氧基（δ 56），乙酰基（δ 170，17~19），亚甲二氧基（δ 98~100）等。脂肪碳上含氧取代基或双键的存在，会使 9 位羰基（δ 178 左右）的化学位移略有变化。

与二苄基丁烷型木脂素相比，二苄基丁内酯类木脂素化合物的 ^{1}H-NMR 减少 2 个甲基质子信号（δ 0.8 左右），而在 δ 4.0 左右出现 2 个氢质子（内酯环上与氧原子相连的饱和碳的 2 个氢质子）的 dd 峰，这类化合物的 C-7 和 C-7′ 常连有羟基、甲氧基等。根据 ^{1}H-NMR 谱低场区芳氢的数目和偶合常数的大小，可以确定苯环上取代基的取代位置；同样根据脂肪碳上质子的数目、化学位移和偶合常数，可以确定脂肪碳上取代基的取代位置。当 7′ 位连接含氧取代基时，7′-H 出现在 $\delta\,4.0$ 左右，为双重峰，偶合常数约为 3.0Hz（与 8′ 位 H 顺式）。当 8′ 位连有含氧取代基时，7′-H 在 $\delta\,2.9\sim3.3$ 范围内，为两个双重峰，偶合常数为 $13\sim15$Hz。当 7′ 位含有双键时，会在 $\delta\,6.7$（CDCl$_3$）或 7.5（DMSO-d$_6$）左右出现 1 个不饱和氢的单峰信号。

（三）芳基萘型木脂素（环木脂素）

芳基萘型木脂素包括芳基萘、芳基二氢萘、芳基四氢萘等基本骨架。该类木脂素的侧链 γ 碳原子有的被氧化成醇、醛或酸，也有的缩合成五元环内酯，多数以开链形式存在。

在简单木脂素的基础上，通过一个苯丙素单位中苯环的 6 位与另一个苯丙素单位的 7 位环合而成环木脂素。自然界中的环木脂素以芳基四氢萘型居多。环木脂素类化合物苯环的 4 位通常由羟基取代，3 位由羟基或者甲氧基取代，或者 3、4 位由亚甲二氧基取代，去氢环木脂内酯的 7′、8′、9′ 和 8 位还可能由羟基或乙酰氧基取代。环木脂素苷类化合物是在有羟基的位置形成氧苷，多数是 4 位成苷。

芳基四氢萘型木脂素的 9 位和 9′ 位碳原子常被氧化为羟甲基。^{13}C-NMR 谱中苯代四氢萘型木脂素的 7、7′、8、8′ 位 4 个碳原子是其特征信号：C-7（$\delta\,47\sim50$）$\rightarrow$（CH），C-7′（$\delta\,30\sim34$）$\rightarrow$（CH$_2$），C-8（$\delta\,45\sim48$）$\rightarrow$（CH），C-8′（$\delta\,36\sim41$）$\rightarrow$（CH）。

环木脂素的两个 γ 碳原子还可以形成五元内酯环，即环木脂内酯。这种类型的木脂素结构中羰基有上向和下向两种类型，对应的内酯环上 CH$_2$、H-1、1-OCH$_3$ 的化学位移明显不同，故用 ^{1}H-NMR 谱可以区别这两种类型的环木脂内酯。内酯环上向者，其 H-1 的 δ 值约为 8.25；而下向者，其 H-4 的 δ 值为 $7.6\sim7.7$。此外，内酯环中亚甲基质子 CH$_2$ 的 δ 值与环的方向也有关，下向者 δ 值为 $5.32\sim5.52$，而上向者其 δ 值为 $5.08\sim5.23$。这是因为 C（苯）环平面与 A、B（萘）环平面是垂直的，内酯环上向时，环中亚甲基处在 C 环面上，受苯环各向异性屏蔽效应的影响，故位于较高磁场（图 4-2）。

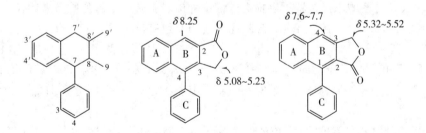

图 4-2　环木脂内酯不同异构体化学位移示意图

（四）单环氧木脂素（四氢呋喃型木脂素）

简单木脂素烃基上不同位置（7-7′、7-9′ 或 9-9′ 碳原子）氧取代基的缩合形成了四氢呋喃型木脂素。根据连氧位置不同，其结构骨架有 7-O-7′ 型、7-O-9′ 型和 9-O-9′ 型（图 4-3）；这些结构中苯环上各种连氧取代基种类和位置的变化、脂肪烃链上连氧取代基种类和位置的不同，及其立体构型的差异，构成了一系列数量众多的四氢呋喃型木脂素。

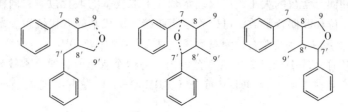

图4-3 单环氧木脂素基本骨架

从化学结构上看，这类化合物常被称为二芳基四氢呋喃衍生物。由于7-O-7′型或和9-O-9′环合的单环氧木脂素常具有对称结构，其NMR图谱中仅出现一半结构的核磁信号，在结构解析时应注意。而7-O-9′型环合的单环氧木脂素不具有对称结构。

7-O-7′单环氧木脂素的两个γ碳（即9、9′位碳）通常是甲基、羟甲基、羧基，根据碳谱中高场区9、9′位碳的化学位移值很容易区分（表4-1）。

表4-1 7-O-7′单环氧木脂素的部分碳信号（δ）

	7、7′（C）	8、8′（C）	9、9′（C）
9、9′（－CH₃）	81~88	41~51	11~15
9、9′（－CH₂OH）	81~83	48~53	60~64
9、9′（－COOH）	81~83	52~56	169~173

有时两个γ位羟甲基与乙酰基结合，即具有－CH_2－O－CO－CH_3片段，则碳谱中出现乙酰氧基的信号：羰基碳δ167，甲基δ21；或者2个γ位羧基与乙醇羟基结合形成酯键，即具有－COO－C_2H_5片段，则碳谱中会出现乙氧基信号：－O－CH_2（δ62）－CH_3（δ14）。

7′-O-9单环氧木脂素的9位碳通常氧化为羟甲基，则C-9（δ59~63）。在7′、8′或8位有羟基取代，羟基的取代位置可以根据碳谱中仲碳、叔碳或季碳的数目来判断。例如7′、8′位无羟基取代时，碳谱中会出现7′与苯环相连的亚甲基碳信号δ32~34，8′位叔碳δ42~43，9′位碳δ72~73；对于8′位有羟基取代的7-O-9′单环氧木脂素，则C-8′（δ81~82），同时会使8、7′和9′位碳分别向低场位移约$\Delta\delta$9、$\Delta\delta$6和$\Delta\delta$5；若在7′、8′位均有羟基取代，则C-7′（δ73~76），C-8′（δ81~85），同时会使8、9′位碳分别向低场位移$\Delta\delta$9、$\Delta\delta$3。

9-O-9′单环氧木脂素的7、7′位的两个苯环相连的亚甲基碳以及9、9′位连氧原子的亚甲基碳的信号非常有特征，C-7、C-7′（δ33~39），C-9、C-9′（δ70~74），而8、8′位叔碳原子出现在δ43~48。若8或8′位有羟基等含氧取代基，则C-8或C-8′向低场位移约$\Delta\delta$40。若在7、9、7′或者9′位有含氧取代，则分子结构不对称，并引起相应的碳原子向低场位移。

（五）双环氧木脂素（骈双四氢呋喃型木脂素）

四氢呋喃型木脂素中脂肪链上的羟基缩合形成了骈双四氢呋喃型木脂素的基本结构骨架（图4-4）。目前为止，这类结构中两个四氢呋喃环均以顺式立体构型相骈合（即7-O-9′型和7′-O-9型四氢呋喃环通过C-8/C-8′骈合），现在发现的一系列天然骈双四氢呋喃型木脂素类化合物，主要是其烃基链和苯环上含氧取代基种类及立体构型不同。

骈双四氢呋喃型木脂素类化合物中四氢呋喃双环的立体结构的差异是构成一系列此类木脂素的主要因素之一（图4-5）。双环氧木脂素的结构中含有4个手性碳原子，因此具有显著的光学活性。平面结构相同的分子可能存在多种光学异构体，而且分子结构常具有对称性，在NMR图谱中仅出现一半结构信号，在结构解析时应加以注意。

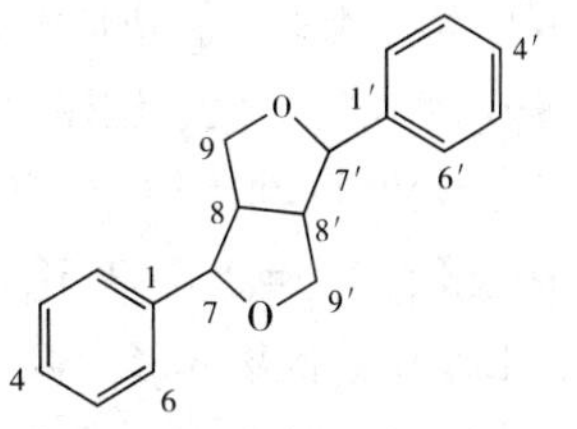

图4-4　骈双四氢呋喃型木脂素结构骨架

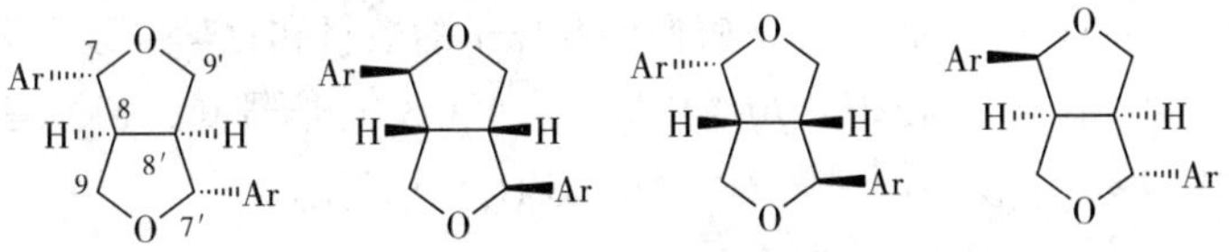

图4-5　不同立体异构示意图

在双环氧木脂素的异构体中，其^{1}H-NMR图谱中苄基氢质子的化学位移和偶合常数对于测定骈双四氢呋喃环的立体结构具有重要作用。根据^{1}H-NMR谱中H-7和H-7′的J值，可以判断2个芳香基是位于同侧还是位于异侧。如果位于同侧，则H-7与H-8及H-7与H-8′均为反式构型，其J值相同，为4~5Hz；如2个芳香基位于异侧，则H-7与H-8为顺式构型，J值为1~3Hz，而H-7′与H-8′则为反式构型，J值为4~5Hz。若8位和8′位氢质子被羟基取代，则^{1}H-NMR谱中H-7和H-7′呈现单峰，此时不能利用H-7和H-7′的偶合常数判断两个苯环的相对位置。

双环氧木脂素的^{13}C-NMR谱中，双四氢呋喃环上的6个碳原子的δ值是其特征信号。对于8、8′位没有取代基的双环氧木脂素来说，7、7′位碳δ85~89，8、8′位碳δ54~56，9、9′碳δ68~72。若8位上有羟基取代，则C-7（δ81~88），C-8（δ90~92），C-9（δ75~76），C-8′也向低场位移约$\Delta\delta$5，出现在δ58~62，而对C-7′、C-9′几乎无影响。若8、8′位碳上均有羟基取代，则这6个碳均向低场位移，尤其是C8、C8′分别出现在δ87（C7，C7′）、89（C8，C8′）、75（C9，C9′）左右。

少数双环氧木脂素在呋喃环的9、9′位上连有羟基、甲氧基或乙酰基。羟基对于呋喃环碳原子的影响稍大于乙酰基（相差1）。如9-OH的引入，会使C-8/C-9向低场位移，尤其是C-9向低场位移至δ100~102，C-8向低场位移至δ60~62，而C-8′与之相反，向高场位移$\Delta\delta$2~3，但对C-7、C-7′和C-9′影响不大。若是9、9′位均有羟基或乙酰基取代，C-9、C-9′将显著向低场位移，出现在δ100~102，C-8、C-8′稍向低场位移，出现在δ58~61，而C-7、C-7′却向高场位移至δ84~86。乙酰基上羰基δ168~170，甲基δ20~21。9、9′位甲氧基的引入对于C-9、C-9′的影响大于羟基和乙酰基，C-9、C-9′出现在δ107~108，而对呋喃环上其他碳原子的影响和羟基、乙酰基相近。

在双环氧木脂素类化合物苯环的3，4，3′，4′位常见亚甲二氧基取代，碳谱中在δ100~102出现—OCH_2—的碳原子信号，相应氢谱在δ5.9~6.0处出现双氢单峰。

（六）苯骈呋喃木脂素

自然界分离得到的该类型木脂素主要是苯骈呋喃及其二氢衍生物，常见的是苯骈二氢呋喃木脂素。苯骈二氢呋喃木脂素的 NMR 谱中 7 位和 8 位上的碳、氢信号是其特征。^{1}H-NMR 谱中 H-7 为 d 峰，化学位移出现在 δ 5.4~5.5；H-8 呈现 m 峰，δ 3.2~3.5。从 ^{1}H-NMR 谱 H-7 的偶合常数可以推测 H-7 和 H-8 是处于顺式还是反式，若 $J=6.0$~6.4Hz，说明 H-7 和 H-8 处于反式；若 $J=2.0$~2.5Hz，说明 H-7 和 H-8 处于顺式。^{13}C-NMR 谱中 C-7 由于和氧原子相连，出现在较低场 δ 86~88，C-8 出现在 δ 50~55，且均为叔碳原子。

多数二氢呋喃木脂素的丙基上末端碳-CH_2OH，即具有丙醇基（-CH_2-CH_2-CH_2OH）侧链，^{1}H-NMR 谱中出现特征的丙醇基信号：δ 3.4（2H, t）、2.4（2H, t）和 1.6（2H, m）；与之对应，在 ^{13}C-NMR 谱中出现 3 个 CH_2：δ 62、35 和 32。也有少数苯骈呋喃木脂素的丙醇基降解为 C_2 侧链或-COOH、-CHO，这从碳谱中碳原子的数目和化学位移值很容易判断。若丙醇基降解为-CHOH-CH_3，则出现 δ 70（CH）、23（CH_3）信号峰；若丙醇基降解为-CO-CH_3，此时 ^{13}C-NMR 谱显示 δ 197（C=O）、26（CH_3）信号峰。

二、木脂素类化合物的紫外光谱特征

在木脂素类化合物结构分析中，紫外光谱主要用于确定苯环的存在状态。多数木脂素的两个取代芳环是两个孤立的发色基团，其 UV 吸收峰位置相似，吸收强度是二者的总和，立体构型对紫外光谱没有明显影响。木脂素一般呈现酚衍生物的吸收，如二芳基丁烷类、苯骈呋喃类等在 230nm（lgε≥4.0）、280nm（lgε 3.5）附近有吸收峰；当侧链上有双键并与苯环共轭，则呈现肉桂酸酯衍生物的吸收特征，在 235、295、335nm 附近有峰，如二芳基丁内酯类；当侧链连接成一个苯环，如芳基萘类，则呈现萘衍生物的吸收特征，在 220、260、295nm 附近有多个吸收峰；如果为苯骈呋喃环，则在 320nm 附近有吸收峰；如果为联苯环辛烯类，则呈现氧取代联苯的吸收特征，在 220、250、285nm 附近有多个吸收峰，部分峰可以肩峰形式出现。

三、木脂素类化合物的红外光谱特征

多数木脂素如芳基四氢萘、芳基二氢萘、芳基萘和联苯环辛烯木脂素结构中都可能含有内酯环结构。红外光谱可以确定木脂素结构中是否具有内酯环，以及内酯环的类型。木脂素的红外光谱，除了多数在 1500~1600cm^{-1} 显示芳环吸收之外，1760~1780cm^{-1} 的孤立五元内酯环，1740~1760cm^{-1} 的共轭五元内酯环，1625cm^{-1} 的侧链双键，1670cm^{-1} 的酮羰基，1640cm^{-1} 的双烯酮吸收峰对判断结构均具有一定意义。

四、木脂素类化合物的质谱特征

木脂素分子大都具有环状结构，因此质谱通常能给出丰度较高的分子离子峰，一般可以直接给出化合物的分子量。木脂素分子中的苯环和环烃基结构则有利于在质谱中得到一系列分子碎片峰信息。如芳基四氢萘丁内酯类型木脂素具有四环系统，大多数这类化合物的分子离子峰很强，一般为基峰。分子量已经确定的木脂素类化合物，借助于高分辨质谱（HR-MS）可以确定化合物的分子式。

第二节 结构解析实例

案例解析 *4-1* ....

（7*R*，8*S*）-4，9，3′，9′-四羟基-3，-甲氧基-7，8-二氢苯骈呋喃-1′-丙基新木脂素

从松科（Pinaceae）松属（*Pinus*）植物油松（*Pinus tabuleaformis* Carr.）松针中分离得到化合物1，为无色固体，易溶于丙酮、甲醇。三氯化铁-铁氰化钾喷雾显蓝色，提示化合物1为酚性化合物。^{1}H-NMR谱（CD$_3$OD，400MHz）芳香区出现5个氢质子信号（图4-6），其中δ 6.96（1H，d，*J*=1.8Hz），6.84（1H，dd，*J*=1.8，8.0Hz），6.76（1H，d，*J*=8.0Hz）为一组苯环ABX系统信号峰；δ 6.57（1H，br. s）和6.56（1H，br. s）处的两个单质子单峰推测为苯环上的间位取代；此外δ 3.79（3H，s）处为1个甲氧基的信号。^{13}C-NMR谱（CD$_3$OD，100MHz）中芳香区显示12个碳信号（图4-7），说明含有2个苯环。此外，高场区除去甲氧基的碳信号δ 56.3，还有6个碳信号，其中δ 88.6、55.7、65.1为苯骈呋喃新木脂素7位、8位和9位碳上的特征信号；δ 62.3、35.8和32.7一组碳信号，推测分子中含有一个-CH$_2$-CH$_2$-CH$_2$OH结构。由7位氢的偶合常数（*J*=6.4Hz），可推知H-7，H-8处于反式。综和以上信息确定化合物1的结构为（7*R*，8*S*）-4，9，3′，9′-四羟基-3-甲氧基-7，8-二氢苯骈呋喃-1′-丙基新木脂素［（7*R*，8*S*）-4，9，3′，9′-tetrahydroxyl-3-methoxyl-7，8-dihydrobenzofuran-1′-propylneolignan］。NMR谱数据归属见表4-2。

化合物1：（7*R*,8*S*）-4,9,3′,9′-四羟基-3-甲氧基-7,8-二氢苯骈呋喃-1′-丙基新木脂素

表4-2 化合物1的NMR谱数据（CD$_3$OD）

No.	δ_C	δ_H (*J*, Hz)	No.	δ_C	δ_H (*J*, Hz)
1	134.8		1′	129.6	
2	110.5	6.96（1H，d，1.8）	2′	116.2	6.57（1H，br. s）
3	149.1		3′	146.6	
4	147.7		4′	142.4	
5	116.3	6.76（1H，d，8.0）	5′	136.7	
6	119.7	6.84（1H，dd，1.6，8.0）	6′	117.2	6.56（1H，br. s）
7	88.6	5.48（1H，d，6.4）	7′	32.7	2.56（2H，m）
8	55.7	3.53（1H，m）	8′	35.8	1.80（2H，m）
9	65.1	3.82（1H，m），3.77（1H，m）	9′	62.3	3.56（2H，m）
3-OCH$_3$	56.3	3.79（3H，s）			

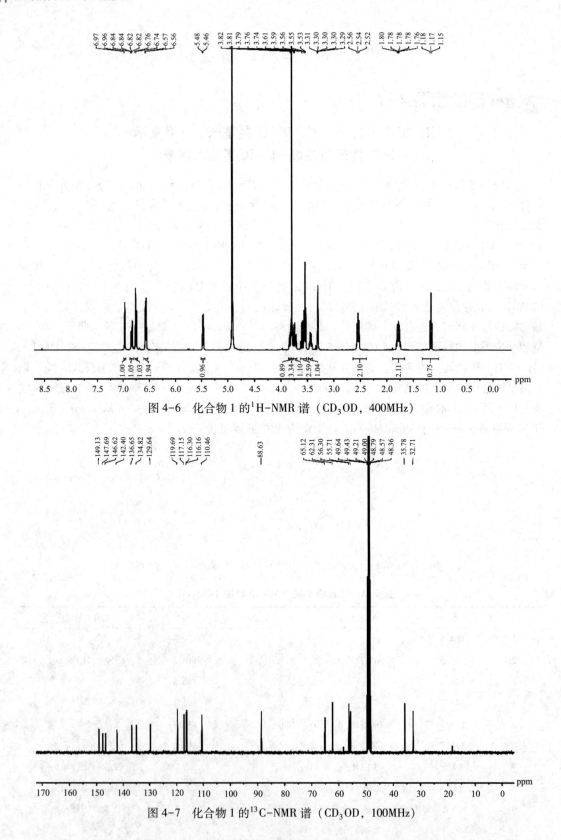

图 4-6　化合物 1 的 ^{1}H-NMR 谱（CD$_3$OD，400MHz）

图 4-7　化合物 1 的 ^{13}C-NMR 谱（CD$_3$OD，100MHz）

![案例解析 4-2]

五味子甲素

为五味子科（Schisandraceae）植物五味子 [*Schisandra chinensis*（Turcz.）Baill] 的干燥藤茎中分离得到化合物 2，无色片状结晶，m. p. 114.0～115.0℃。^{1}H-NMR 谱（acetone-d$_6$，500MHz）中（图 4-8）显示除了 6 个与苯环相连的甲氧基氢信号 δ 3.86（3H, s），3.85（3H, s），3.79（3H, s），3.77（3H, s），3.54（3H, s），3.51（3H, s）之外，还有 2 个芳环氢信号 δ 6.68（1H, s），6.70（1H, s），2 个甲基信号 δ 0.99（3H, d, J=7.2Hz），0.74（3H, d, J=7.2Hz），6 个特征性的非连氧脂肪氢信号 δ 2.24（1H, dd, J=13.1, 9.6Hz），2.08（1H, d, J=13.0Hz），2.62（1H, dd, J=13.5, 7.8Hz），2.43（1H, dd, J=13.5, 1.8Hz），1.89（1H, m），1.78（1H, m）。^{13}C-NMR 谱（acetone-d$_6$，125MHz）中（图 4-9）显示，除了 6 个甲氧基碳信号 60.8（×2）、60.5（×2）、56.2、56.1 之外，还有 12 个芳香碳信号 δ 134.5、124.4、152.5、141.2、152.8、111.6、139.8、123.3、152.3、140.8、152.3、123.3，联苯环辛烯型木脂素类化合物的 6 个特征性碳信号 δ 39.6、34.6、36.0、41.8、21.9、12.8。DEPT 谱（图 4-10）提示 δ 39.6、36.0 为仲碳信号；δ 41.8 和 64.6 为叔碳信号。结合 HSQC 谱（图 4-11）可找出它们所对应的氢信号。^{1}H-^{1}H COSY 谱（图 4-12）显示 δ 2.43（1H, dd, J=13.5, 1.8Hz, H-7α），2.62（1H, dd, J=13.5, 7.8Hz, H-7β），1.78（1H, m, H-8′），0.74（3H, d, J=7.2Hz, H-9）分别与 δ 1.89（1H, m, H-8）相关，δ 2.24（1H, dd, J=13.1, 9.6Hz, H-7′α），2.08（1H, d, J=13.1Hz, H-7′β），1.89（1H, m, H-8），0.99（3H, d, J=7.2Hz, H-9′）与 1.78（1H, m, H-8′）相关，表明 2 个苯丙单元中的丙烷单元通过 C-8 和 C-8′相连。氢谱中 2 个单峰芳环氢信号 δ 6.68（1H, s），6.70（1H, s）和 HMBC 谱（图 4-13）中 δ 2.43（1H, dd, J=13.5, 1.8Hz, H-7α），2.62（1H, dd, J=13.5, 7.8Hz, H-7β）与 δ 124.4（C-2）、134.5（C-1）、111.6（C-6）远程相关，δ 2.24（1H, dd, J=13.1, 9.6Hz, H-7′α），2.08（1H, d, J=13.1Hz, H-7′β）与 123.3（C-2′）、139.8（C-1′）、108.2（C-6′）远程相关，表明 2 个苯丙单元中的苯环通过 C-2 和 C-2′相连的同时分别连接在 C-7 和 C-7′位。甲氧基氢信号 δ 3.86（3H, s），3.79（3H, s），3.54（3H, s），3.85（3H, s），3.77（3H, s），3.51（3H, s）分别与 δ 152.8（C-5）、141.2（C-4）、152.5（C-3）、154.1（C-5′）、140.8（C-4′）、152.3（C-3′）的 HMBC 相关，表明甲氧基分别连在 C-5、C-4、C-3、C-5′、C-4′、C-3′位。综合以上信息并与文献对照确定化合物 2 为五味子甲素（schizandrin A）。NMR 数据附属见表 4-3。

化合物2：五味子甲素

表 4-3 化合物 2 的 NMR 数据（acetone-d_6）

No.	δ_C	δ_H (J, Hz)	No.	δ_C	δ_H (J, Hz)
1	134.5	—	1′	139.8	—
2	124.4	—	2′	123.3	—
3	152.5	—	3′	152.3	—
4	141.2	—	4′	140.8	—
5	152.8	—	5′	154.1	—
6	111.6	6.68 (1H, s)	6′	108.2	6.70 (1H, s)
7	39.6	2.62 (1H, dd, 13.5, 7.8) 2.43 (1H, dd, 13.5, 1.8)	7′	36.0	2.24 (1H, dd, 13.1, 9.6) 2.08 (1H, d, 13.1)
8	34.6	1.89 (1H, m)	8′	41.8	1.78 (1H, m)
9	12.8	0.74 (3H, d, 7.2)	9′	21.9	0.99 (3H, d, 7.2)
—OCH$_3$	60.5	3.54 (3H, s)	—OCH$_3$	60.5	3.51 (3H, s)
—OCH$_3$	60.8	3.79 (3H, s)	—OCH$_3$	60.8	3.77 (3H, s)
—OCH$_3$	56.2	3.86 (3H, s)	—OCH$_3$	56.1	3.85 (3H, s)

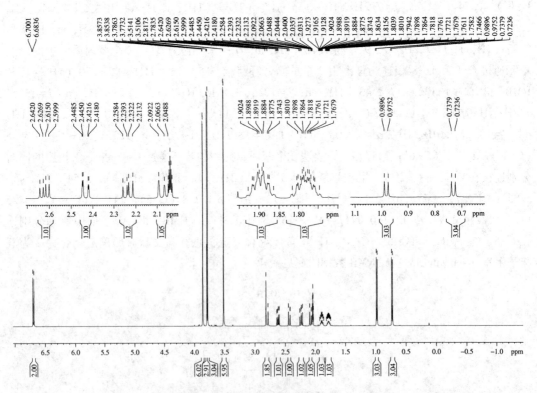

图 4-8 化合物 2 的 ^{1}H-NMR 谱（acetone-d_6，500MHz）

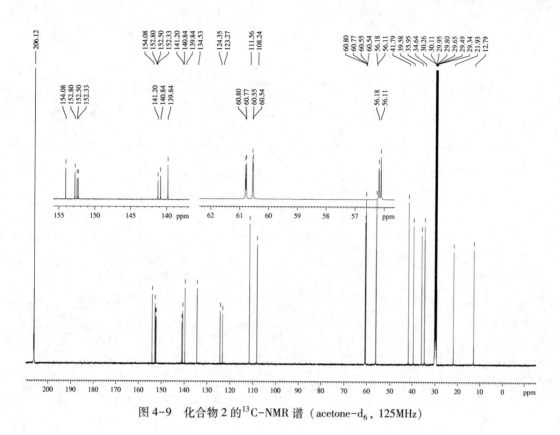

图 4-9 化合物 2 的 ^{13}C-NMR 谱（acetone-d$_6$，125MHz）

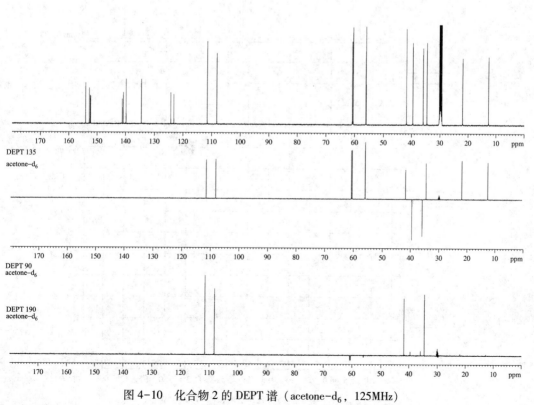

图 4-10 化合物 2 的 DEPT 谱（acetone-d$_6$，125MHz）

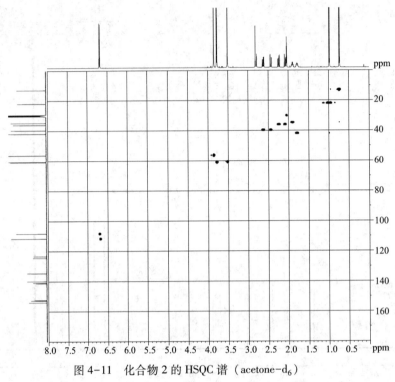

图 4-11　化合物 2 的 HSQC 谱（acetone-d$_6$）

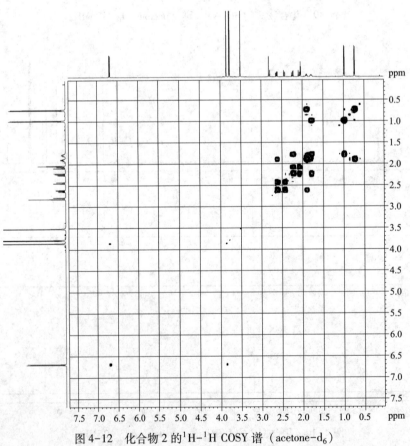

图 4-12　化合物 2 的 ^{1}H-^{1}H COSY 谱（acetone-d$_6$）

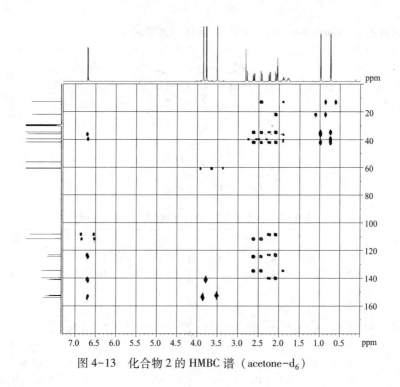

图 4-13　化合物 2 的 HMBC 谱 （acetone-d_6）

案例解析 4-3

鬼臼毒素

　　从小檗科植物鬼臼 ［*Sinopodiphyllum emodi*（Wall.）］分离得到化合物 3，为无色针晶（石油醚-丙酮），溶于三氯甲烷、乙酸乙酯、丙酮。在 UV254nm 下呈暗斑，365nm 下无荧光无暗斑，10% 硫酸乙醇显色呈棕色。^{1}H-NMR 谱（acetone-d_6，500MHz）中（图 4-14）显示 3 个甲氧基氢信号 δ 3.68（6H，s），3.66（3H，s）；1 个亚甲二氧基氢信号 δ 5.97（1H，d，$J=0.9$Hz），5.96（1H，d，$J=0.9$Hz）；4 个芳环氢信号 δ 7.18（1H，s），6.48（1H，s），6.44（2H，s）。^{13}C-NMR 谱（acetone-d_6，125MHz）（图 4-15）结合 DEPT 谱（图 4-16）提示结构中有 22 个碳原子（9 个季碳、8 个次甲基、2 个亚甲基、3 个甲基），除了一个 OCH_2O 碳信号 δ 102.1；3 个 OCH_3 碳信号 δ 56.4（×2）、60.4；还含有一个酯羰基碳信号 δ 175.1；12 个芳香碳信号 δ 137.3、109.7（×2）、153.5（×2）、138.2、107.3、148.09、148.13、110.1、132.1、135.8；5 个脂肪碳信号 δ 45.0、45.5、41.6、72.6、71.9。从以上氢谱和碳谱数据推测化合物 3 为芳基萘内酯类木脂素。^{1}H-NMR、^{13}C-NMR 信号通过 HSQC（图 4-17）、HMBC 谱（图 4-18）进行归属。^{1}H-NMR 谱中 δ 4.56（1H，d，$J=5.1$Hz）为 H-7′信号，由于受到两个苯基的去屏蔽作用而处于较低场；δ 4.79（1H，dd，$J=7.4$，9.0Hz）为 1 个连氧氢信号，即 H-7 信号。由[1]H-^{1}H COSY 谱（图 4-19）确定脂肪碳 H-7 与 H-8，H-8 与 H-8′，H-7′与 H-8′，H-8 与 H-9 相互连接。^{13}C-NMR 谱中 δ 175.1 为 γ-内酯羰基碳信号；δ 153.5（×2）、138.2 为苯环上的三连氧碳的信号；δ 148.09、148.13 为苯环上二连氧碳信号。HMBC 谱中亚甲二氧基氢信号 δ 5.97（1H，d，$J=0.9$Hz），5.96（1H，d，$J=0.9$Hz）与 148.1（C-3）、148.1（C-4）的相关，确定亚甲二氧基连接在母核的 3、4 位；甲氧基氢信号 δ 3.68（6H，s），3.66（3H，s）与 153.5（C-3′，C-5′），138.2（C-4′）的相关，确定甲氧基分别连接在 3′、4′、5′位。综合以上信息并与文献对照确定化合

物 3 为鬼臼毒素（podophyllotoxin）。NMR 谱数据归属见表 4-4。

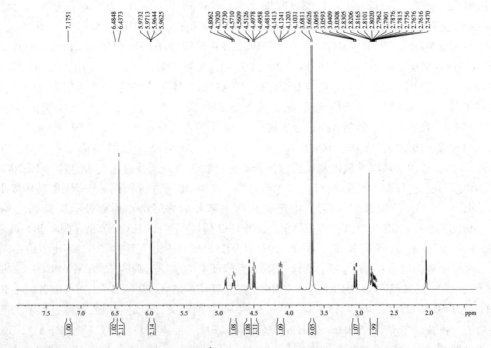

化合物3：鬼臼毒素

表 4-4　化合物 3 的 NMR 谱数据（acetone-d$_6$）

No.	δ_C	δ_H (J, Hz)	No.	δ_C	δ_H (J, Hz)
1	135.8	—	1'	137.3	—
2	107.3	7.18 (1H, s)	2'	109.7	6.44 (1H, s)
3	148.1	—	3'	153.5	—
4	148.1	—	4'	138.2	—
5	110.1	6.48 (1H, s)	5'	153.5	—
6	132.1	—	6'	109.7	6.44 (1H, s)
7	72.6	4.79 (1H, dd, 9.0, 7.4)	7'	45.0	4.56 (1H, d, 5.1)
8	41.6	2.80 (1H, m)	8'	45.5	3.05 (1H, dd, 14.3, 5.1)
9	71.9	4.50 (1H, dd, 8.6, 7.4) 4.12 (1H, dd, 10.5, 8.6)	9'	175.1	—
—OCH$_3$	56.4	3.68 (6H, s)	—OCH$_2$O—	102.1	5.97 (1H, d, 0.9) 5.96 (1H, d, 0.9)
—OCH$_3$	60.4	3.66 (3H, s)			

图 4-14　化合物 3 的 ^{1}H-NMR 谱（acetone-d$_6$，500MHz）

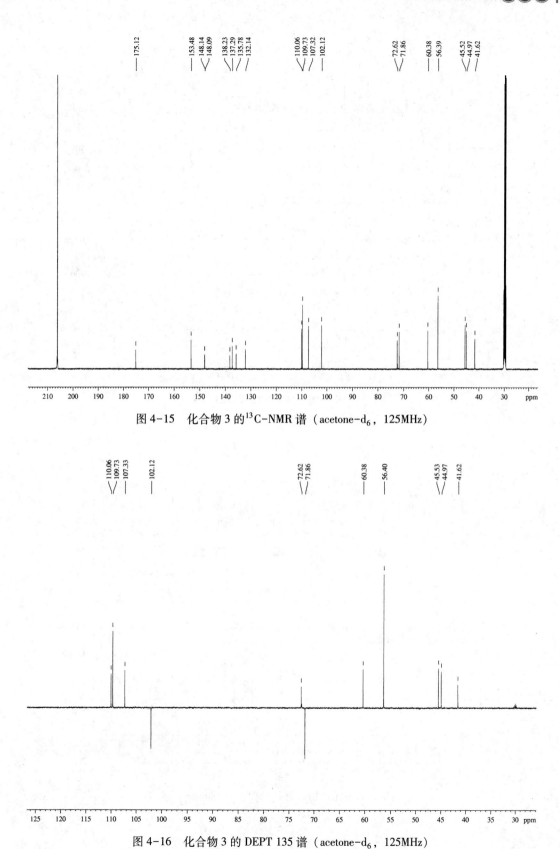

图 4-15　化合物 3 的^{13}C-NMR 谱（acetone-d$_6$，125MHz）

图 4-16　化合物 3 的 DEPT 135 谱（acetone-d$_6$，125MHz）

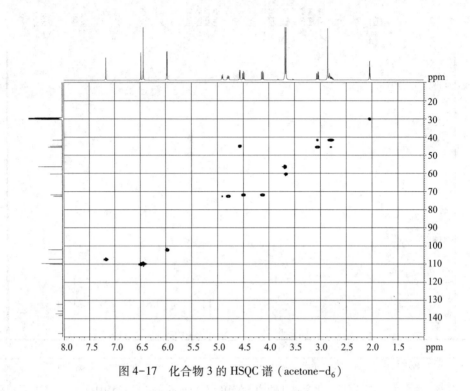

图 4-17　化合物 3 的 HSQC 谱（acetone-d$_6$）

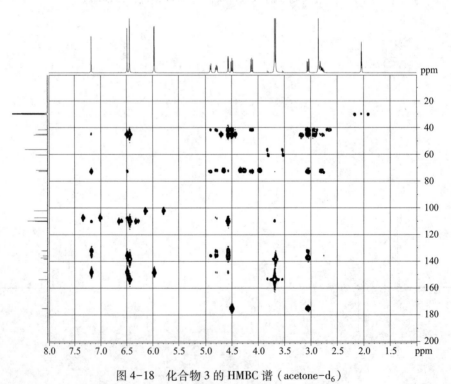

图 4-18　化合物 3 的 HMBC 谱（acetone-d$_6$）

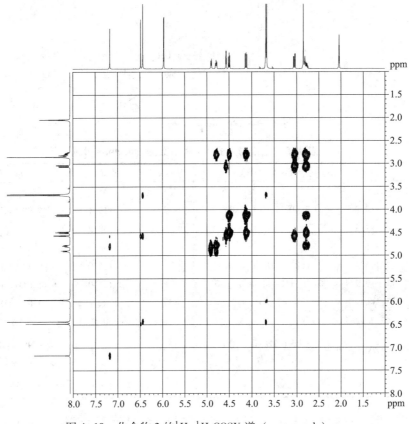

图 4-19　化合物 3 的 ^{1}H-^{1}H COSY 谱（acetone-d$_6$）

 案例解析 *4-4* ···

（+）8-hydroxypinoresinol

从唇形科香茶菜属植物线纹香茶菜［*Rabdosia lophanthoides*（Buch.–Ham. ex D. Don）Hara.］中分离得到化合物 4，为白色固体，易溶于三氯甲烷、甲醇。遇三氯化铁-铁氰化钾试剂显蓝色，说明分子中含有酚羟基，茴香醛-硫酸喷雾后加热显紫色（105℃）。^{1}H-NMR 谱（acetone-d$_6$，400MHz）中（图 4-20），芳香区有 6 个质子，构成两个 ABX 系统。HMBC 谱上可以看出 δ 7.10（1H，d，*J*=2.0Hz），6.82（1H，d，*J*=8.0Hz），6.90（1H，dd，*J*=8.0，2.0Hz）为一个 ABX 偶合系统，δ 7.08（1H，d，*J*=2.0Hz），6.79（1H，d，*J*=8.0Hz），6.88（1H，dd，*J*=8.0，2.0Hz）为另一个 ABX 系统。高场区有 14 个氢信号，其中 δ 3.85 为 2 个甲氧基的氢信号。^{13}C-NMR 谱（acetone-d$_6$，100MHz）中共有 12 个芳香碳信号（图 4-21），推测该化合物中含有 2 个苯环，δ 56.1 处为甲氧基信号；HMBC 谱（图 4-22）中可以看出分子中含有－CHOH－CH－CH$_2$OH 和－CHOH－COH－CH$_2$OH 结构片段，结合氢谱和碳谱数据判断其可能为一双环氧木脂素，7′位的氢出现在 4.84（1H，d，*J*=5.0Hz），偶合常数为 5.0Hz，说明 7′位的氢和 8′位的氢处于反式。与文献数据对照确定化合物 4 为（+）-4，8，4′-三羟基-3，3′-二甲氧基-双环氧木脂素，即（+）8-hydroxypinoresinol，但 8 位和 8′位的碳信号发生了裂分，推测其为 8，8′位构型不同的混合物。NMR 数据归属见表 4-5。

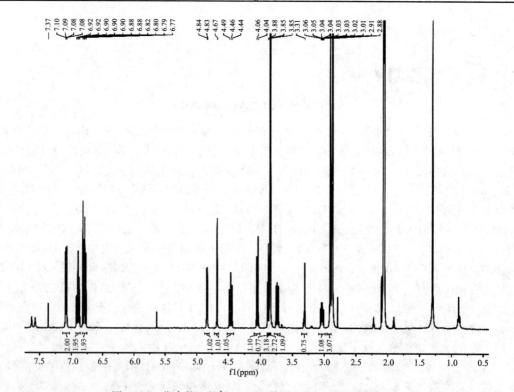

化合物4：(+)8-hydroxypinoresinol

表 4-5　化合物 4 的 NMR 谱数据（acetone-d$_6$）

No.	δ_C	δ_H（J, Hz）	No.	δ_C	δ_H（J, Hz）
1	129.2	—	1′	133.9	—
2	110.9	7.10（1H, d, 2.0）	2′	112.1	7.08（1H, d, 2.0）
3	147.8	—	3′	148.2	—
4	146.8	—	4′	147.0	—
5	115.4	6.82（1H, d, 8.0）	5′	115.0	6.79（1H, d, 8.0）
6	119.9	6.90（1H, dd, 8.0, 2.0）	6′	121.0	6.88（1H, dd, 8.0, 2.0）
7	88.6	4.67（1H, s）	7′	86.6	4.84（1H, d, 5.0）
8	92.4/92.5	—	8′	62.0/62.1	3.06（1H, m）
9	75.7	4.06（1H, d, 9.1） 3.89（1H, m）	9′	71.7	4.49（1H, t, 8.6） 3.76（1H, m）
—OCH$_3$	56.1	3.85（3H, s）	—OCH$_3$	56.1	3.85（3H, s）

图 4-20　化合物 4 的 ^{1}H-NMR 谱（acetone-d$_6$，400MHz）

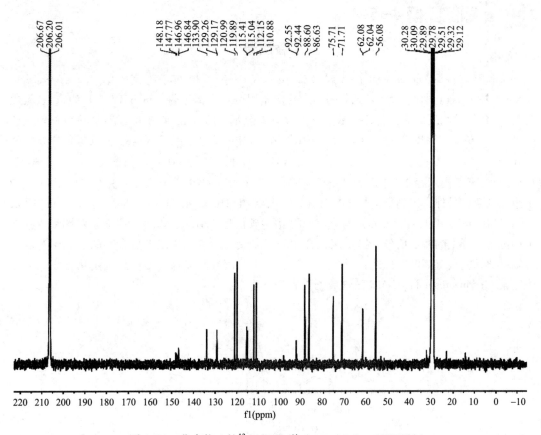

图 4-21　化合物 4 的 ^{13}C-NMR 谱（acetone-d$_6$，100MHz）

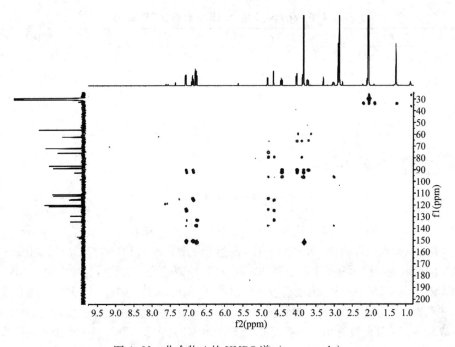

图 4-22　化合物 4 的 HMBC 谱（acetone-d$_6$）

案例解析 4-5 ·············

丁香脂素

从马鞭草科（Verbenaeeae）莸属（*Caryopteris Bunge*）植物三花莸（*Caryopteris terniflora* Maxim）中分离得到化合物5，无色固体，易溶于甲醇、三氯甲烷，m. p. 173～175℃。三氯化铁-铁氰化钾试剂反应显蓝色，提示分子中含有酚羟基。茴香醛-浓硫酸喷雾加热后显紫红色（105℃）。在 ^{1}H-NMR 谱（CD$_3$OD，500MHz）中（图4-23），低场区有一个双氢单峰 δ 6.65（2H，s），结合 ^{13}C-NMR 谱（CD$_3$OD，125MHz）中低场区只有4个信号 δ 149.4、136.2、133.1 和 104.5 提示存在对称取代的苯环（图4-24）。^{1}H-NMR 谱中除了 δ 3.86（6H，s）为2个甲氧基氢信号外，还剩余信号 δ 4.71（1H，d，J=4.2Hz），4.26（1H，dd，J=6.8，9.0Hz），3.88（1H，m），3.13（1H，m）与 ^{13}C-NMR 谱中碳信号 δ 87.6、72.8、55.5 是双环氧木脂素中四氢呋喃环上的特征信号，提示该化合物为双环氧木脂素。从该类化合物的氢和碳的数目可知，此结构具有高度对称性，因此只出现了一半的信号。综合以上信息确定化合物5为丁香脂素（syringaresinol）。NMR 波谱数据见表4-6。

化合物5：丁香脂素

表4-6　化合物5的 NMR 谱数据（CD$_3$OD）

No.	δ_C	δ_H (J, Hz)	No.	δ_C	δ_H (J, Hz)
1, 1′	133.1	—	7, 7′	87.6	4.71 (2H, d, 4.2)
2, 2′, 6, 6′	104.5	6.65 (4H, s)	8, 8′	55.5	3.13 (2H, m)
3, 3′, 5, 5′	149.4	—	9, 9′	72.8	4.26 (2H, dd, 6.8, 9.0) 3.88 (2H, m)
4, 4′	136.2	—	—OCH$_3$	56.8	3.86 (12H, s)

案例解析 4-6 ·············

南烛木树脂酚

从马鞭草科（Verbenaeeae）莸属（*Caryopteris Bunge*）植物三花莸（*Caryopteris terniflora* Maxim）中分离得到化合物6，为白色粉末，易溶于甲醇，m. p. 171～172℃。三氯化铁-铁氰化钾试剂反应显蓝色，提示分子中有酚羟基。茴香醛-浓硫酸喷雾加热后显紫红色（105℃）。在 ^{1}H-NMR 谱（图4-25）低场区出现信号 δ 6.58（1H，s），6.37（2H，s），HSQC 谱（图4-26）中可知分别为碳 δ 107.8、106.9 上的氢（信号 δ 106.9 比一般的碳信号高），且在 HMBC 谱（图4-27）中显示彼此没有相关关系，提示该结构中存在2个苯环，且一个为五取代苯环，另一个为对称的四取代苯环。在 ^{1}H-NMR 谱中有4个甲氧基氢信号 δ 3.85（3H，s），3.37（3H，s），

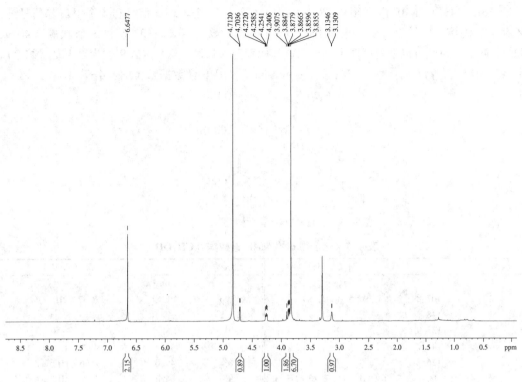

图 4-23　化合物 5 的 ^1H-NMR 谱（CD$_3$OD，500MHz）

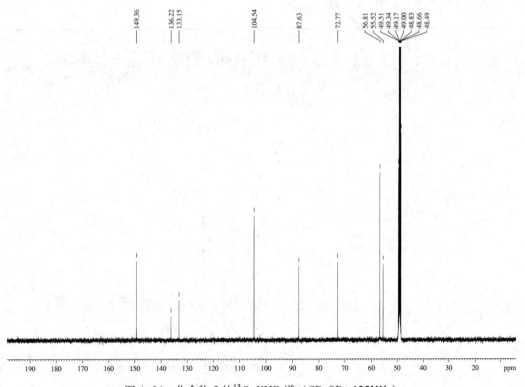

图 4-24　化合物 5 的 ^{13}C-NMR 谱（CD$_3$OD，125MHz）

3.73（6H，s）。^{13}C-NMR 谱（图 4-28）中碳信号除了 12 个苯环碳信号和 4 个甲氧基信号外，还有 6 个碳信号，结合 DEPT 谱得知是 3 个仲碳 δ 66.8、64.2、33.6 和 3 个叔碳 δ 40.9、42.3、49.0，由此可以推断可能为一个四氢苯代萘型木脂素，且 9 位和 9′位为羟甲基。综合以上信息确定化合物 6 为南烛木树脂酚（lyoniresinol）。NMR 谱数据归属见表 4-7。

化合物6：南烛木树脂酚

表 4-7　化合物 6 的 NMR 谱数据（CD$_3$OD）

No.	δ_C	δ_H (J, Hz)	No.	δ_C	δ_H (J, Hz)
1	130.2	—	1′	139.3	
2	107.8	6.58 (1H, s)	2′, 6′	106.9	6.37 (2H, s)
3	148.7	—	3′, 5′	149.0	
4	138.9	—	4′	134.5	—
5	147.7	—	7′	42.3	4.29 (1H, d)
6	126.3	—	8′	49.0	1.96 (1H, m)
7	33.6	2.56 (1H, m), 2.70 (1H, m)	9′	64.2	3.49 (2H, m)
8	40.9	1.62 (1H, m)	3′, 5′—OCH$_3$	56.8	3.73 (6H, s)
9	66.8	3.48 (1H, m), 3.57 (1H, m)			
3—OCH$_3$	56.6	3.85 (3H, s)			
5—OCH$_3$	60.1	3.37 (3H, s)			

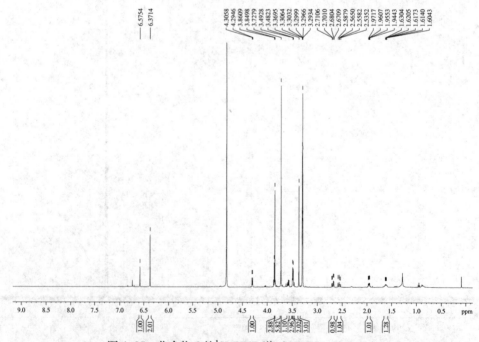

图 4-25　化合物 6 的 ^{1}H-NMR 谱（CD$_3$OD，500MHz）

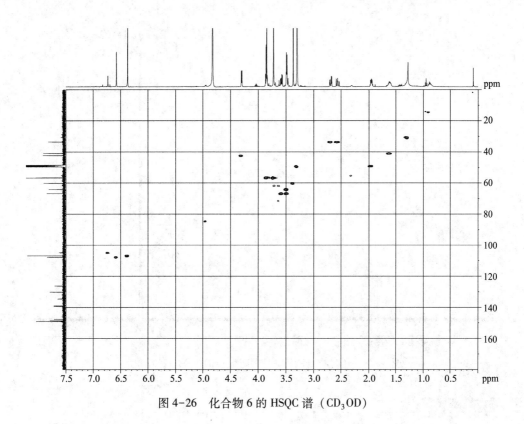

图 4-26　化合物 6 的 HSQC 谱（CD₃OD）

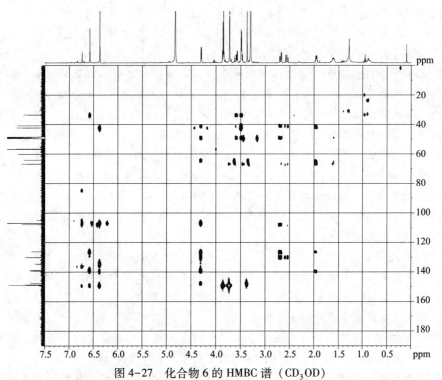

图 4-27　化合物 6 的 HMBC 谱（CD₃OD）

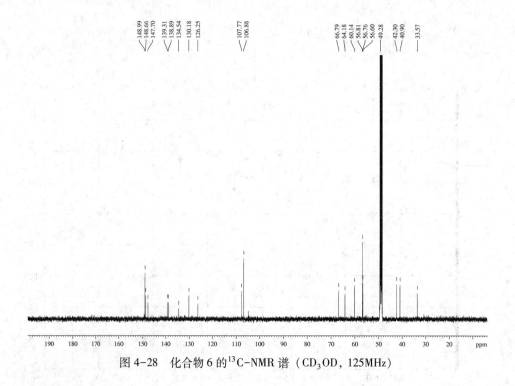

图 4-28　化合物 6 的 ^{13}C-NMR 谱（CD$_3$OD，125MHz）

知识拓展

天然木脂素结构类型众多，并有大量的取代基变化和立体异构体，因此具有广泛的生物活性，但在已经发现的木脂素类化合物中，经过深入活性评价的仍然很少。文献报道有关木脂素的主要生物活性包括以下几种。

1. 抗肿瘤活性　不少木脂素具有细胞毒作用，可以抑制肿瘤细胞的生长。其中鬼臼毒素是研究较多的一种，它存在于小檗科鬼臼属的许多植物中，如鬼臼、八角莲、窝儿七等。从这些植物中提取的树脂民间曾用作泻剂、治疣等。后来发现其中所含的木脂素类成分具有抑制肿瘤细胞增殖的作用，鬼臼毒素为其主要活性成分，曾将其提纯试用于治疗皮肤癌、湿疣等，但毒性较大，临床上难以推广。后经结构改造，合成一系列化合物，其中 VP-16（etoposide）和 VM（teniposide）已在临床上广泛应用。

2. 抗病毒活性　新疆紫草民间用于治疗麻疹不透。从中分离得到的咖啡酸四聚体，在植物体内以钾钠盐存在，具有抑制 HIV 的活性。从南五味子中分离得到的 gomisin G 也有抑制 HIV 增殖的作用。

3. 对心血管系统的活性　海风藤中木脂素成分对血小板活化因子（PAF）有拮抗作用；从异型南五味子中分离得到的多种联苯环辛烯类木脂素也具有 PAF 拮抗作用。一些芳基萘和其杂原子衍生物具有降脂作用，在大鼠实验中，不但可以降低血清胆固醇水平，而且可以提高高密度脂蛋白的水平。

4. 保肝作用　五味子和华中五味子果实中所含的联苯环辛烯类木脂素均有保肝和降低血清谷丙转氨酶（SGPT）作用，如五味子酯甲和五味子丙素。

5. 其他作用　五味子醇甲具有明显的中枢安定作用，是五味子镇静的主要活性成分。厚朴的镇静和肌肉松弛作用也与厚朴酚有关。

本 章 小 结

本章主要介绍了木脂素类化合物（简单木脂素、单环氧木脂素、双环氧木脂素、芳基萘型木脂素类等）的结构特点和波谱规律。

了解：木脂素类化合物的 UV、IR、MS 特点。

重点：掌握各类木脂素类化合物的 ^{1}H-NMR 和 ^{13}C-NMR 图谱特征及解析方法。

1. 从萝藦科马利筋属植物马利筋（*Asclepias curassavica* L.）中分到一个单体化合物，分子式为 $C_{20}H_{24}O_6$，淡黄色粉末。^{1}H-NMR（CD_3OD，500MHz）：δ 2.82（1H，dd，$J=13.5$，5.0Hz），4.64（1H，d，$J=6.7$Hz），2.62（1H，m），2.27（1H，m），3.88（1H，dd，$J=8.4$，6.4Hz），3.62（1H，dd，$J=8.4$，5.9Hz），3.53（2H，m）。^{13}C-NMR（CD_3OD，125MHz）：δ 133.5、113.3、148.9、145.8、116.1、122.2、33.6、43.8、73.5、135.7、110.6、148.9、147.0、115.9、119.8、84.0、54.1、60.4、56.3。试根据以上信息鉴定其分子结构。

2. 哪些木脂素类化合物可能存在对称结构？其 NMR 谱有何特点？

（贾　陆）

第五章　黄酮类化合物

学习导引

知识要求

1. **掌握**　黄酮、黄酮醇类化合物波谱规律。
2. **熟悉**　二氢黄酮类化合物结构解析方法。
3. **了解**　黄烷醇类、双黄酮化合物的结构解析方法。

能力要求

1. 熟练掌握黄酮类化合物波谱规律。
2. 学会应用波谱技术解析黄酮类化学成分。

第一节　结构特点与波谱规律

一、黄酮类化合物的结构特点

黄酮类化合物广泛存在于自然界，是一类重要的天然有机化合物。其不同的颜色为天然色素家族添加了更多的色彩。以前黄酮类化合物主要是指基本母核为2-苯基色原酮类化合物，如今泛指两个具有酚羟基的苯环（A环和B环）通过中间3个碳原子相互连接而成的一系列化合物。这类含氧杂环的化合物多存在于高等植物及蕨类植物中，苔藓类含有的黄酮类化合物为数不多，而藻类、微生物（如细菌）及其他海洋生物中没有发现黄酮类化合物的存在。

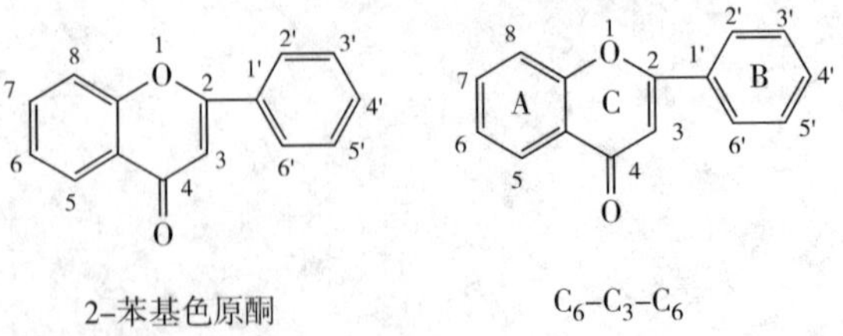

2-苯基色原酮　　　　C_6-C_3-C_6

二、黄酮类化合物的波谱特征

（一）黄酮类化合物的紫外波谱特征

黄酮、黄酮醇等多数黄酮类化合物，因分子存在如图5-1所示的桂皮酰基及苯甲酰基组成的交叉共轭体系，故其甲醇溶液在200~400nm的区域内存在两个主要的紫外吸收带，称为峰带Ⅰ（300~400nm）及峰带Ⅱ（220~280nm），根据带Ⅰ、带Ⅱ的峰位及形状（或强度），推测黄酮类化合物结构类型（表5-1）。

表5-1 黄酮类化合物在甲醇溶液中的紫外吸收特征

| 结构类型 | UV（nm） | | 组内比较 | 组间比较 |
	带Ⅱ	带Ⅰ		
黄酮	250~280	310~350		
黄酮醇（3-OH游离）	250~280	358~385	带Ⅰ不同	带Ⅰ、带Ⅱ均强
黄酮醇（3-OH被取代）	250~280	328~357		
异黄酮	245~275	310~330（肩峰）	带Ⅱ不同	带Ⅰ弱 带Ⅱ强
二氢黄酮、二氢黄酮醇	275~295	300~330（肩峰）		
查耳酮	230~270（低强度）	340~390	带Ⅰ不同	带Ⅰ强 带Ⅱ弱
橙酮	230~270（低强度）	380~430		

（二）黄酮类化合物的红外光谱特征

黄酮类化合物大都含有酚羟基、羰基、苯环等官能团，羟基吸收峰在3500~3200cm^{-1}范围内，多为宽峰，羰基吸收峰在1695~1610cm^{-1}范围内，而苯环芳香骨架振动在1620~1430cm^{-1}。

（三）黄酮类化合物的^{1}H-NMR谱特征

核磁共振氢谱在黄酮类化合物的结构解析中起到很重要的作用，所用的溶剂有氘代三氯甲烷（CDCl$_3$）、氘代二甲基亚砜（DMSO-d$_6$）、氘代吡啶（pyridine-d$_5$）等。由于黄酮类化合物常含酚羟基，故常用氘代二甲基亚砜为溶剂来观察羟基的出峰情况，这些信号在加入重水（D$_2$O）后消失。

也可将黄酮类化合物制成相应的三甲基硅醚衍生物，以四氯化碳为溶剂进行测定。游离黄酮类^{1}H-NMR的质子信号大多集中在低场芳香质子信号区，各环质子信号各成自旋体系，容易区分开来。下面就黄酮类化合物的^{1}H-NMR规律做以简要介绍。

1. A环质子 黄酮类化合物A环的取代类型可以通过黄酮类化合物A环质子化学位移和偶合常数加以推断，A环的取代类型主要有7-羟基取代，5，7-二羟基取代和5，6，7-或6，7，8-三羟基取代。A环为5，6，7-或6，7，8-三羟基取代类型，仅剩一个A环质子容易辨认。而7-羟基取代和5，7-二羟基取代黄酮分子中A环质子化学位移见表5-2。

表5-2 黄酮类化合物A环质子的化学位移

化合物	H-5	H-6	H-8
5，7-二羟基黄酮			
黄酮、黄酮醇、异黄酮类		6.00~6.20 d	6.30~6.50 d
上述化合物的7-O-葡萄糖苷		6.20~6.40 d	6.50~6.90 d
二氢黄酮、二氢黄酮醇类		5.75~5.95 d	5.90~6.10 d
上述化合物的7-O-葡萄糖苷		5.90~6.10 d	6.10~6.40 d
7-羟基黄酮			
黄酮、黄酮醇、异黄酮类	7.90~8.20 d	6.70~7.10 q	6.70~7.00 d
二氢黄酮、二氢黄酮醇类	7.70~7.90 d	6.40~6.50 q	6.30~6.40 d

2. B 环质子

（1）4′-氧取代黄酮类化合物　4′-氧取代黄酮类化合物 B 环的 4 个质子可以分成 H-2′、H-6′和 H-3′、H-5′两组，每组质子均表现为双重峰（2H，$J=8.0$Hz），化学位移位于 6.50~7.90，比 A 环质子处于稍低的磁场，且 H-2′、H-6′总是比 H-3′、H-5′位于稍低磁场，这是因为 C 环对 H-2′、H-6′的去屏蔽效应及 4′-OR 的屏蔽作用。H-2′、H-6′的具体峰位与 C 环的氧化水平有关（表5-3）。

4′-氧取代黄酮类

表5-3　4′-氧取代黄酮类化合物[1]H-NMR 中 H-2′、H-6′和 H-3′、H-5′的化学位移

化合物	H-2′、H-6′	H-3′、H-5′
二氢黄酮类	7.10~7.30　d	6.50~7.10　d
二氢黄酮醇类	7.20~7.40　d	6.50~7.10　d
异黄酮类	7.20~7.50　d	6.50~7.10　d
查耳酮（H-2、6 和 H-3、5）类	7.40~7.60　d	6.50~7.10　d
橙酮类	7.60~7.80　d	6.50~7.10　d
黄酮类	7.70~7.90　d	6.50~7.10　d
黄酮醇类	7.90~8.10　d	6.50~7.10　d

（2）3′，4′-二氧取代黄酮类化合物　3′，4′-二氧取代黄酮和黄酮醇中 B 环 H-5′因与 H-6′的邻位偶合以双重峰的形式出现在 δ 6.70~7.10（d，$J=8.0$Hz）。H-2′因与 H-6′的间偶，亦以双重峰的形式出现在约 7.20（d，$J=2.0$Hz）处。因分别与 H-2′和 H-5′偶合，H-6′以双二重峰出现在 7.90（dd，$J=2.0$，8.0Hz）左右。有时 H-2′和 H-6′峰重叠或部分重叠，需认真辨认（表5-4）。

3′,4′-二氧取代黄酮类

表5-4　3′，4′-二氧取代黄酮类化合物[1]H-NMR 中 H-2′和 H-6′的化学位移

化合物	H-2′	H-6′
黄酮（3′，4′-OH 及 3′-OH，4′-OCH$_3$）	7.20~7.30　d	7.30~7.50　dd
黄酮醇（3′，4′-OH 及 3′-OH，4′-OCH$_3$）	7.50~7.70　d	7.60~7.90　dd
黄酮醇（3′-OCH$_3$，4′-OH）	7.60~7.80　d	7.40~7.60　dd
黄酮醇（3′，4′-OH，3-O-苷）	7.20~7.50　d	7.30~7.70　dd

从 H-2′和 H-6′的化学位移分析，可以区别黄酮和黄酮醇 B 环氧取代是 3′-OH、4′-OCH$_3$，还是 3′-OCH$_3$、4′-OH。在 4′-OCH$_3$、3′-OH 黄酮和黄酮醇中，H-2′通常比 H-6′出现在高场区，而在 3′-OCH$_3$、4′-OH 黄酮和黄酮醇中，H-2′和 H-6′的位置则相反。

3′，4′-二氧取代异黄酮、二氢黄酮及二氢黄酮醇中，H-2′、H-5′及H-6′常以复杂多重峰（常常组成两组峰）出现在δ6.70~7.10。C环对这些质子的影响极小，每个质子的化学位移主要取决于它们相对于含氧取代基的位置。

（3）3′，4′，5′-三氧取代黄酮类化合物　若3′-，4′-，5′-均为羟基，则H-2′和H-6′以一个相当于两个质子的单峰出现在δ6.50~7.50；而当3′-或5′-OH被甲基化或苷化后，H-2′和H-6′因相互偶合而分别表现为一个双重峰（$J = 2.0$Hz）。

3′,4′,5′-三氧取代黄酮类

3. C环质子　各类黄酮化合物结构上的主要区别在于C环的不同，C环质子在 ^{1}H-NMR谱中也表现出各自特征，故可用其来确定不同黄酮类化合物的结构类型。常见C环质子化学位移见表5-5。

表 5-5　常见黄酮类化合物中 C 环质子化学位移和偶合常数

黄酮类型	2-H	3-H	4-H
黄酮		6.3~6.8（s） （注意与A环质子6, 8位氢区别）	
黄酮醇		无信号	
异黄酮	7.6~8.4（s）		
二氢黄酮	5.0~5.5 （q, $J = 11$, 5Hz）	2.3~2.8（2H）两个氢常重叠 （q, $J = 17$, 11Hz） （q, $J = 17$, 5Hz）	
二氢黄酮醇 （C-2, C-3 为 R 构型）	4.9（d, $J = 11$Hz）	4.3（d, $J = 11$Hz）	
异黄酮	7.6~8.4（s）		
原花氢素	约3.7（d, $J = 6$Hz）	约3.3（br）	约2.68（dd, $J = 16$, 4Hz） 约2.92（dd, $J = 16$, 4Hz）
橙酮		＝CH：6.5~6.7（s）	
查尔酮		H-α, 6.7~7.4（d, $J = 17$Hz） H-β, 7.3~7.7（d, $J = 17$Hz）	

（四）黄酮类化合物的核磁共振碳谱特征

黄酮类化合物的 ^{13}C-NMR 信号也有较强的规律，其信号大多集中在低场芳香碳信号区。黄酮苷类 ^{13}C-NMR 信号则包含苷元和糖基两部分。通常，A 环上引入取代基时，位移效应只影响到 A 环，与此相应，B 环上引入取代基时，位移效应只影响 B 环，若是一个环上同时引入几个取代基时，其位移效应将具有某种程度的加和性。

黄酮类化合物骨架类型的判断：不同黄酮类化合物中央 3 个碳原子 ^{13}C-NMR 谱信号因母核结构不同而各具特征。它的化学位移和裂分情况，可用来推断黄酮类的骨架类型（表 5-6）。

表 5-6　¹³C-NMR 中黄酮类化合物中央三个碳原子的信号特征

化合物	C-2（或 C-β）	C-3（或 C-α）	C-4（C=O）
黄酮类	160.0~165.0　s	103.0~111.8　d	176.3~184.0　s
黄酮醇类	145.0~150.0　s	136.0~139.0　s	172.0~177.0　s
异黄酮类	149.8~155.4　d	122.3~125.9　s	174.5~181.0　s
二氢黄酮类	75.0~80.3　d	42.8~44.6　t	189.5~195.5　s
二氢黄酮醇类	82.7　d	71.2　d	188.0~197.0　s
查耳酮类	136.9~145.4　d	116.6~128.1　d	188.6~194.6　s
橙酮类	146.1~147.7　d	111.6~111.9 d（=CH—）	182.5~182.7　s

（五）黄酮类化合物的质谱特征

采用电子轰击质谱（EI-MS）测定黄酮苷元时一般可得分子离子峰，但用于极性强，难气化的黄酮苷类化合物时常需做成甲基化或三甲基硅烷化衍生物才能得到分子离子峰。近年来随着质谱技术的发展，许多软电离技术的应用，如 FAB-MS、ESI-MS 使得黄酮苷类化合物在不制备衍生物的状态下也能得到分子离子峰，其中 ESI-MS 更适合分析与鉴定黄酮苷类化合物。在正离子检测模式下，FAB-MS 和 ESI-MS 都可观察到［M+H］⁺、［M+Na］⁺、［M+K］⁺或［M+NH₄］⁺等加和离子形式的准分子离子峰。样品溶液较浓的时候也会出现［2M+H］⁺或［2M+Na］⁺等离子。黄酮及黄酮醇类化合物的裂件途径见图 5-1，5-2。

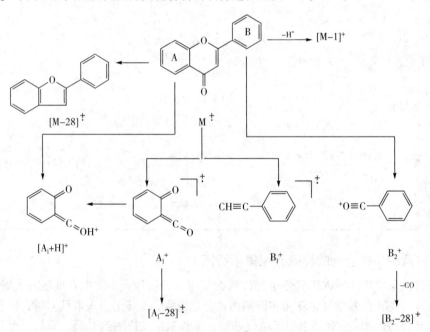

图 5-1　黄酮类化合物裂解模式

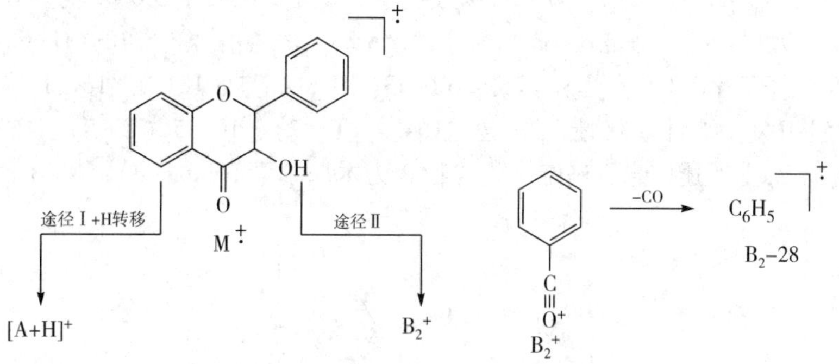

图 5-2 黄酮醇化合物的质谱裂解规律

第二节 结构解析实例

案例解析 5-1

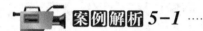

木犀草素

从马鞭草科（Verbenaeeae）莸属（*Caryopteris Bunge*）植物三花莸（*Caryopteris terniflora* Maxim.）的全草中分离得到化合物 1，为黄色粉末，微溶于水，易溶于甲醇，m. p. 328～330℃。遇三氯化铁-铁氰化钾试剂显蓝色，提示含有酚羟基，盐酸镁粉反应阳性，说明可能为黄酮类化合物；茴香醛-浓硫酸喷雾显黄色（105℃）。^{1}H-NMR 谱（DMSO-d_6，500MHz）中（图 5-3）芳香区 δ 6～8 之间共有 6 个氢质子信号，其中 δ 6.18（1H，d，J=2.0Hz）和 6.43（1H，d，J=2.0Hz）处的 2 个单质子双重峰为苯环上 2 个间位偶合氢信号，为黄酮 A 环特征氢信号，H-6 总比 H-8 处于较高场，因此可判断 δ 6.18 处的氢为 H-6，δ 6.43 处的氢为 H-8；δ 7.41（1H，d，J=2.3Hz），7.39（1H，dd，J=2.3，8.3Hz）和 6.89（1H，d，J=8.3Hz）呈现一个 ABX 系统，根据化学位移和峰型判断为黄酮母核 B 环 H-2′、6′和 5′，其中 H-2′与 H-6′间位偶合，H-5′与 H-6′邻位偶合；δ 12.96、10.80、9.89 和 9.41 共出现 4 个宽单峰信号，应为 4 个酚羟基信号，其中 δ 12.96 为 5 位酚羟基信号；此外 δ 6.65（1H，s）处的单氢单峰应为黄酮母核 3 位氢，故判断化合物 1 为黄酮类化合物。

在化合物 1 的^{13}C-NMR 谱（DMSO-d_6，125MHz）中（图 5-4）碳信号集中出现在 δ 90～185 之间，共 15 个碳信号，说明该化合物是黄酮类化合物。其中 δ 98.8 和 93.8 为 5，7-二羟基取代的黄酮 A 环 C-6 和 C-8 的特征信号；δ 181.7 为黄酮 4 位羰基的特征信号。

HSQC 谱（图 5-5）中显示 δ 12.96、10.80、9.89 和 9.41 处的 4 个氢信号没有对应的碳信号，进一步确认为活泼氢信号，δ 12.96 为 5 位酚羟基氢特征信号。此外利用 HSQC 谱对氢谱中的信号进行了归属，δ 6.18（H-6）与 δ 98.8（C-6）、δ 6.43（H-8）与 δ 93.9（C-8）、δ 6.65（H-3）与 δ 102.9（C-3）、δ 6.89（H-5′）与 δ 116.0（C-5′）、δ 7.39（H-6′）与 δ 119.0（C-6′）、δ 7.41（H-2′）与 δ 113.4（C-2′）有相关关系，分别对直接相连的氢碳信号进行了归属。

HMBC 谱（图 5-6）显示 B 环上氢信号 δ 7.41（H-2′）与 δ 149.7 和 163.9 有远程相关，δ 7.39（H-6′）与 δ 149.7、145.7、121.5、116.0 和 113.4 有远程相关，根据取代情况，确定

δ 149.7 为 C-4′，δ 145.7 为 C-3′，δ 121.5 为 C-1′；C 环 3 位质子 δ 6.65 与 δ 181.7、163.9、121.5、103.7 有远程相关，确定 δ 163.9 为 C-2；A 环上的氢信号 δ 6.18（H-6）与 δ 181.7、164.1、161.5、103.7 和 93.9 有远程相关，δ 6.43（H-8）与 δ 181.7、164.1、157.3、103.7 和 98.8 有远程相关，结合取代情况确定 δ 164.1（C-7）、161.5（C-5）、157.3（C-9）、103.7（C-10）。综上所述信息，确定该化合物 2 为木犀草素（luteolin），NMR 谱数据归属见表 5-7。

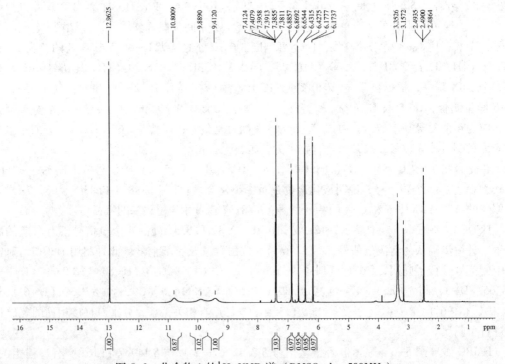

化合物1：木犀草素

表 5-7　化合物 1 的 NMR 谱数据（DMSO-d$_6$）

No.	δ_C	δ_H（J, Hz）	No.	δ_C	δ_H（J, Hz）
2	163.9	—	10	103.7	—
3	102.9	6.65（1H, s）	1′	121.5	—
4	181.7	—	2′	113.4	7.41（1H, d, 2.3）
5	161.5	—	3′	145.7	—
6	98.8	6.18（1H, d, 2.0）	4′	149.7	—
7	164.1	—	5′	116.0	6.89（1H, d, 8.3）
8	93.9	6.43（1H, d, 2.0）	6′	119.0	7.39（1H, dd, 2.3, 8.3）
9	157.3	—			

图 5-3　化合物 1 的 ^{1}H-NMR 谱（DMSO-d$_6$，500MHz）

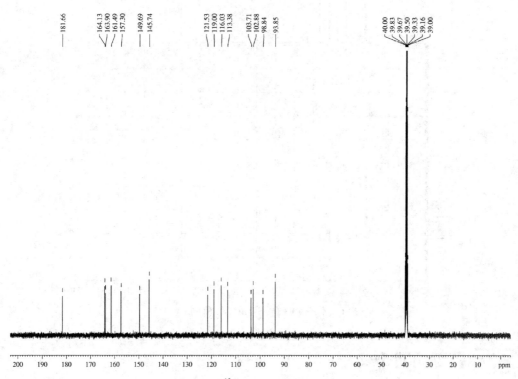

图 5-4　化合物 1 的 ^{13}C-NMR 谱 （DMSO-d$_6$，125MHz）

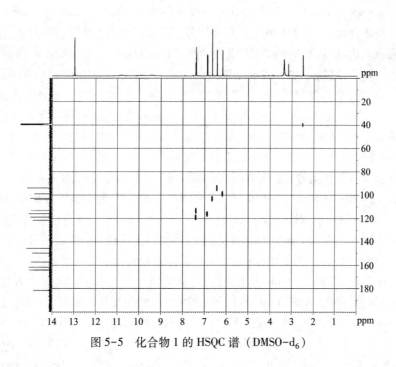

图 5-5　化合物 1 的 HSQC 谱 （DMSO-d$_6$）

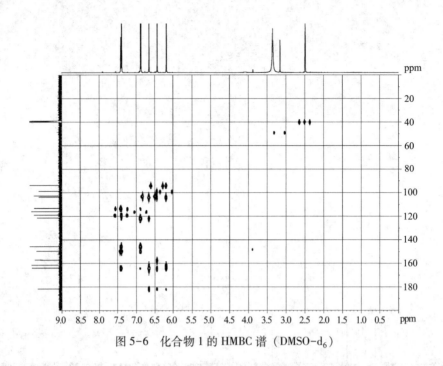

图 5-6　化合物 1 的 HMBC 谱（DMSO-d_6）

 案例解析 5-2

黄 芩 素

　　从苋科（Amaranthaceae）牛膝属（*Achyranthes*）植物牛膝（*Achyranthes bidentata* Blume）的根中分离得到化合物 2，为黄色粉末，溶于甲醇、乙醇、丙酮、醋酸乙酯及热乙酸，微溶于三氯甲烷。遇三氯化铁-铁氰化钾试剂显蓝色，提示含有酚羟基，盐酸镁粉反应阳性，说明可能为黄酮类化合物；茴香醛-浓硫酸喷雾显黄色（105℃）。^{1}H-NMR 谱（DMSO-d_6，500MHz）中（图 5-7）存在 3 个活泼氢信号，其中 δ 12.65（1H，s）是与羰基缔合的 5 位羟基质子，δ 10.55（1H，s）为 7 位羟基质子，δ 8.79（1H，s）为 6 位羟基质子，说明黄酮母核 A 环为 5，6，7-三取代系统。δ 8.05（2H，m）和 δ 7.60（3H，m）为典型的苯环单取代系统，可指定为 B 环 2′-6′ 5 个氢质子，表明 B 环无取代，此外 δ 6.92（1H，s）为黄酮母核 3 位氢信号，δ 6.62 为黄酮 A 环 8 位氢信号，因此判断化合物 3 可能为 5，6，7-三羟基黄酮。

　　在化合物 2 的 ^{13}C-NMR 谱（DMSO-d_6，125MHz）中碳信号集中出现在 δ 90～185 之间，共15 个碳信号（图 5-8），说明该化合物是黄酮类化合物。δ 182.1 为 4 位羰基特征信号。

　　结合 HSQC 谱（图 5-9）和 HMBC 谱（图 5-10）对化合物 2 的氢碳信号进行了归属。在HSQC 谱中 δ 6.92（1H，s）与 δ 104.5 有相关关系，故归属为 3 位的氢碳信号，δ 6.62（1H，s）与 δ 94.0 有相关关系归属为 8 位的氢碳信号，δ 8.05（2H，m）与 δ 126.3 有相关关系归属为 2′，6′位的氢碳信号，δ 7.60（2H，m）与 δ 129.1 有相关关系归属为 3′，5′位的氢碳信号，δ 7.60（1H，m）与 δ 131.8 有相关关系归属为 4′位的氢碳信号。在 HMBC 谱中 δ 6.62（H-8）与 δ 182.1（C-4）、129.3（C-6）、153.6（C-7）、149.8（C-9）、104.3（C-10）有远程相关关系，δ 6.92（H-3）与 δ 130.9（C-1′）、162.9（C-2）、182.1（C-4）、146.9（C-5）、104.3（C-10）有远程相关关系。综合以上信息，确定化合物 2 为 5，6，7-三羟基黄酮，即

黄芩素（baicalein），NMR 谱数据归属见表 5-8。

化合物2：黄芩素

表 5-8　化合物 2 的 NMR 谱数据（DMSO-d₆）

No.	δ_C	δ_H (J, Hz)	No.	δ_C	δ_H (J, Hz)
2	162.9	—	9	149.8	—
3	104.5	6.92 (1H, s)	10	104.3	—
4	182.1	—	1′	130.9	—
5	146.9	—	2′, 6′	126.3	8.05 (2H, m)
6	129.3	—	4′	129.1	7.60 (1H, m)
7	153.6	—	3′, 5′	131.8	7.60 (2H, m)
8	94.0	6.62 (1H, s)			

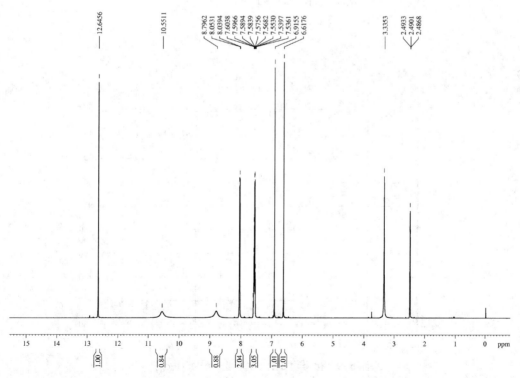

图 5-7　化合物 2 的 ¹H-NMR 谱（DMSO-d₆，500MHz）

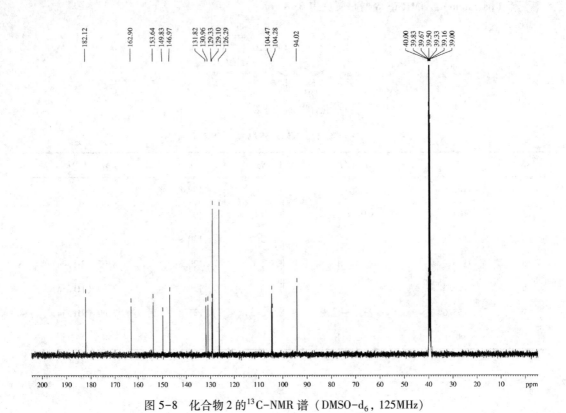

图 5-8 化合物 2 的 ^{13}C-NMR 谱（DMSO-d$_6$，125MHz）

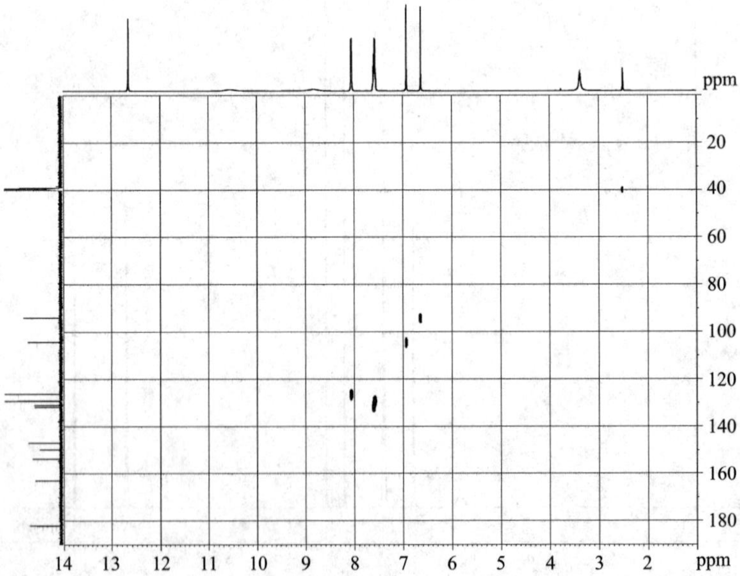

图 5-9 化合物 2 的 HSQC 谱（DMSO-d$_6$）

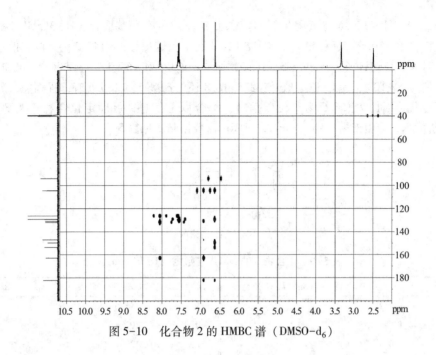

图 5-10　化合物 2 的 HMBC 谱（DMSO-d$_6$）

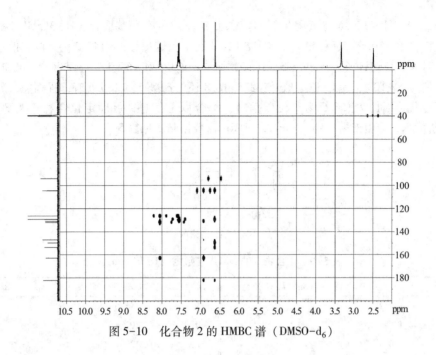 案例解析 5-3

山 奈 酚

从十字花科（Cruciferae）植物播娘蒿 [*Descurainia Sophia*（L.）Webb ex Prantl] 干燥成熟的种子南葶苈子中分离得到化合物 3，为黄色粉末，微溶于水，溶于热乙醇、乙醚和碱，m. p. 260~262℃。遇三氯化铁-铁氰化钾试剂显蓝色，提示结构中含有酚羟基；盐酸-镁粉反应阳性，说明可能为黄酮类化合物。^{1}H-NMR 谱（DMSO-d$_6$，500MHz）中 δ 6.18（1H，d，J = 2.1Hz）和 6.43（1H，d，J = 2.1Hz）分别为一个苯环上 2 个间位偶合氢信号（图 5-11），为黄酮 A 环特征氢信号，根据化学位移和偶合常数值可判断 δ 6.18 处的氢为 H-6，δ 6.43 处的氢为 H-8。δ 8.03（2H，d，J = 9.0Hz）和 6.92（2H，d，J = 9.0Hz）为一个 AA′BB′系统，通过化学位移和偶合常数判断应为 B 环上的氢信号，说明 B 环 4′位有含氧取代，从而造成 3′、5′位出现在高场（δ 6.91），2′、6′出现在低场（δ 8.03）。δ 9.37、10.09、10.77 和 12.47 共出现 4 个宽单峰信号，应分别为 4′、7、3、5 位上的羟基信号。除 A、B 环上氢信号和羟基信号外，^{1}H-NMR 谱中未出现其他信号，说明该化合物 C 环 3 位连有酚羟基，应为黄酮醇类化合物，根据羟基的位置，判断化合物 3 可能为 3，5，7，4′-四羟基黄酮。

^{13}C-NMR 谱（DMSO-d$_6$，125MHz）中碳信号集中出现在 δ 93~177 之间（图 5-12），共 15 个碳信号，说明该化合物可能是黄酮类化合物。因分子中存在对称结构，故 δ 129.9 和 115.8 分别为两个碳信号。其中 δ 176.3 为黄酮醇 4 位羰基的特征信号。

HSQC 谱（图 5-13）中显示 δ 9.37、10.09、10.77 和 12.47 处的氢信号没有对应的碳信号，进一步确认为活泼氢信号。此外利用 HSQC 谱对氢谱中的信号进行了归属，δ 6.18（1H，d，J = 2.1Hz）和 6.43（1H，d，J = 2.1Hz）分别与 δ 98.6 和 93.9 有相关关系；δ 8.03（2H，d，J = 9.0Hz）和 6.92（2H，d，J = 9.0Hz）分别与 δ 129.9 和 115.8 有相关关系。

HMBC 谱（图 5-14）显示 B 环上氢信号 δ 8.03（H-2′，6′）和 δ 6.92（H-3′，5′）均与

苯环上连氧碳信号 δ 159.6 有远程相关，验证了 B 环 4′位有羟基取代，H-3′，5′与 δ 122.1、129.9、147.2 和 159.6 有远程相关，确定 δ 122.1 为 1′位碳信号，δ 147.2 为 2 位碳信号。A 环上的氢信号 δ 6.18（H-6）和 δ 6.43（H-8）均与 δ 103.4 和 164.3 有远程相关，可知 δ 164.3 为 7 位碳信号，δ 103.4 为 10 位碳信号，此外 H-8 还与 δ 98.6 和 156.6 有远程相关，因 9 位碳连有含氧取代，因此 δ 156.6 为 9 位碳信号。综合以上信息，可确定化合物 3 为 3，5，7，4′-四羟基黄酮，即山柰酚（kaempferol）。NMR 谱数据归属见表 5-9。

化合物3：山柰酚

表 5-9　化合物 3 的 NMR 谱数据（DMSO-d_6）

No.	δ_C	δ_H (J, Hz)	No.	δ_C	δ_H (J, Hz)
2	147.2	—	9	156.6	—
3	136.1	—	10	103.4	—
4	176.3	—	1′	122.1	—
5	161.1	—	2′, 6′	129.9	8.03 (2H, d, 9.0)
6	98.6	6.18 (1H, d, 2.1)	4′	159.6	—
7	164.3	—	3′, 5′	115.8	6.91 (2H, d, 9.0)
8	93.9	6.43 (1H, d, 2.1)			

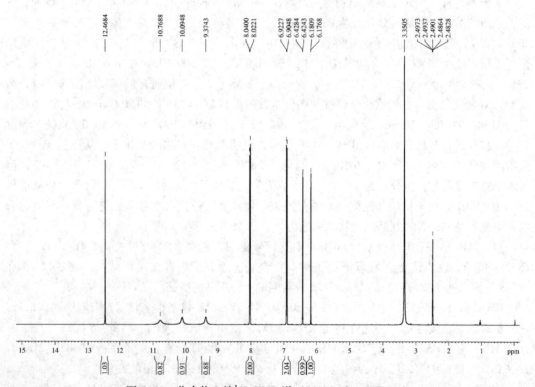

图 5-11　化合物 3 的 ^{1}H-NMR 谱（DMSO-d_6，500MHz）

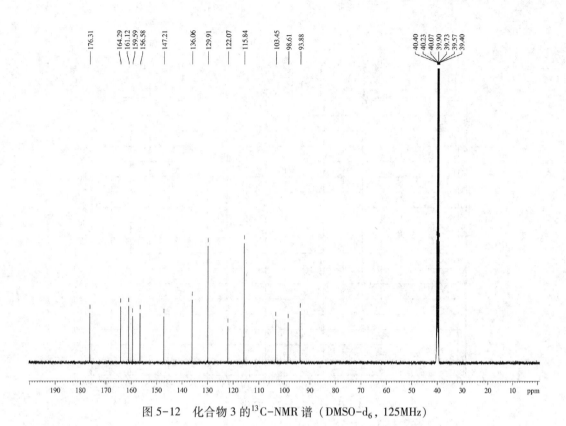

图 5-12　化合物 3 的^{13}C-NMR 谱（DMSO-d$_6$，125MHz）

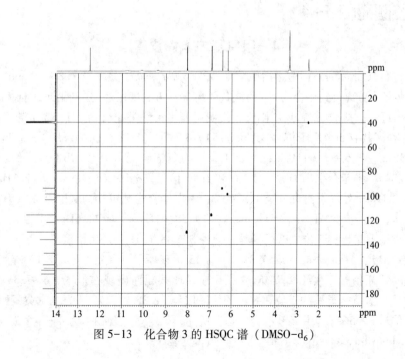

图 5-13　化合物 3 的 HSQC 谱（DMSO-d$_6$）

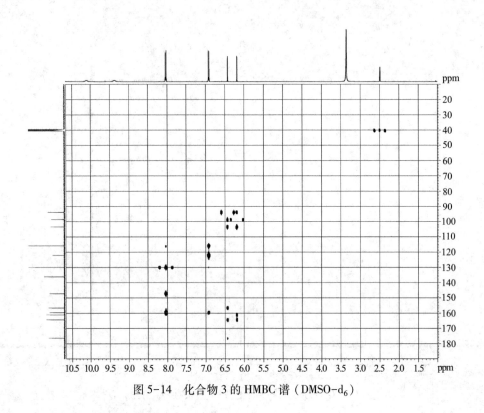

图 5-14　化合物 3 的 HMBC 谱（DMSO-d_6）

案例解析 5-4

4′-甲氧基二氢槲皮素

　　从十字花科（Cruciferae）植物播娘蒿［*Descurainia Sophia*（L.）Webb ex Prantl］干燥成熟的种子南葶苈子中分离得到化合物 4，为淡黄色粉末，遇三氯化铁-铁氰化钾试剂显蓝色，提示结构中含有酚羟基；盐酸-镁粉反应阳性，说明可能为黄酮类化合物。^{1}H-NMR 谱（DMSO-d_6，500MHz）芳香区共有 5 个质子信号（图 5-15），δ 7.10（1H，d，J=1.8Hz），6.96（1H，dd，J=1.8，8.1Hz）和 6.82（1H，d，J=8.1Hz）为黄酮苷元 B 环上 ABX 系统的氢信号，根据偶合常数和峰型推定分别为 H-2′、H-6′和 H-5′信号，δ 5.92（1H，d，J=2.1Hz）和 5.88（1H，d，J=2.1Hz）处分别出现一个单氢双峰；根据偶合常数可知为黄酮苷元 A 环上 6、8 位的氢质子信号，δ 4.99（1H，d，J=11.6Hz）和 4.58（1H，d，J=11.6Hz）分别是二氢黄酮醇处于反式直立键上 2 位和 3 位氢特征信号；此外 δ 3.88（3H，s）为甲氧基信号。

　　在 ^{13}C-NMR 谱（DMSO-d_6，125MHz）中有 15 个碳原子（图 5-16），δ 198.5 为二氢黄酮的 4 位羰基的特征信号，由于 C 环饱和后不与 B 环共轭而出现在低场，δ 97.3、96.3 为 5，7-二羟基取代二氢黄酮母核的 6 位和 8 位的特征信号，δ 85.2 和 73.7 为二氢黄酮醇的 C-2 和 C-3 的特征信号，δ 56.5 为甲氧基信号。综上所述，确定该化合物 4 为 4′-甲氧基二氢槲皮素（4′-O-methyldihydroquercetin）。NMR 谱数据归属见表 5-10。

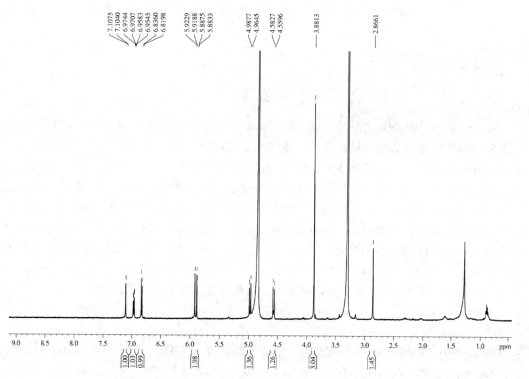

化合物4：4'-甲氧基二氢槲皮素

表 5-10　化合物 4 的 NMR 谱数据（DMSO-d$_6$）

No.	δ_C	δ_H (J, Hz)	No.	δ_C	δ_H (J, Hz)
2	85.2	4.99 (1H, d, 11.6)	10	101.9	—
3	73.7	4.58 (1H, d, 11.6)	1'	112.4	—
4	198.5	—	2'	122.2	7.10 (1H, d, 1.8)
5	164.5	—	3'	148.5	—
6	97.3	5.88 (1H, d, 2.1)	4'	148.9	—
7	168.7	—	5'	116.0	6.82 (1H, d, 8.1)
8	96.3	5.92 (1H, d, 2.1)	6'	129.8	6.96 (1H, dd, 1.8, 8.1)
9	165.2	—	4'-OCH$_3$	56.5	3.88 (3H, s)

图 5-15　化合物 4 的 ^{1}H-NMR 谱（DMSO-d$_6$，500MHz）

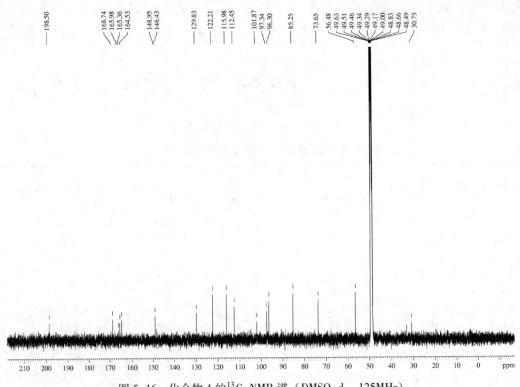

图 5-16　化合物 4 的 ^{13}C-NMR 谱（DMSO-d$_6$，125MHz）

案例解析 5-5

大豆素

　　从豆科（Leguminose）大豆属（*Glycine*）大豆［*Glycine Max*（L.）Merrill］中分离得到化合物 5，为无定形粉末，遇三氯化铁-铁氰化钾试剂显蓝色，提示结构中含有酚羟基。^{1}H-NMR 谱（DMSO-d$_6$，500MHz）芳香区 δ 6.7~8.3 之间共有 8 个质子信号（图 5-17），δ 8.26（1H，s）是异黄酮 2 位氢的特征信号，由于受到 4 位羰基的吸电子共轭效应的影响，比普通芳氢明显向低场位移，δ 7.96（1H，d，$J=8.8Hz$），6.93（1H，d，$J=2.3$，8.8Hz）和 6.85（1H，d，$J=2.3Hz$）呈现一个苯环 ABX 系统，说明结构中有一个三取代苯环（A 环）；从 δ 7.96（1H，d，$J=8.8Hz$）信号峰的化学位移值可知该氢是 5 位质子；由于受到 4 位羰基的分子内氢键作用，较普通芳氢位于低场，从而得知 A 环上取代基位于 7 位上；δ 7.38（1H，d，$J=8.6Hz$）和 6.81（1H，d，$J=8.6Hz$）为一个 AA′BB′ 系统，说明存在一个对位取代的苯环（B 环）；此外 δ 10.76（1H，s）和 9.52（1H，s）为两个酚羟基的氢信号，提示结构中含有两个酚羟基，由此确定化合物可能为 7，4′-二羟基异黄酮。

　　在 ^{13}C-NMR 谱（DMSO-d$_6$，125MHz）中共出现 15 个碳信号（图 5-18），其中 δ 174.7 为异黄酮的 4 位羰基的特征信号。HSQC 谱（图 5-19）中显示 δ 10.76（1H，s）和 9.52（1H，s）处的氢信号没有对应的碳信号，进一步确认为活泼氢信号。此外利用 HSQC 谱对氢谱中的信号进行了归属，δ 8.26（1H，s）与 157.2 有相关关系，说明 δ 157.2 为 2 位碳信号，δ 7.96（1H，d，$J=8.8Hz$）与 δ 127.3，δ 6.93（1H，d，$J=2.3$，8.8Hz）与 δ 115.1 和 δ 6.85（1H，d，

$J = 2.3$Hz）与δ102.1分别有相关关系，说明δ127.3、115.1和102.1为C-5、C-6和C-8；此外δ7.38（1H，d，$J = 8.6$Hz）与δ130.1，δ6.81（1H，d，$J = 8.6$Hz）与δ114.9分别有相关关系，从而可归属2′、6′和3′、5′的信号。结合HMBC谱（图5-20）对化合物5的NMR谱数据进行了归属。综上所述，确定化合物5为大豆素（daidzein）。NMR数据归属见表5-11。

化合物5：大豆素

表5-11　化合物5的NMR谱数据（DMSO-d$_6$）

No.	δ_C	δ_H （J, Hz）	No.	δ_C	δ_H （J, Hz）
2	157.2	8.26（1H, s）	9	157.4	—
3	123.5	—	10	116.6	—
4	174.7	—	1′	122.6	—
5	127.3	7.96（1H, d, 8.8）	2′, 6′	130.1	7.38（1H, d, 8.6）
6	115.1	6.93（1H, d, 2.3, 8.8）	3′, 5′	114.9	6.81（1H, d, 8.6）
7	162.5	—	4′	152.8	—
8	102.1	6.85（1H, d, 2.3）			

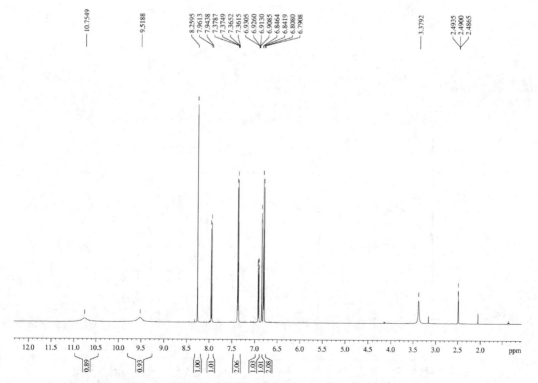

图5-17　化合物5的^{1}H-NMR谱（DMSO-d$_6$，500MHz）

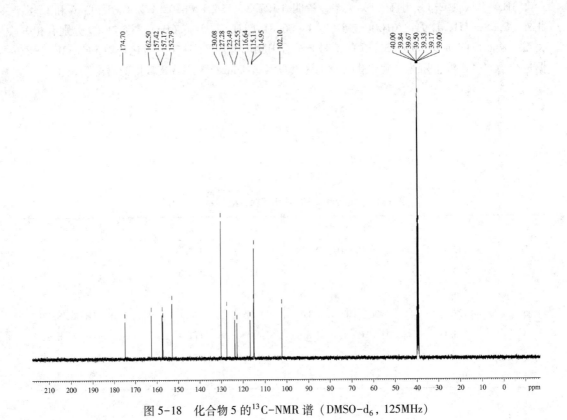

图 5-18　化合物 5 的 ^{13}C-NMR 谱（DMSO-d$_6$，125MHz）

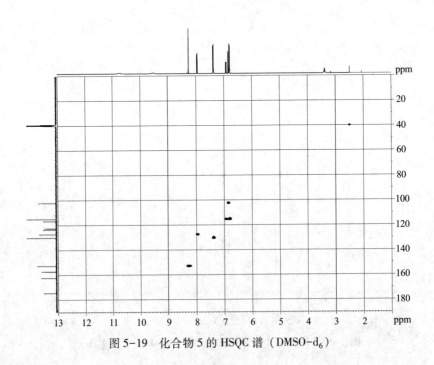

图 5-19　化合物 5 的 HSQC 谱（DMSO-d$_6$）

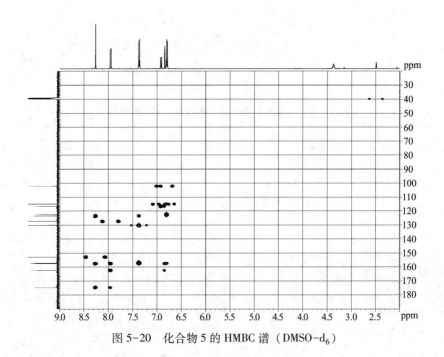

图 5-20　化合物 5 的 HMBC 谱（DMSO-d_6）

案例解析 5-6

（+）儿茶素

从山茶科植物茶［*Camellia sinensis*（L.）O. Ktze］的芽叶中分离得到化合物 6，为淡红色针状结晶，遇三氯化铁-铁氰化钾试剂显蓝色，提示结构中含有酚羟基，盐酸镁粉反应现象不明显。$[\alpha]_D^{27}$ +0.074°（0.4mol/L，CH_3OH），^1H-NMR 谱（DMSO-d_6，500MHz）芳香区 δ 5.67（1H，d，J=2.2Hz）和 5.88（1H，d，J=2.2Hz）为苯环间位偶合的两个氢质子信号（图 5-21）；δ 6.71（1H，d，J=1.5Hz），6.68（1H，d，J=8.1Hz）和 6.59（1H，d，J=1.5，8.1Hz）为一典型苯环 ABX 系统上 3 个质子信号；此外低场区 δ 9.17（1H，s），8.93（1H，s），8.85（1H，s）和 8.80（1H，s）为 4 个酚羟基质子信号。

^{13}C-NMR 谱（DMSO-d_6，125MHz）中，高场区给出 3 个 sp^3 碳信号，包括 1 个烷基碳信号 δ 28.3，两个连氧碳信号 δ 66.7 和 81.4；低场区给出 12 个 sp^2 杂化碳信号，结合 ^1H-NMR 谱和 ^{13}C-NMR 谱，可推测此化合物为多羟基黄烷醇（图 5-22）。

结合 HSQC 谱（图 5-23）和 HMBC 谱（图 5-24）对碳氢数据进行归属，HSQC 谱显示 δ 9.17（1H，s），8.93（1H，s），8.85（1H，s）和 8.80（1H，s）处的氢信号没有对应的碳信号，进一步确认为活泼氢信号。δ 4.47 与 δ 81.4 有相关关系说明 δ 81.4 为 2 位碳信号，根据 2 位质子偶合常数为 7.5Hz，提示 2 位质子与 3 位质子互为反式偶合，δ 3.82 与 δ 66.7、δ 2.66 和 2.34 与 δ 28.3、δ 5.67 与 δ 95.5、δ 5.88 与 δ 94.2、δ 6.71 与 δ 115.5、δ 6.68 与 δ 114.9、δ 6.59 与 δ 118.8 分别有相关关系。综上所述并与文献对照，确定化合物 6 为（+）儿茶素（catechin）。NMR 谱数据归属见表 5-12。

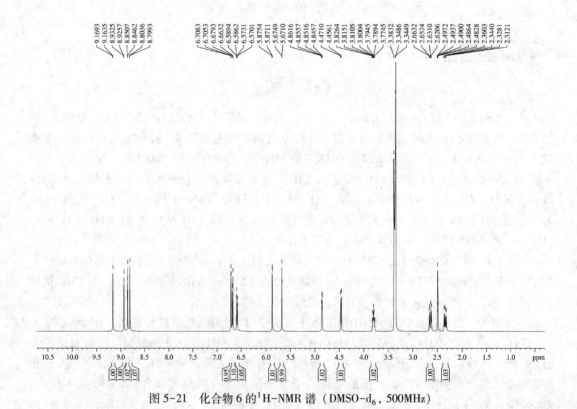

化合物6：（+）儿茶素

表 5-12　化合物 6 的 NMR 谱数据（DMSO-d$_6$）

No.	δ_C	δ_H (J, Hz)	No.	δ_C	δ_H (J, Hz)
2	81.4	4.47（1H, d, 7.5）	9	156.8	—
3	66.7	3.82（1H, m）	10	99.5	—
4	28.3	2.66（1H, dd, 5.4, 16.1） 2.34（1H, dd, 8.0, 16.1）	1'	130.9	—
5	156.6	—	2'	115.5	6.71（1H, d, 1.5）
6	95.5	5.67（1H, d, 2.2）	3', 4'	145.2	—
7	155.8	—	5'	114.9	6.68（1H, d, 8.1）
8	94.2	5.88（1H, d, 2.2）	6'	118.8	6.59（1H, d, 1.5, 8.1）

图 5-21　化合物 6 的 ^{1}H-NMR 谱（DMSO-d$_6$，500MHz）

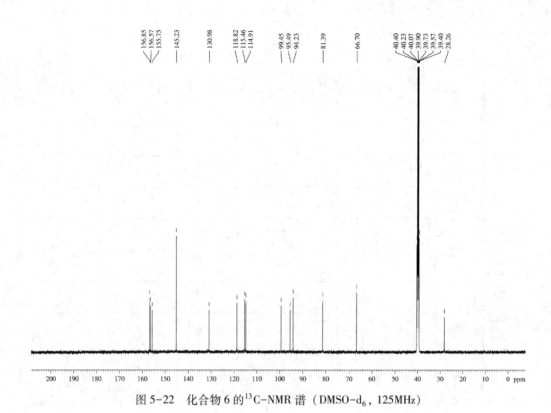

图 5-22　化合物 6 的 ^{13}C-NMR 谱（DMSO-d_6，125MHz）

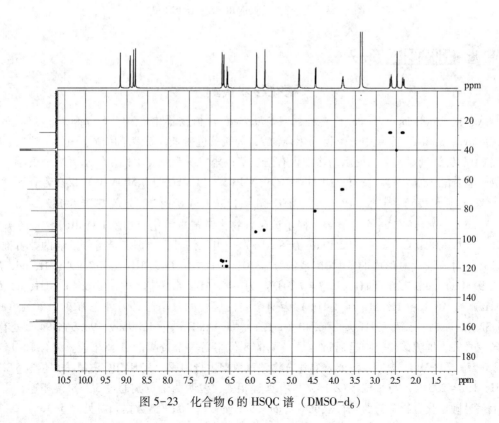

图 5-23　化合物 6 的 HSQC 谱（DMSO-d_6）

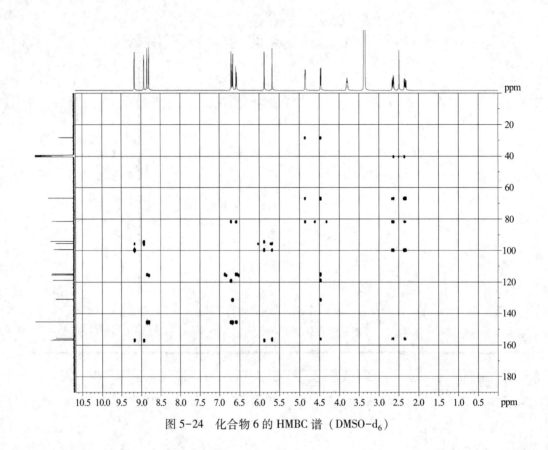

图 5-24　化合物 6 的 HMBC 谱（DMSO-d_6）

案例解析 5-7

穗花杉双黄酮

从卷柏科（Selaginellaceae）卷柏属（*Selaginella*）植物旱生卷柏［*Selaginella stautoniana*（P. Beauv.）Spring］全草中分离得到化合物 7，为淡黄色粉末，易溶于甲醇、丙酮。遇三氯化铁-铁氰化钾试剂显蓝色，提示结构中含有酚羟基；盐酸镁粉反应阳性，提示可能为黄酮类化合物；茴香醛-硫酸喷雾显黄色（105℃）。^{1}H-NMR 谱（DMSO-d_6，500MHz）仅在芳香区就有12 个氢（图 5-25）；^{13}C-NMR 谱（DMSO-d_6，125MHz）中有 2 个羰基碳 δ 182.2、181.8（图 5-26），另外还有 28 个芳香碳，提示该化合物为双黄酮类化合物。^{1}H-NMR 谱中，δ 7.58（2H，d，J=8.8Hz）和 6.72（2H，d，J=8.8Hz）一组氢信号，根据偶合常数及氢的数目推测为苯环上对位取代时形成的 AA′BB′系统；δ 8.01（1H，d，J=2.3Hz），δ 7.99（1H，dd，J=2.3，9.3Hz）和 δ 7.16（1H，d，J=9.3Hz）为一组 ABX 系统信号峰；δ 6.46（1H，d，J=2.1Hz）和 δ 6.18（1H，d，J=2.1Hz）为两个间位偶合的氢信号；另外还有 3 个单氢单峰：δ 6.82（1H，s），6.78（1H，s），6.40（1H，s）。^{13}C-NMR 谱中，δ 98.9、98.6 和 94.1 处有 3个碳信号峰，推测该化合物是通过一个黄酮的 8 位与另一个黄酮的 B 环相连。结合 HSQC 谱（图 5-27）和 HMBC 谱（图 5-28）对化合物碳氢数据进行归属，其 HMBC 谱显示 6′位氢 δ 8.01（1H，d，J=2.3Hz）与 8″位碳（δ 103.7）有远程相关，说明两个黄酮通过 5′，8″位相连，综合以上信息确定化合物 7 为穗花杉双黄酮（amentoflavone）。NMR 谱数据归属见表 5-13。

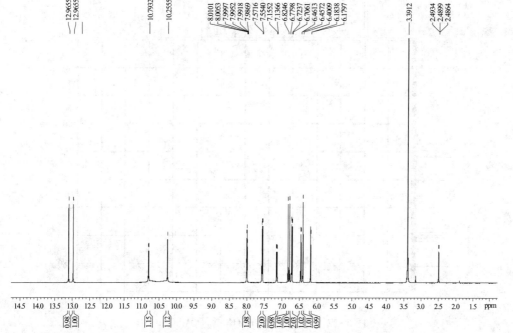

化合物7：穗花杉双黄酮

表 5-13　化合物 7 的 NMR 谱数据（DMSO-d$_6$）

No.	δ_C	δ_H (J, Hz)	No.	δ_C	δ_H (J, Hz)
2	163.7	—	2″	163.8	—
3	103.0	6.82（1H, s）	3″	102.6	6.78（1H, s）
4	181.8	—	4″	182.2	—
5	161.8	—	5″	161.1	—
6	98.9	6.18（1H, d, 2.1）	6″	98.6	6.40（1H, s）
7	164.1	—	7″	160.6	—
8	94.1	6.46（1H, d, 2.1）	8″	103.9	—
9	157.4	—	9″	154.5	—
10	103.7	—	10″	103.7	—
1′	121.0	—	1‴	121.4	—
2′	127.8	7.99（1H, dd, 2.3, 9.3）	2‴, 6‴	128.2	7.58（2H, d, 8.8）
3′	120.0	7.16（1H, d, 9.3）	3‴, 5‴	115.8	6.72（2H, d, 8.8）
4′	159.5	—	4‴	161.5	—
5′	116.2	—			
6′	131.4	8.01（1H, d, 2.3）			

图 5-25　化合物 7 的 ^{1}H-NMR 谱（DMSO-d$_6$，500MHz）

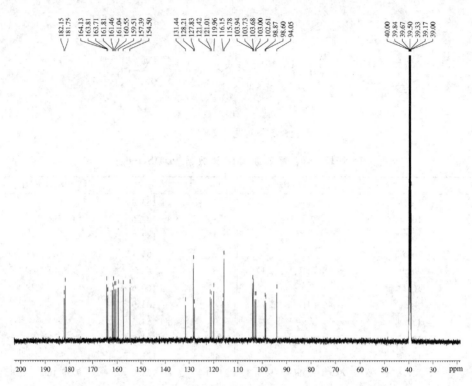

图 5-26 化合物 7 的 ^{13}C-NMR 谱（DMSO-d$_6$，125MHz）

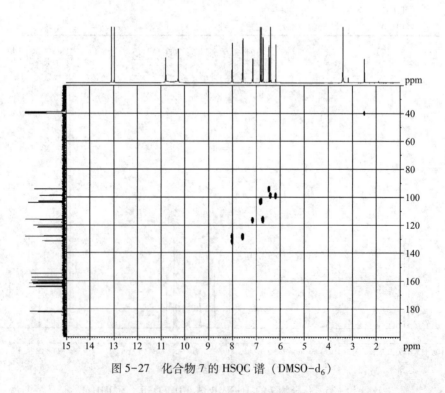

图 5-27 化合物 7 的 HSQC 谱（DMSO-d$_6$）

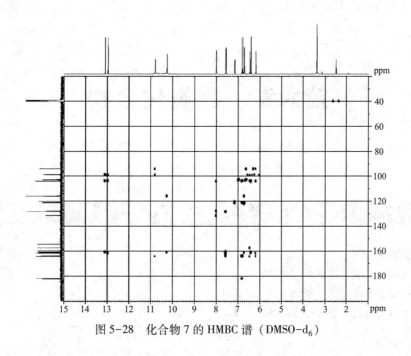

图 5-28 化合物 7 的 HMBC 谱（DMSO-d_6）

本章小结

本章主要讲述了黄酮类化合物的紫外、红外、核磁共振氢谱、核磁共振碳谱及质谱规律，以及运用波谱方法解析黄酮类化合物的具体实例。

重点：黄酮类化合物核磁共振氢谱中 A、B、C 环质子的特征；黄酮类化合物核磁共振碳谱特征。

难点：应用 ^{1}H-NMR、^{13}C-NMR、^{1}H-^{1}H COSY、HSQC 及 HMBC 综合解析黄酮类化合物。

思考题

1. 从某中药中分离到一个化合物，为黄色针晶（甲醇），盐酸-镁粉反应阳性。^{1}H-NMR（DMSO-d_6，600MHz）谱中 δ：12.48（1H，s），10.78（1H，s），10.12（1H，s），9.40（1H，s），8.05（2H，d，$J=8.8$Hz），6.93（2H，d，$J=8.8$Hz），6.44（1H，d，$J=2.1$Hz），6.19（1H，d，$J=2.1$Hz）。试推测该化合物的结构且进行信号归属，并解释其原因。

2. 从某中药中分离到一个化合物，为黄色针晶（甲醇），盐酸-镁粉反应阳性。^{1}H-NMR（DMSO-d_6，600MHz）谱中 δ：12.50（1H，s），10.80（1H，s），9.61（1H，s），9.39（1H，s），9.32（1H，s），7.67（1H，d，$J=2.4$Hz），7.53（1H，dd，$J=8.4$，2.4Hz），6.87（1H，d，$J=8.4$Hz），6.40（1H，d，$J=2.4$Hz），6.18（1H，d，$J=2.4$Hz）。试推测该化合物的结构且进行信号归属，并解释其原因。

3. 为何黄酮类化合物的 A 环芳氢同 B 环芳氢相比常位于高场？

4. 为什么在测试黄酮类化合物的 NMR 实验时常选用 DMSO-d_6 作为溶剂？

（张艳丽）

第六章 醌类化合物

第一节 结构特点与波谱规律

醌类化合物是指分子内具有不饱和环二酮结构（醌式结构）或容易转变成这种结构的一类化合物。这类化合物中的不饱和环二酮结构与二元酚类结构容易发生氧化还原反应而相互转变，因此该类成分易于参加生物体内一些重要的氧化还原反应，在反应过程中起到传递电子的作用，从而促进或干扰某些生化反应，表现出抗菌、抗肿瘤、抗病毒、抗氧化、泻下、解痉、凝血等多种生物活性。醌类根据其基本母核的不同，可分为苯醌、萘醌、菲醌和蒽醌四种类型，其中以蒽醌及其衍生物最为重要。这类化合物的结构研究主要是通过各种光谱数据分析来进行，特别是 2D-NMR 技术对确定蒽醌类化合物中取代基的取代位置提供了强有力的手段。

一、醌类化合物的紫外光谱特征

醌类化合物结构中存在较长的共轭体系，因此在紫外区域的吸收较强，一般出现 3~4 个吸收峰。当分子结构中引入含氧基团（-OH、-OCH$_3$）等助色团后，可引起分子中相应的吸收峰红移。

二、醌类化合物的红外光谱特征

醌类化合物红外光谱的主要特征是羰基、双键和苯环的吸收峰。羟基蒽醌类化合物中羰基的伸缩振动吸收峰位与分子中 α-酚羟基的数目及位置有较强的规律性，对推测结构中 α-酚羟基的取代情况有重要的参考价值。9, 10-蒽醌类化合物 α-羟基的数目及位置对 $\nu_{C=O}$ 吸收的影响如表 6-1 所示。

表 6-1 蒽醌类 $\nu_{C=O}$ 与 α-OH 数目及位置的关系

α-OH 数目	$\nu_{C=O}$ cm^{-1}
无	1678~1653
1	1675~1647、1637~1621
2（1, 4-和 1, 5-）	1645~1608
2（1, 8-）	1678~1661、1626~1616
3	1616~1592
4	1592~1572

三、醌类化合物的 ^{1}H-NMR 谱特征

（一）醌环上的质子

醌类化合物中，苯醌和萘醌当醌环上无取代基时，醌环上的质子化学位移（δ）值分别为 6.72（s）及 6.95（s）。醌环上的质子因取代基的影响而引起化学位移的变化基本上与顺式乙烯的情况类似。对苯醌或 1, 4-萘醌当醌环上有一个供电基团取代时（$-OCH_3$, $-OH$, $-OCOCH_3$, $-CH_3$），位移变化如表 6-2 所示。

表 6-2 某些 1, 4-萘醌的 ^{1}H-NMR 谱（60MHz）δ 值

1, 4-萘醌	H-2	H-3	H-5	H-6	H-7	H-8	其他
母体	6.95	6.95	8.06（m）	7.73（m）	7.76（m）	8.07（m）	
2-甲基-	—	6.79	—				CH_3: 2.13（d）
2-羟基-	—	6.37					
2-甲氧基-	—	6.17					OCH_3: 3.89
2-乙酰氧基-	—	6.76					
2-乙酰基-	—	7.06					
5-羟基-	6.97	6.97	—	7.25（m）	7.60（m）	7.70（m）	OH: 11.07
5-羟基-7-甲基-	6.91	6.91	—	7.08（d）	—	7.41（d）	OH: 11.17; CH_3: 2.42
							CH_3: 2.42
5-羟基-3, 7-二甲氧基-	6.98	—	—	6.60（d）	—	7.18（d）	OH: 11.03
5, 8-二羟基-	7.13	7.13	—	7.13	7.13	—	OH: 12.57
5, 8-二羟基-2-甲氧基-	—	6.17		7.23	7.23		OH: 12.37, 12.83
5, 8-二羟基-2-乙基-	—	6.84		7.20	7.20		OH: 12.55, 12.40
5, 8-二羟基-2, 7-二甲氧基-	—	6.40		6.40			OH: 13.88, 12.30

（二）芳环上的质子

在醌类化合物中，具有芳氢的只有萘醌（最多 4 个）及蒽醌（最多 8 个），可分为 α-H

及 β-H 两类。其中 α-H 因处于 C＝O 的负屏蔽区，受影响较大，共振信号出现在低场，化学位移值较大；β-H 受 C＝O 的影响较小，共振信号出现在较高场，化学位移值较小。1，4-萘醌的共振信号分别在 8.06（α-H）及 7.73（β-H），9，10-蒽醌的芳氢信号出现在 8.07（α-H）及 7.67（β-H）。当有取代基时，峰的数目及峰位都会改变。

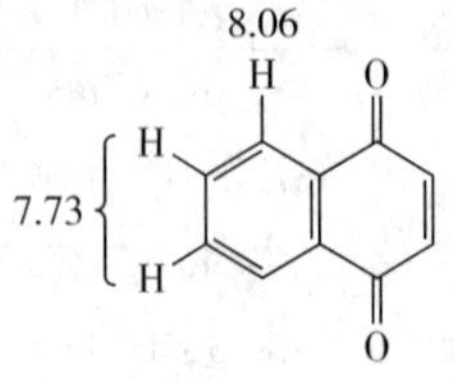

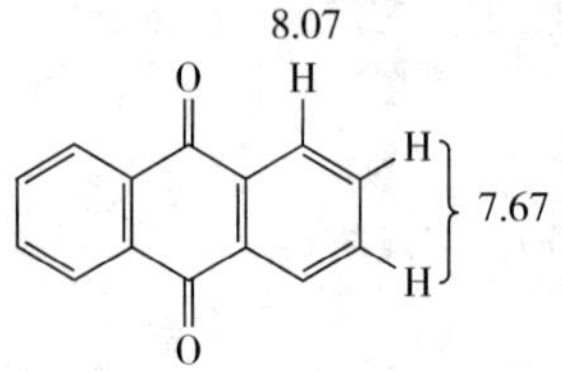

（三）取代基质子

在醌类化合物中，特别是蒽醌类化合物中常见的各类取代基质子的化学位移 δ 值有如下规律：

1. 甲氧基　一般在 δ 3.8~4.2，呈现单峰。

2. 芳香甲基　一般在 δ 2.1~2.5，α-甲基可出现在 δ 2.7~2.8，均为单峰。若甲基邻位有芳香质子，则因远距离偶合而出现宽单峰。

3. 羟甲基（－CH$_2$OH）　CH$_2$ 的化学位移一般在 δ 4.4~4.7，呈单峰，但有时因为与羟基质子偶合而出现双峰。羟基吸收一般在 δ 4.0~6.0。

4. 乙氧甲基（－CH$_2$－O－CH$_2$－CH$_3$）　与芳环相连的 CH$_2$ 的化学位移一般在 δ 4.4~5.0，为单峰。乙基中 CH$_2$ 则在 δ 3.6~3.8，为四重峰，CH$_3$ 在 δ 1.3~1.4，为三重峰。

5. 酚羟基　α-羟基与羰基能形成氢键，其氢键信号出现在最低场。当分子中只有一个 α-羟基对，其化学位移值大于 12.25。当两个羟基位于同一羰基的 α-位时，分子内氢键减弱，其信号在 δ 11.6~12.1。β-羟基的化学位移在较高场，邻位无取代的 β-羟基在 δ 11.1~11.4，而邻位有取代的 β-羟基，化学位移值小于 10.9。

四、醌类化合物的 ^{13}C-NMR 谱特征

（一）1，4-萘醌类化合物的 ^{13}C-NMR 谱

1，4-萘醌母核的 ^{13}C-NMR 化学位移值（δ）如下所示：

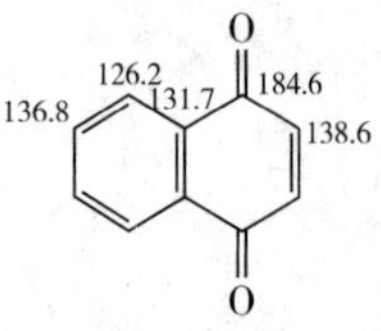

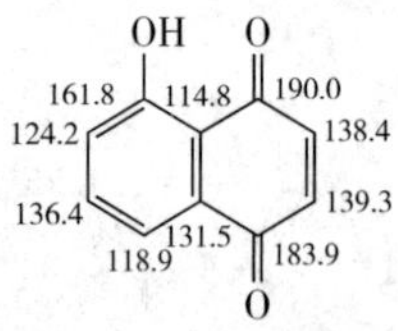

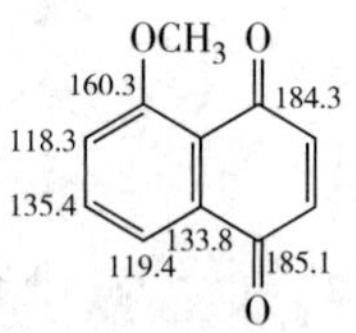

1. 醌环上取代基的影响　取代基对醌环碳信号化学位移的影响与简单烯烃的情况相似。例如，C$_3$ 位有－OH 或－OR 取代时，引起 C$_3$ 向低场位移约 20，并使相邻的 C$_2$ 向高场位移约 30。如果 C$_2$ 位有烃基（R）取代时，可使 C$_2$ 向低场位移约 10，C$_3$ 向高场位移约 8，且 C$_2$ 向低场位移的幅度随烃基 R 的增大而增加，但 C$_3$ 则不受影响。但 C$_2$ 及 C$_3$ 的取代对 C$_1$ 及 C$_4$ 的化学位移没有明显影响。

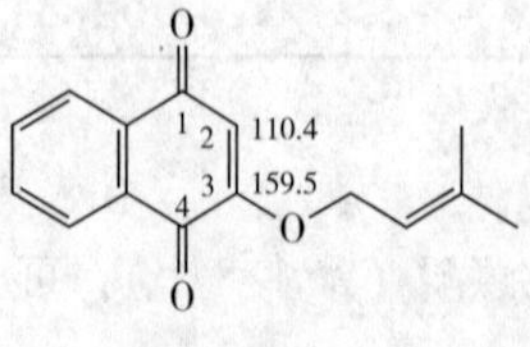

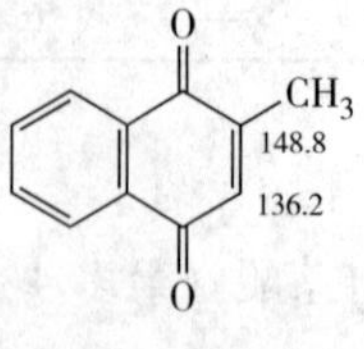

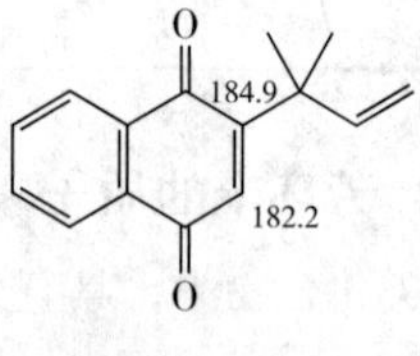

2. 苯环上取代基的影响　在 1，4-萘醌中，当 C_8 位有 —OH，—OCH_3 或 —OAc 时，因取代基引起的化学位移变化如表 6-3 所示。但当取代基增多时，对 ^{13}C-NMR 信号的归属比较困难，一般须借助 DEPT 技术或 2D-NMR 技术进行解析。

表 6-3　1，4-萘醌的取代基位移值（$\Delta\delta$）

取代基	1-C	2-C	3-C	4-C	5-C	6-C	7-C	8-C	9-C	10-C
δ-OH	+5.4	-0.1	+0.8	-0.7	-7.3	+2.8	-9.4	+35.0	-16.9	-0.2
δ-OCH_3	-0.6	-2.3	+2.4	+0.4	-7.9	+1.2	-14.3	+33.7	-11.4	+2.7
δ-OAc	-0.6	-1.3	+1.2	-1.1	-1.3	+1.1	-4.0	+23.0	-8.4	+1.7

注：+示向低场位移，-示向高场位移

（二）9，10-蒽醌类化合物的 ^{13}C-NMR 谱

蒽醌母核及 α-位有一个 —OH 或 —OCH_3 时，其 ^{13}C-NMR 化学位移如下所示：

当蒽醌母核每一个苯环上只有一个取代基时，母核各碳信号化学位移值呈现规律性的位移。按照表 6-4 取代基位移值进行推算所得的计算值与实验值很接近，误差一般在 0.5 以内。可是当两个取代基在同环时则产生较大偏差，须在上述位移基础上作进一步修正。

当蒽醌母核上仅有一个苯环有取代基，另一个苯环无取代基时，被取代的碳原子化学位移均向低场位移；因取代基的性质不同，取代位置不同，化学位移值有所差别；但被取代的邻位碳原子多数向高场位移。

表 6-4　蒽醌 ^{13}C-NMR 的取代基位移值（$\Delta\delta$）

C	C_1—OH	C_2—OH	C_1—OCH_3	C_2—OCH_3	C_1—CH_3	C_2—CH_3	C_1—$OCOCH_3$	C_2—$OCOCH_3$
1-C	+34.73	-14.37	+33.15	-17.13	+14.0	-0.1	+23.59	-6.53
2-C	-10.63	+28.76	-16.12	+30.34	+4.1	+10.1	-4.84	+20.55
3-C	+2.53	-12.84	+0.84	-12.94	-1.0	-1.5	+0.26	-6.92
4-C	-7.80	+3.18	-7.44	+2.47	-0.6	-0.1	-1.11	+1.82
5-C	-0.01	-0.07	-0.71	-0.13	+0.5	-0.3	+0.26	+0.46
6-C	+0.46	+0.02	-0.91	-0.59	-0.3	-1.2	+0.68	-0.32
7-C	-0.06	-0.49	+0.10	-0.10	+0.2	-0.3	-0.25	-0.48
8-C	-0.26	-0.07	0.00	-0.13	0.0	-0.1	+0.42	+0.61
9-C	+5.36	+0.00	-0.68	+0.04	+2.0	-0.7	+0.86	-0.77
10-C	-1.04	-1.50	+0.26	-1.30	0.0	-0.3	-0.37	-1.13
10a-C	-0.03	+0.02	-1.07	+0.30	0.0	-0.1	-0.27	-0.25
8a-C	+0.09	+0.16	+2.21	+0.19	0.0	-0.1	+2.03	+0.50
9a-C	-17.09	+2.17	-11.96	+2.14	+2.0	-0.2	-7.89	+5.37
4a-C	-0.33	-7.84	+1.36	-6.24	-2.0	-2.3	+1.63	-1.58

五、醌类化合物的 MS 谱特征

所有游离醌类化合物 MS 的共同特征是分子离子峰通常为基峰，在裂解过程中出现丢失 1~2 个分子 CO 的碎片离子峰。

苯醌和萘醌还从醌环上脱去 1 个 CH≡CH 碎片，如果在醌环上有羟基取代，则断裂同时还伴随有特征的 H 重排。

（一）*p*-苯醌的 MS 特征

1. 无取代的苯醌因 A、B、C 三种开裂方式，分别得到 m/z 82、m/z 80 及 m/z 54 3 种碎片离子。苯醌母核的主要开裂过程如图 6-1 所示。

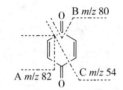

图 6-1　苯醌母核的开裂方式

2. 连续脱去 2 个分子的 CO，无取代的苯醌将得到重要的 m/z 52 碎片离子（环丁烯离子）（图 6-2）。

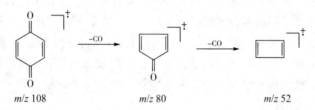

图 6-2　无取代苯醌的开裂方式

（二）1，4-萘醌类化合物的 MS 特征

苯环上无取代时，将出现 m/z 104 的特征碎片离子，以及其分解产物 m/z 76、m/z 50 的离子。但苯环上有取代时，上述各峰将相应移至较高 m/z 处。图 6-3 为 2，3-二甲基萘醌的开裂方式。

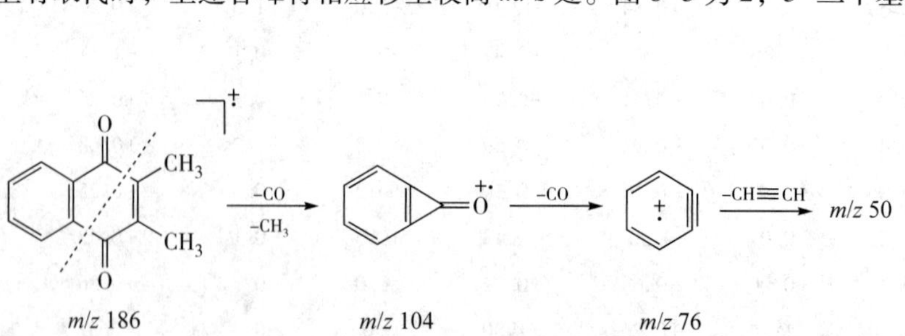

图 6-3　2，3-二甲基萘醌的开裂方式

此外，羟基萘醌化合物在裂解中还将经历一个特殊的氢重排过程。醌环上无取代基的 5，8-二羟基-1，4-萘醌会出现 M-54（m/z 136）及 M-56（m/z 134）的双峰等特征峰。

（三）9，10-蒽醌类化合物的 MS 特征

游离蒽醌依次脱去 2 分子 CO，得到 m/z 80（M-CO）和 152（M-2CO），以及它们的双电荷离子峰 m/z 90 和 m/z 76（图 6-4）。蒽醌衍生物也经过同样的开裂方式，得到与之相应的碎片离子峰。

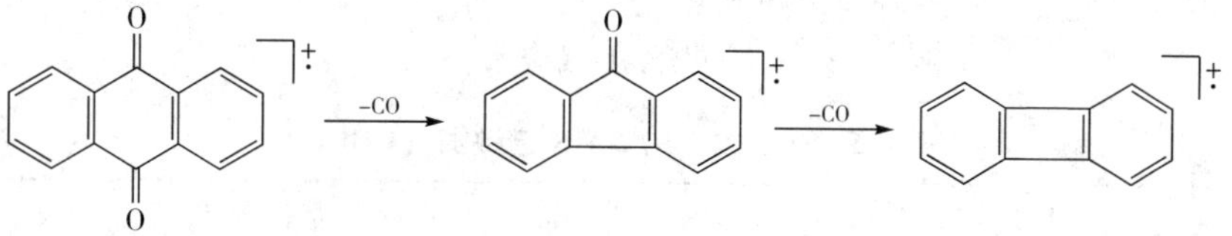

m/z 208　　　　　　　　m/z 180　　　　　　　　m/z 152

图 6-4　蒽醌的开裂方式

但要注意，蒽醌苷类化合物用常规电子轰击质谱（EI-MS）得不到分子离子峰，其基峰一般为苷元离子，需用快原子轰击质谱（FAB-MS）或电喷雾质谱（ESI-MS）才能出现准分子离子峰，以获得分子量的信息。

第二节　结构解析实例

案例解析 6-1 ⋯⋯⋯⋯⋯⋯⋯⋯⋯⋯⋯⋯⋯⋯⋯

紫 草 素

从紫草科植物分离得到紫褐色针状结晶，易溶于乙酸乙酯、三氯甲烷、石油醚等有机溶剂，遇碱变蓝色。^{13}C-NMR 谱（CDCl$_3$，125MHz）中出现两个羰基信号 δ 180.6、179.8（图 6-5），结合碳信号的数目及物理性质，推测化合物 1 可能为萘醌类化合物。^{1}H-NMR 谱（CDCl$_3$，500MHz）中 δ 12.58（1H，s）和 12.47（1H，s）为两个酚羟基氢信号（图 6-6），且其化学位移值处于低场，说明酚羟基与 1，4-羰基形成分子内氢键，所以酚羟基取代在萘醌环的 α 位；δ 7.18（2H，s）和 7.15（1H，s）为 3 个芳香质子信号，其中 δ 7.18（2H，s）说明为磁等价的两个氢信号，δ 7.15（1H，s）为醌环上的质子，说明醌环上另一个氢被取代；一个双键质子信号 δ 5.20（1H，t，J=7.4Hz）；一个为连氧碳上的氢信号 δ 4.91（1H，m，）；两个甲基信号 δ 1.64（3H，s）和 1.74（3H，s），根据峰型可以判断为与季碳相连的甲基。另外还有 1 个亚甲基信号 δ 2.65（1H，m）和 2.37（1H，m），因其受手性碳的影响，同碳两个氢的磁不等同，裂分成两组峰。

在 HSQC 谱（图 6-7）中，δ 12.58（1H，s）和 12.47（1H，s）处的氢信号没有对应的碳信号，进一步确认为活泼氢信号。δ 7.18（2H，s）与 δ 132.4 相关，δ 7.15（1H，s）与 δ 131.9 相关，δ 5.20（1H，t，J=7.4Hz）与 δ 118.4 相关，δ 4.91（1H，m）与 δ 68.4 相关，说明其为含氧取代的叔碳上的碳氢信号，δ 2.65（1H，m）和 2.37（1H，m）与 δ 35.7 相关，δ 1.64（3H，s）和 1.74（3H，s）分别与 δ 18.1 和 δ 25.9 相关。

在 HMBC 谱（图 6-8）显示 δ 4.91 与 δ 35.7、118.4、131.8、151.4、179.9 有远程相关关系，说明醌核上连有侧链；δ 5.20 与 δ 35.7、68.3、18.1、25.9 有远程相关关系，证明了侧链的连接方式，其中 δ 18.1 和 25.9 处的两个甲基为典型的烯丙基上的甲基信号；综合以上信

息，确定化合物 1 为紫草素（shikonin），其 NMR 谱数据归属见表 6-5。

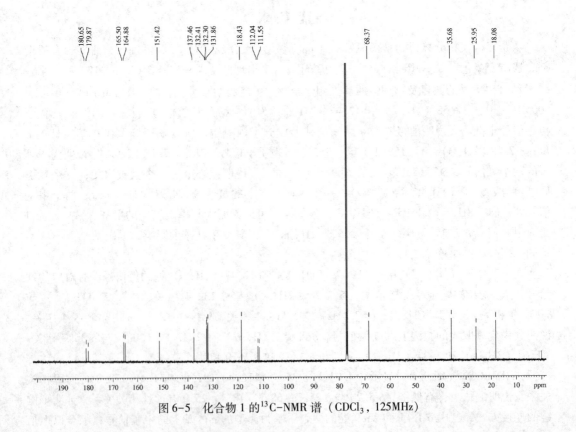

化合物1：紫草素

表 6-5　化合物 1 的 NMR 谱数据（CDCl₃）

No.	δ_H (J, Hz)	δ_C	No.	δ_H (J, Hz)	δ_C
1		180.7	9		112.0
2		151.4	10		111.6
3	7.15（1H, s）	131.9	1′	4.91（1H, m）	68.4
4		179.9	2′	2.65（1H, m），2.37（1H, m）	35.7
5		164.9	3′	5.20（1H, t, 7.4）	118.4
6	7.18（H, s）	132.3	4′		137.5
7	7.18（H, s）	132.4	—CH₃	1.74（3H, s）	25.9
8		165.5	—CH₃	1.64（3H, s）	18.1

图 6-5　化合物 1 的 ¹³C-NMR 谱（CDCl₃，125MHz）

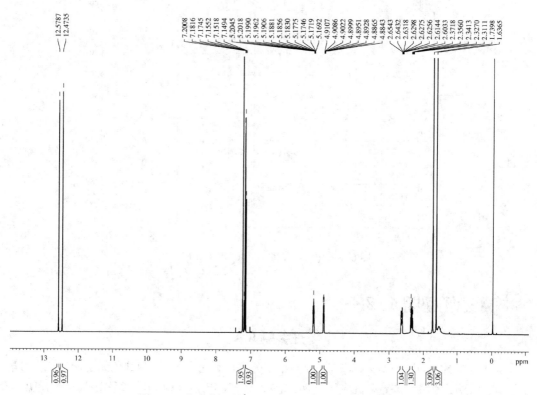

图 6-6 化合物 1 的 ^{1}H-NMR 谱（CDCl$_3$，500MHz）

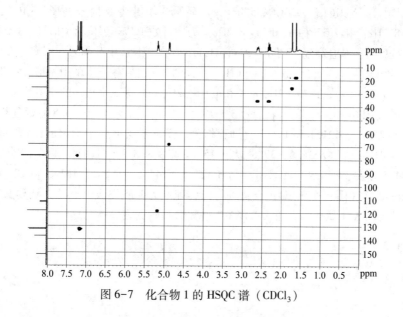

图 6-7 化合物 1 的 HSQC 谱（CDCl$_3$）

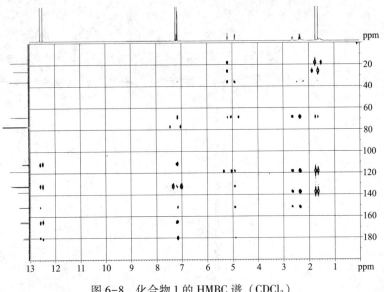

图 6-8 化合物 1 的 HMBC 谱（CDCl₃）

案例解析 6-2

丹参酮 II A

从甘西鼠尾（*Salvia przewalskii* Maxim）根中分离得到化合物 2，为红色无定形粉末，易溶于乙醇、丙酮、乙醚、苯等有机溶剂，微溶于水。^{13}C-NMR 谱（CDCl₃，125MHz）中给出 19 个碳信号（图 6-9），δ 183.6 和 175.7 为 2 个羰基碳信号。DEPT 135 谱显示 3 个仲碳信号：δ 29.9、19.1 和 37.8；两个甲基信号 δ 31.8 和 8.8。结合化合物颜色及分子式推测该化合物为丹参酮类结构。^{1}H-NMR 谱（CDCl₃，500MHz）显示 3 个芳香氢信号（图 6-10），其中 7.61（1H，d，$J=8.2$Hz）和 7.52（1H，d，$J=8.2$Hz）为一对处于苯环邻位的氢信号，δ 7.19（1H，d，$J=1.3$Hz）处的芳氢结合高场区的 δ 2.24（3H，d，$J=1.3$Hz）甲基信号，可知 δ 7.19 处的芳氢与 δ 2.24 处的甲基为烯丙偶合；δ 1.29（6H，s）处的 2 个连在季碳上的甲基信号；此外高场区 δ 3.17（2H，t，$J=6.4$Hz），1.79（2H，m）和 1.64（2H，m）为 3 个相连的亚甲基氢信号。

HMBC 谱（图 6-11）上显示氢信号 δ 7.19（1H，d）与 δ 119.9、8.8 有远程相关，δ 2.24（3H，d）与 δ 119.9、121.1 和 141.3 有远程相关，证明了氢谱中推测出的结构中含有烯丙偶合；δ 1.29（6H，s）与 δ 34.6、37.8 以及 150.1 相关；δ 7.61（1H，d）和碳信号 δ 31.8、127.4 和 144.5 相关；δ 7.52（1H，d）与 δ 126.5、144.5、150.1、161.7 和 183.6 有远程相关；结合 HSQC 谱（图 6-12）对化合物进行归属确定为菲醌类成分。与文献数据对照确定化合物 2 为丹参酮 II A（tanshinone II A），NMR 谱数据归属见表 6-6。

化合物2：丹参酮 II A

表 6-6 化合物 2 的 NMR 谱数据（CDCl₃）

No.	δ_H (J, Hz)	δ_C	No.	δ_H (J, Hz)	δ_C
1	3.17 (2H, t, 6.4)	29.9	11	—	183.6
2	1.79 (2H, m)	19.1	12	—	175.7
3	1.64 (2H, m)	37.8	13	—	121.1
4	—	34.6	14	—	161.7
5	—	150.1	15	7.19 (1H, d, 1.3)	141.3
6	7.61 (1H, d, 8.2)	133.4	16	—	120.2
7	7.52 (1H, d, 8.2)	119.7	17	2.24 (3H, d, 1.3)	8.8
8	—	127.4	18	1.29 (3H, s)	31.8
9	—	126.5	19	1.29 (3H, s)	31.8
10	—	144.5			

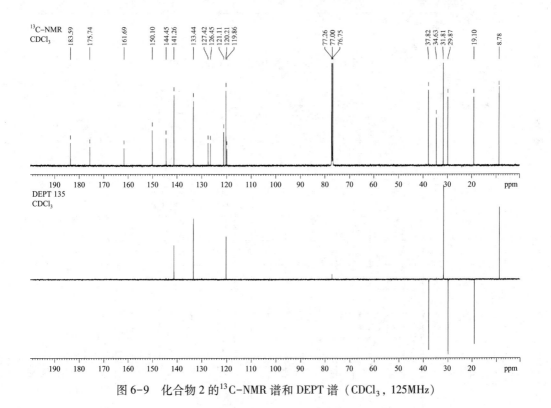

图 6-9 化合物 2 的 ¹³C-NMR 谱和 DEPT 谱（CDCl₃，125MHz）

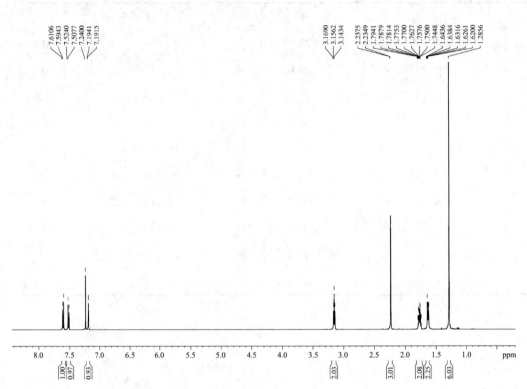

图 6-10　化合物 2 的 ^{1}H-NMR 谱（CDCl$_3$，500MHz）

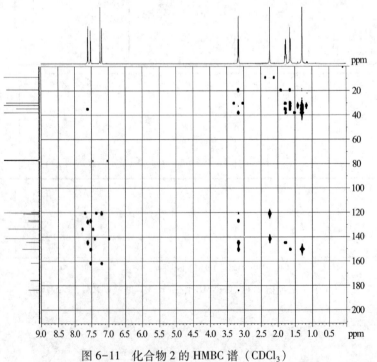

图 6-11　化合物 2 的 HMBC 谱（CDCl$_3$）

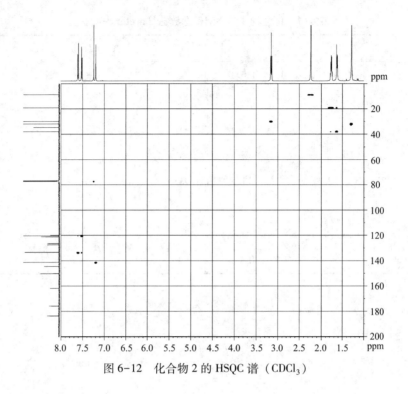

图 6-12 化合物 2 的 HSQC 谱（CDCl₃）

案例解析 6-3

大 黄 素

从中药蓼科（Polygonaceae）大黄属（*Rheum*）掌叶大黄（*Rheum palmatum* L.）中分离得到的化合物 3，为亮黄色结晶（丙酮）。3% 氢氧化钠甲醇溶液显红色，醋酸镁反应呈橙红色，提示可能为蒽醌类化合物；遇三氯化铁-铁氰化钾试剂反应显蓝色，提示含有酚羟基。^{1}H-NMR 谱（acetone-d₆，500MHz）中（图 6-13），δ 7.54（1H，s），7.11（1H，s），δ 7.23（1H，d，*J*=2.4Hz）和 δ 6.64（1H，d，*J*=2.4Hz）为苯环上两组间位偶合的质子信号，提示蒽醌母核两侧苯环均为间位取代类型；δ 2.45（3H，s）为甲基信号峰，说明与羟基取代的间位母核碳上有一个甲基。^{13}C-NMR 谱（acetone-d₆，125MHz）中，显示 15 个碳信号（图 6-14），低场区 δ 100~200 之间出现 14 个碳信号，包含 δ 191.7 和 182.1 为典型的醌类化合物羰基峰，提示化合物 3 为蒽醌类成分；从两个羰基化学位移可知化合物 3 为 1，8-二羟基型蒽醌，其中 δ 191.7 为缔合羰基的信号；δ 182.1 为游离羰基的信号；δ 166.3、166.2 及 163.3 说明蒽醌母核上有 3 个含氧基团取代；此外在高场区有 1 个甲基信号峰 δ 21.9。综合以上信息确定化合物 3 为 1，3，8-三羟基-6-甲基蒽醌，即大黄素（emodin），NMR 谱数据归属见表 6-7。

化合物3：大黄素

表 6-7　化合物 3 的 NMR 谱数据（acetone-d$_6$）

No.	δ_H （J, Hz）	δ_C	No.	δ_H （J, Hz）	δ_C
1	—	166.3	9	—	191.7
2	7.11（1H, s）	109.6	10	—	182.1
3	—	163.3	4a	—	134.2
4	7.54（1H, s）	108.8	8a	—	114.4
5	7.23（1H, d, 2.4）	121.5	9a	—	110.4
6	—	149.5	10a	—	136.6
7	6.64（1H, d, 2.4）	124.9	CH$_3$	2.45（3H, s）	21.9
8	—	166.2			

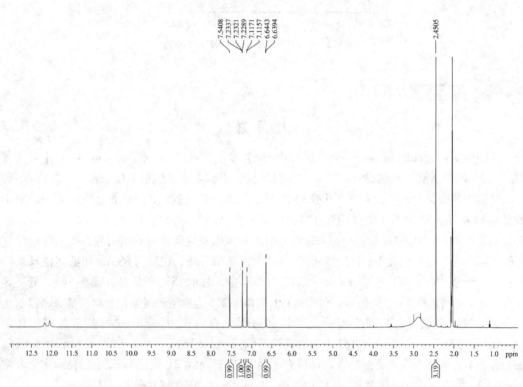

图 6-13　化合物 3 的 ^{1}H-NMR 谱（acetone-d$_6$，500MHz）

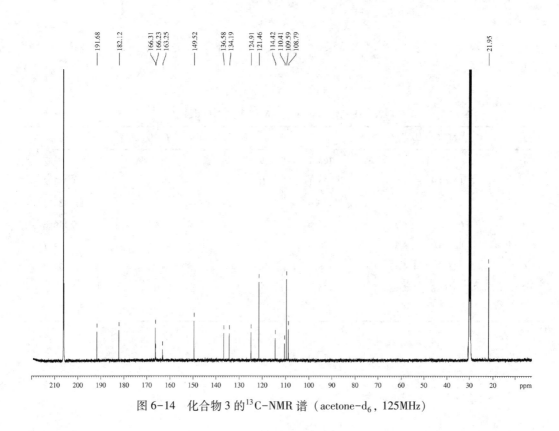

图 6-14 化合物 3 的 ^{13}C-NMR 谱（acetone-d$_6$，125MHz）

案例解析 6-4 ·······

大 黄 酚

从中药蓼科（Polygonaceae）大黄属（*Rheum*）掌叶大黄（*Rheum palmatum* L.）中分离得到的化合物 4，为黄色结晶（丙酮）。3%氢氧化钠甲醇溶液显红色，醋酸镁反应呈橙红色，提示可能为蒽醌类化合物；遇三氯化铁-铁氰化钾试剂反应显蓝色，提示含有酚羟基。

^{1}H-NMR 谱（acetone-d$_6$，500MHz，图 6-15）芳香区共出现 5 个芳氢质子，δ 7.62（1H，d，*J*=1.1Hz）和 7.18（1H，d，*J*=1.1Hz）为两个间位取代的苯环氢质子信号；δ 7.82（1H，d，*J*=8.1Hz），7.78（1H，dd，*J*=1.4，7.5Hz）和 7.36（1H，dd，*J*=1.4，8.1Hz）为苯环上 3 个相邻的氢质子信号；δ 2.49（3H，s）为甲基信号峰，说明与羟基取代的间位母核碳上有一个甲基。

^{13}C-NMR 谱（acetone-d$_6$，125MHz，图 6-16）中显示 15 个碳信号，低场区 δ 100~200 之间出现 14 个碳信号，包含 δ 193.7 和 182.2 为典型的醌类化合物羰基峰，提示化合物 4 为蒽醌类成分；从两个羰基化学位移及 δ 163.4、163.1（两个连氧的芳碳）可知化合物 4 为 1，8-二羟基型蒽醌，其中 δ 193.7 为缔合羰基的信号，δ 182.2 为游离羰基的信号；此外在高场区有 1 个甲基信号峰 δ 22.1。

综上所述，确定化合物 4 为大黄酚（chrysophanol），其 NMR 谱数据归属见表 6-8。

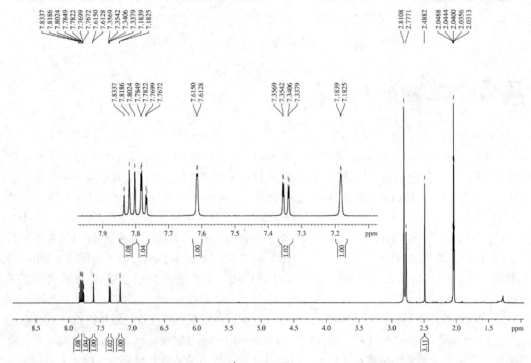

化合物4：大黄酚

表 6-8 化合物 4 的 NMR 谱数据（d₆）

No.	δ_H（J，Hz）	δ_C	No.	δ_H（J，Hz）	δ_C
1	—	163.1	9	—	193.7
2	7.18（1H, d, 1.1）	125.1	10	—	182.2
3	—	150.6	4a	—	134.3
4	7.62（1H, d, 1.1）	121.6	8a	—	116.8
5	7.82（1H, d, 8.1）	120.3	9a	—	114.7
6	7.78（1H, dd, 1.4, 7.5）	138.2	10a	—	134.7
7	7.36（1H, dd, 1.4, 8.1）	124.8	—CH₃	2.49（3H, s）	22.1
8	—	163.4			

图 6-15 化合物 4 的 ¹H-NMR 谱（acetone-d₆，500MHz）

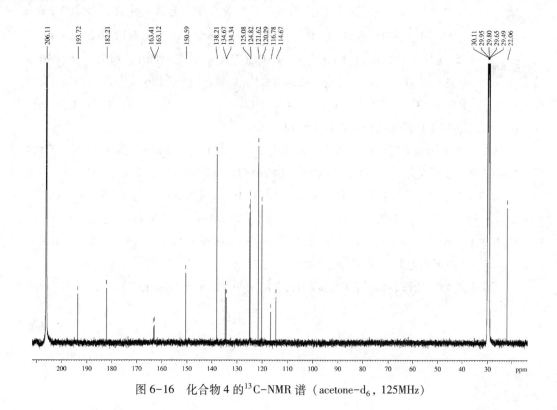

图 6-16 化合物 4 的 ^{13}C-NMR 谱（acetone-d_6，125MHz）

知识拓展

醌类化合物具有抗菌、抗肿瘤、抗病毒、抗氧化、泻下、解痉、凝血等多种生物活性，目前应用广泛的主要有：

1. 凝血作用：维生素 K_1、维生素 K_2、维生素 K_3 等。

2. 抗老年性痴呆作用：艾地苯醌。

3. 抗抑郁症、抗病毒的作用：金丝桃素。

4. 扩张冠状动脉的作用：丹参醌 II_A。

5. 泻下作用：番泻苷等天然蒽醌类。

6. 抗霉菌作用：柯桠素。

本 章 小 结

本章讲述了醌类化合物的结构特点及波谱规律，以及常见萘醌、菲醌及蒽醌类化合物的结构解析实例。

重点：醌类化合物的波谱规律；蒽醌类化合物的结构解析方法。

难点：应用波谱解析技术解析醌类化合物。

思考题

1. 从五味子科某植物分离得到一醌类化合物，为黄色针晶（$CHCl_3$）。分子式为 $C_{13}H_{12}O_4$。^1H-NMR（$CDCl_3$，500MHz）：δ 2.13（6H，s），7.51（1H，s），7.54（1H，s），6.15（1H，s），4.02（3H，s）。$^{13}C-NMR$（$CDCl_3$，125MHz）：δ 184.2（C），143.0（C），142.8（C），184.2（C），126.6（C），107.6（C），150.4（C），150.1（C），120.0（C），127.7（C），12.8（CH_3），12.8（CH_3），56.5（CH_3）。试根据以上信息推断该化合物的结构。

2. 从中药大黄中分离得到的化合物为黄色粉末（乙醚）。Bomträger 反应呈红色，乙酸镁反应呈橙红色。分子式为 $C_{16}H_{12}O_5$。^1H-NMR（DMSO-d_6，500MHz）：δ 12.25（1H，s），11.97（1H，s），7.82（1H，s），7.45（1H，s），7.13（1H，d，$J=2.0Hz$），6.78（1H，d，$J=2.0Hz$），3.98（3H，s），2.37（3H，s）。$^{13}C-NMR$（DMSO-d_6，125MHz）：δ 191.2、183.6、166.5、149.4、165.3、160.6、133.6、134.9、106.7、108.6、111.5、113.7、124.6、121.2、56.5、22.8。试根据以上信息推断该化合物的结构。

3. 醌类化合物在质谱裂解过程中最容易丢失哪一个基团的碎片离子峰？

（皮慧芳）

第七章　萜类化合物

第一节　结构特点与波谱规律

萜类化合物是一类由甲戊二羟酸衍生而成，且分子式符合 $(C_5H_8)_n$ 通式的衍生物。目前仍沿用经典的 Wallach 异戊二烯法则（isoprene rule），按照分子结构中异戊二烯单位的数目进行分类，如单萜、倍半萜、二萜等。

一、环烯醚萜类化合物的波谱特征

环烯醚萜类多具有半缩醛及环戊烷环的结构特点，由于 C-1 为半缩醛结构，故环烯醚萜类化合物在自然界一般以苷的形式存在。根据其环戊烷环是否裂环，可将环烯醚萜类化合物分为环烯醚萜苷及裂环环烯醚萜苷。环烯醚萜类化合物苷元的结构特点为 C-1 多连羟基，并多成苷，且多为 β-D-葡萄苷，常有双键存在，一般为 $\Delta^{3(4)}$，也有 $\Delta^{6(7)}$ 或 $\Delta^{7(8)}$ 或 $\Delta^{5(6)}$；C-5、C-6 和 C-7 有时连羟基，C-8 多连甲基或羟甲基或羟基；C-6 或 C-7 可形成环酮结构，C-7 和 C-8 之间有时为环氧醚结构；C-1、C-5、C-8 和 C-9 多为手性碳原子。根据 C-4 位取代基的有无，环烯醚萜苷又分为 C-4 位有取代基环烯醚萜苷及 4-去甲基环烯醚萜苷两种类型。C-4 位多连甲基、羧基、羧酸甲酯或羟甲基。4-去甲基环烯醚萜苷为环烯醚萜苷 C-4 位去甲基降解苷，苷元骨架部分由 9 个碳组成。裂环环烯醚萜苷此类化合物苷元结构特点为环烯醚萜母核中环戊烷环的 C-7、C-8 处断键成裂环状态。裂环后，C-7 有时还可与 C-11 形成六元内酯结构。

（一）环烯醚萜类化合物的 ^{1}H-NMR 特征

^{1}H-NMR 谱对环烯醚萜类化合物的结构测定有极为重要的作用，可用于判定环烯醚萜的

结构类型，并能确定许多立体化学结构（构型、构象）问题。其中 H-1 与 H-3 的信号最具有鉴别意义。

1. 通常情况下，因 H-1 质子为半缩醛质子，故其化学位移通常位于较低场（δ 4.50～6.20），并且此位置较易成苷，成苷后质子的化学位移也会向低场位移。此外，C-1 折向上方时，利用 $J_{H-1/H-9}$ 可判断二氢吡喃环和环戊烷环的耦合方式（$J_{H-1/H-9}$ 在 1.0～1.5Hz，为顺式骈合；在 2.0～2.5Hz，为反式骈合）；但若 C-1 折向下方时，当 $J_{H-1/H-9}$ = 7.0～10.0Hz 表明连氧基团处于平伏键，$J_{H-1/H-9}$ = 1.0～3.0Hz，表明 1 位连氧基团处于直立键。

2. H-3 质子的信号及其裂分情况可以判断 4 位有无取代。当 C-4 有－COOR 取代基（包括裂环环烯醚萜类）时，H-3 因受－COOR 基影响处于更低的磁场区，一般 δ 值多在 7.3～7.7（个别可在 7.7～8.1）之间，因与 H-5 为远程偶合，故 $J_{H-3/H-5}$ 很小，为 0～2Hz。该峰为 C-4 有－COOR 取代基的特征峰。当 C-4 取代基为－CH$_3$ 时，H-3 化学位移 δ 值在 6.0～6.2，为多重峰。当取代基为－CH$_2$OR 时，其化学位移 δ 值在 6.3～6.6，也为多重峰。当 C-4 无取代基时，H-3 的化学位移与 C-4 取代基为－CH$_3$ 或－CH$_2$OR 时相近（δ 值也在 6.5 左右），但峰的多重度及 J 值有明显区别。因 H-3 与 H-4 为邻偶，同时 H-3 与 H-5 又有远程偶合，故 H-3 多呈现双二重峰（dd），J 值分别为 6～8Hz 和 0～2Hz。

3. C-8 上常连有 10-CH$_3$。若 C-8 为叔碳，则 10-CH$_3$ 为二重峰，J = 6.0Hz，化学位移 δ 值多在 1.1～1.2。若 C-7 和 C-8 之间有双键，则该甲基变成单峰或宽单峰，化学位移 δ 值移至 2.0 左右。分子中如有－COOCH$_3$ 取代基，其－OCH$_3$ 信号为单峰，一般 δ 出现在 3.6～3.9。

（二）环烯醚萜类化合物的 ^{13}C-NMR 特征

对于一般的环烯醚萜苷来说，1-OH 与葡萄糖成苷，C-1 化学位移 δ 值在 95～104；如果 C-5 位连有羟基时，其化学位移 δ 值在 71～74；如果 C-6 位存在羟基时，其化学位移 δ 值在 75～83；C-7 一般情况下不连羟基，如果 C-7 位连有羟基时，其化学位移 δ 值在 75 左右；如果 C-8 位连有羟基时，其化学位移 δ 值在 62 左右。C-10 位甲基通常为羟甲基或羧基化；如果 C-10 为羟甲基，其化学位移为 δ 66 左右；若 C-7 有双键，其化学位移为 δ 61 左右。C-10 位为羧基时，其化学位移 δ 值在 175～177。C-11 通常为酯碳（常形成甲酯）、羧基碳或醛基碳；如为醛基碳时，化学位移 δ 值在 190；为羧基碳时，化学位移 δ 值在 170～175；如果形成羧酸甲酯，其化学位移 δ 值 167～169。

环烯醚萜绝大多数有 $\Delta^{3(4)}$，由于 2 位氧的影响，C-3 比 C-4 处于低场。如果分子中 C-7 位和 C-8 位之间有双键，且同时 C-8 位有羟甲基取代，则 C-7 化学位移比 C-8 位处于高场。而如果 C-8 位有羧基取代，则 C-7 化学位移比 C-8 位处于低场。有的化合物 C-6 为羰基，其化学位移 δ 值在 212～219。

4-去甲基环烯醚萜苷由于 4 位无甲基，所以 C-4 化学位移 δ 值一般在 139～143，C-3 化学位移 δ 值在 102～111。8-去甲基环烯醚萜苷由于 8 位无甲基，如果有 $\Delta^{7(8)}$ 时，其化学位移 δ 值在 134～136。若 C-7 和 C-8 与氧形成含氧三元环，其化学位移 δ 值一般在 56～60。

二、二萜类化合物的波谱特征

由于二萜类化合物种类繁多，不同骨架的化合物的核磁规律都不尽相同。但总体来说，二萜类成分的 ^{1}H-NMR 谱中的氢信号的化学位移主要在 δ 0.5～4.5，通过计算偶合常数，可以帮助判断构型。^{13}C-NMR 谱中，往往可以清晰地观察到 20 个碳信号。因此以下仅总结了二萜内酯类化合物和紫杉烷二萜的谱学特点。

(一) 二萜内酯类化合物波谱规律

二萜内酯类化合物一般具有五元 α、β-不饱和内酯环结构，并且都具有半日花烷型双环骨架结构。

1. 二萜内酯类化合物的 ^{1}H-NMR 特征 两个甲基分别出现在 δ 1.54（18-CH$_3$），1.10（18-CH$_3$），均为单峰。17 位环外双键分别位于 δ 4.80 和 5.00，表现为宽单峰和偶合常数很小。19 位羟甲基信号的位移值在 δ 3.80 和 δ 4.30 附近，偶合常数为 10.0Hz 左右。如果 3 位有羟基取代，3α 质子信号通常出现在 δ 3.6~3.8，表现为多重峰。

2. 二萜内酯类化合物的 ^{13}C-NMR 特征 ^{13}C-NMR：由于底物为二萜类成分，而且吡啶对其溶解度较好，结构中的碳信号往往出现在高场较多。因此，在结构测试中往往使用氘代吡啶作为测试溶剂，可以避免测试溶剂对此类成分高场区碳信号的干扰。底物在低场区出现 4 个烯碳信号，分别为 δ 134.1（C-13），δ 145.4（C-14），δ 147.9（C-8），δ 107.2（C-17）。当结构中的 9 位发生羟基取代时，C-8 碳信号向低场位移约 δ 2~4；由于 9 位羟基为 β 构型，所以对于 20 位甲基的 γ 效应很弱，因此 20 位甲基信号并不明显向高场移动。而 5 位碳信号较底物则明显向高场移动，位移约 δ 6~9。7 位碳信号也由于 γ 效应，向高场位移了 δ 4~5。同理，对于 7α 羟基转化产物，5 位碳信号和 9 位碳信号也分别向高场位移了 δ 5~7。此外，转化产物的立体结构除可以用 NOE 增益来进行解析外，还可以利用碳谱数据进行分析。如果 C-4 为 S 构型，那么 C-18 位甲基位移值为 δ 17.0 左右；如果 C-4 为 R 构型，那么 C-18 位甲基化学位移值应该在 δ 24.0 左右，主要原因是由于 18 位甲基和 3 位羟基间的空间效应所致。此外，如果 3 位没有羰基取代，那么 3 位碳的位移值通常为 δ 80.0。

(二) 紫杉烷二萜的波谱规律

1. 紫杉烷二萜的 ^{1}H-NMR 特征 紫杉烷类化合物的基本骨架在通常情况下有 4 个甲基，并且大多在 C-11、C-12 位双键上，所以 4 个甲基中 18-CH$_3$ 位于最低场（δ 1.90~2.50），而 19-CH$_3$ 位于 δ 0.66~1.48，C-16、C-17 甲基是 15 位碳上的甲基，位移值在 18、19 位甲基之间。由于结构中的甲基经常会被氧化，连氧碳上的质子信号一般为 δ 3.00~6.00，并会与相邻质子发生偶合，其中 C-2、C-9、C-10 是较容易发生氧取代的。H-2β 和 H-3α 可形成一个 AB 偶合系统，这样 H-3α 的化学位移值在 δ 2.30~4.00，J=5.0~7.0Hz，是含有 C-4 环外双键的紫杉烷类化合物的一个特征。此外，H-9β 和 H-10α 也是较为识别的，C-9 和 C-10 发生连氧取代后，两者呈现 AB 偶合系统，J=10.0Hz。

2. 紫杉烷二萜的 ^{13}C-NMR 特征 在紫杉烷二萜类化合物的主要骨架上多个位置均可以发生取代，从而对周围的碳产生影响。简单来说，如 C-1，2 发生羟基取代，C-1 化学位移会受到羟基 α，β 效应的影响向低场位移。当 C-1 有羟基时，C-1 化学位移为 δ 75.1~80.6，而 C-2 通常在 δ 71.2~74.2。C-7 位的化学位移值主要与 9 位碳取代以及 7 位取代基的性质和取向有关。由于 C-7 在空间上与 C-9 很接近，当 C-9 有 α-取代，同时 C-7 为 β 取代时，由于 γ-效应和空间位阻很大，使 C-7 碳信号向高场位移，位移值通常在 δ 71.2~74.2。若是 C-9 和 C-10 位均有羟基取代时，化学位移值分别为 δ 74.5~78.6 和 δ 67.2~77.9，并且 C-9 较 C-10 的位移值要大。若 C-10 被乙酰化，则 C-9、C-10 的化学位移值分别为 δ 74.5 和 70.0。另外，天然的紫杉烷类化合物，C-5 多含有一个含氧取代，化学位移值在 δ 72.0~79.2，其位移值主要是受到 2，7 位取代的影响。若 C-2、C-7 位均有氧取代，其化学位移值向高场位移到 δ 74.2~76.5；若 C-7 无取代，则其化学位移值在 δ 77.2~79.5；若 C-2、C-7 位均无取代，则其化学位移值 δ 76.1~76.5。

三、三萜类化合物的波谱特征

（一）三萜类化合物的 ^{1}H-NMR 特征

三萜类化合物的 ^{1}H-NMR 谱比较复杂，在高场区域内常出现母核众多的 CH 和 CH_2 峰，从中可获得分子结构中甲基质子、双键上烯氢质子、连氧碳上的质子等重要信息，根据 2D-NMR 谱甚至可以准确归属三萜类化合物的全部质子。

1. 甲基 在 ^{1}H-NMR 谱的高场，出现多个甲基单峰是三萜化合物的显著特征。这些甲基信号的数目和峰形对于确定三萜化合的骨架构型很重要。一般甲基质子的信号在 $\delta\,0.70\sim 1.50$；乙酰基中甲基信号在 $\delta\,1.82\sim 2.07$；甲酯结构中的甲基信号一般在 $\delta\,3.60$ 左右；与双键相连的甲基质子出现在较低场，δ 值大于 1.50。一般情况下，四环三萜类化合物的侧链上 C-26 和 C-27 甲基质子呈现宽单峰，其化学位移偏低场，通常大于 $\delta\,1.50$。齐墩果烷型在高场区出现多个甲基单峰。乌苏烷型在高场容易出现两个甲基双峰，是 29 位和 30 位甲基质子因分别与 19 位和 20 位次甲基质子发生偶合所致，化学位移 δ 为 $0.80\sim 1.00$，偶合常数 J 约为 6.0Hz。羽扇豆烷型三萜的 C-30 甲基，因与双键相连，此甲基质子信号在 $\delta\,1.63\sim 1.86$ 之间，呈宽单峰。

2. 双键质子 三萜类化合物的烯氢信号的化学位移 δ 值通常在 $4.30\sim 6.00$。双内环键质子信号的 δ 值一般大于 5，环外烯氢质子信号的 δ 值一般小于 5。四环三萜类化合物侧链的双键质子的 δ 值大于 5。例如在齐墩果-12-烯类及乌苏-12-烯类化合物中的 12 位烯氢常以 1 个宽单峰或分辨度不好的多重峰出现在 $\delta\,4.93\sim 5.50$ 处；若 11 位引入羰基与此双键共轭，则烯氢可因去屏蔽而向低场位移，在 $\delta\,5.50$ 处出现 1 个单峰；具 $\Delta^{9(11),12}$ 同环双烯化合物，在 $\delta\,5.50\sim 5.60$ 处出现 2 个烯氢信号，均为二重峰；若为 $\Delta^{11,13(12)}$ 异环双烯三萜，其中 1 个烯氢为双峰，出现在 $\delta\,5.40\sim 5.60$，另一个烯氢为 2 个二重峰，出现在 $\delta\,6.40\sim 6.80$ 处。羽扇豆烷型的环外双键烯氢（H-29）则常以双二重峰的形式出现在 $\delta\,4.30\sim 5.00$ 区域内。因此，利用这一规律可以对具有不同类型烯氢的三萜类化合物进行鉴别。

3. 环阿屯烷型三萜 环阿屯烷型三萜的 9，19-环丙烷在高场区出现非常特征的 AB 偶合系统质子信号，两个峰的中心分别在 $\delta\,0.30\sim 0.60$，偶合常数一般在 $J=4.0$Hz。

4. 羟基的位置和构型 羟基取代碳上质子信号一般出现在 $\delta\,3.20\sim 4.00$。3-OH 多为 β-取向，3α 位质子呈现 dd 峰；少数为 3α-OH，则 3β 位质子以 br. s 或 t 峰出现在 $\delta\,3.45$。6-OH 多为 α-取向，当使用氘代吡啶作溶剂时，6-OH 使 4α-甲基质子信号向低场位移至 $\delta\,1.8$，由此可判断 6α-OH 的存在。

5. 五环三萜 五环三萜的 28 位为 $-CHO$、$-COOH$ 或羧酸甲酯时，由于去屏蔽效应，19 位氢质子化学位移 δ 值大于 2.70；当 28 位为 $-CH_3$、$-CH_2OH$ 时，19 位氢质子化学位移值 δ 小于 2.70。

（二）三萜类化合物的 ^{13}C-NMR 特征

^{13}C-NMR 谱是确定三萜结构最有应用价值的技术，比 ^{1}H-NMR 谱有更多优越性。由于分辨率高，^{13}C-NMR 谱几乎可给出三萜化合物的每一个碳的信号，通过比对已知化合物的文献数据，可解析其结构。三萜化合物中烯碳 δ 值为 $109.0\sim 166.0$，羰基碳 δ 值为 $170.0\sim 220.0$，其他碳 δ 值一般在 60.0 以下。

1. 季碳 一般四环三萜有 4 个季碳（C-4、C-10、C-13、C-14），它们的化学位移 δ 值通常在 $20.0\sim 55.0$。环阿屯烷型的基本骨架上含有 5 个季碳，比其他类型的四环三萜多 1 个。而五环三萜类的齐墩果烷型有 6 个季碳，δ 值为 $37.42\sim 42.0$；乌苏烷型和羽扇豆烷型只有 5 个季碳。根据季碳的数目可以初步判断三萜类化合物的结构母核类型。

2. 角甲基 三萜母核上的角甲基碳信号一般出现在 δ 8.9~33.7。四环三萜 C-28、C-29 的化学位移与通常存在的 C-3 取代基有关：C-3 为 β-OH 时，C-28、C-29 两者化学位移相差较大，δ 值分别为 28.0 和 16.0 左右；C-3 为 α-OH 时，C-29 向低场位移至 δ 23.0；当 C-3 为羰基时，C-28、C-29 两者化学位移差值变小，分别位于 δ 26.0 和 22.0 左右。五环三萜类处于 e 键位置的 23-CH$_3$ 和 29-CH$_3$ 甲基碳信号出现在低场，δ 值分别为 28.0 和 33.0 左右。

3. 双键的位置 四环三萜类主要有 C-5（6）、C-8（9）、C-9（11）、C-24（25）以及 C-7（8）、9（11）等双键类型。C-5（6）型两个烯碳的化学位移分别位于 δ 141.0 和 121.0 左右；C-8（9）型双键中 C-8 和 C-9 两者化学位移比较相近，均在 δ 135.0 左右；C-9（11）型双键中 C-9 和 C-11 的化学位移分别在 δ 115.0 和 147.0 左右；C-24（25）型双键中 C-24 和 C-25 分别在 δ 125.0 和 130.0 左右。根据烯碳个数和烯碳化学位移值的不同，可以判断四环三萜类、五环三萜类的母核结构类型及双键位置。

4. 羟基取代位置与构型 3-OH 构型的确定：3β-OH 取代与相应的 3α-OH 取代的化合物比较，C-5 的化学位移向低场位移 4.2~7.2，C-24 向高场位移 1.2~6.6。五环三萜类 23/24-OH 位置的确定：23-CH$_2$OH（e 键）化学位移值约为 68，通常比 24-CH$_2$OH（δ 值约 64）处于低场；和 23/24-CH$_3$ 比较，具有 23-CH$_2$OH 取代时，使 C-4 的化学位移向低场位移 4 左右，C-3、C-5 和 C-24（CH$_3$）向高场位移约 4.3、6.5 和 2.4；具有 24-CH$_2$OH 取代时，也使 C-4 的化学位移向低场位移约 4，C-23（CH$_3$）向高场位移约 4.5，但对 C-3 和 C-5 影响较小。四环三萜 C-24 仲醇差向异构体的区别：C-24 位构型不同对 C-22~C-27 的化学位移均有影响，R-构型和 S-构型两者相应碳的差值 $[\Delta\delta_C = \delta_{C(R)} - \delta_{C(S)}]$ 大约为 +0.5。

5. 四环三萜 C-20 差向异构体的区别 C-20 位构型不同对相邻碳的影响较大，尤其对 C-17、C-21 和 C-22 影响明显。其中 R-构型和 S-构型两者的差值 $[\Delta\delta_C = \delta_{C(R)} - \delta_{C(S)}]$ 分别为：$\Delta\delta_{C-17}$ 约为 +0.7；$\Delta\delta_{C-21} = -1.2 \sim -4.1$；$\Delta\delta_{C-22} = +0.8 \sim +7.4$。

第二节　结构解析实例

 案例解析 *7-1*

梓　醇

从玄参科多年生草本植物地黄（*Rehmannia glutinosa* Libosch）的块根中分离得到化合物 1，为白色针晶（甲醇），易溶于丙酮、甲醇、水。硅胶薄层板上遇三氯化铁-铁氰化钾反应加热显蓝色，1% 茴香醛-浓硫酸加热显紫红色（105℃）。在 ^{1}H-NMR（D$_2$O，500MHz）谱（图 7-1）中 δ 5.04（1H，d，J=9.8Hz），6.35（1H，d，J=6.0，4.2Hz）和 5.10（1H，dd，J=6.0，4.2Hz）3 个氢信号分别属于环烯醚环的 H-1、H-3 和 H-4。δ 4.82（1H，d，J=8.0Hz）为葡萄糖的端基氢信号。^{13}C-NMR（D$_2$O，125MHz）谱（图 7-2）中也给出一个葡萄糖基的 6 个碳信号 δ 98.5（C-1'）、72.8（C-2'）、77.6（C-3'）、69.5（C-4'）、75.6（C-5'）、60.7（C-6'），进一步说明该化合物为葡萄糖苷。由葡萄糖端基氢的偶合常数 J=8.0Hz 可知苷键为 β 型。另外还给出环烯醚萜母核的 10 个碳信号，其中 δ 94.7（C-1）、140.5（C-3）和 103.1（C-4）信号分别属于环烯醚环的 1、3 和 4 位。在 HMBC 谱（图 7-4）中显示 δ 4.82（1H，d，J=8.0Hz，H-1'）与 δ 94.7（C-1）有远程相关关系，说明葡萄糖连在环烯醚萜母核 1 位上。结

合 HSQC 谱（图 7-3）谱对化合物 1 的 NMR 谱数据综合分析，确定化合物 1 为梓醇（catalpol）。NMR 谱数据归属见表 7-1。

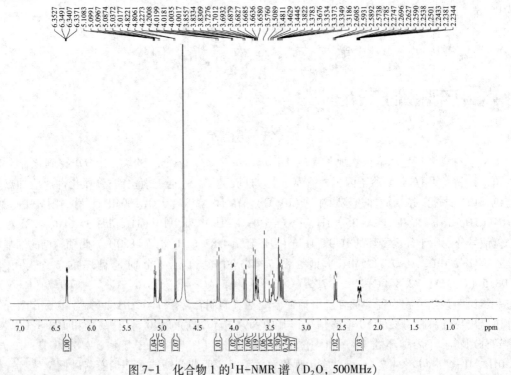

化合物1：梓醇

表 7-1　化合物 1 的 NMR 谱数据（D₂O）

No.	δ_H	δ_H (J, Hz)	No.	δ_C	δ_H (J, Hz)
1	94.7	5.04（1H, d, 9.8）	10	60.1	4.22（1H, d, 13.2）, 3.72（1H, d, 13.2）
3	140.5	6.35（1H, d, 6.0, 4.2）	1'	98.5	4.82（1H, d, 8.0）
4	103.1	5.10（1H, dd, 6.0, 4.2）	2'	72.8	
5	37.2	2.28（1H, m）	3'	77.6	3.30～4.10（4H, m）
6	76.2	3.38（1H, m）	4'	69.5	
7	62.1	3.57（1H, m）	5'	75.6	
8	65.8	—	6'	60.7	3.84（1H, m）, 3.67（1H, m）
9	41.7	2.60（1H, d, 9.0）			

图 7-1　化合物 1 的 ¹H-NMR 谱（D₂O, 500MHz）

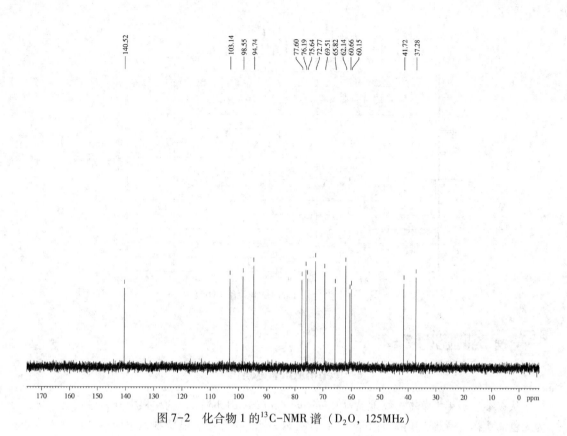

图 7-2　化合物 1 的^{13}C-NMR 谱（D_2O, 125MHz）

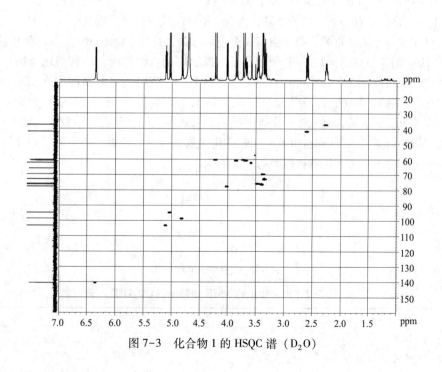

图 7-3　化合物 1 的 HSQC 谱（D_2O）

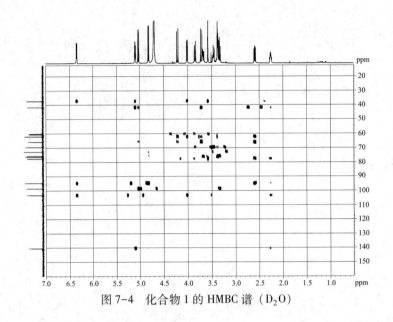

图 7-4 化合物 1 的 HMBC 谱 （D₂O）

案例解析 7-2 ···

rehmapicrogenin

从玄参科多年生草本植物地黄（*Rehmannia glutinosa* Libosch）的块根中分离得到化合物 2，为无色油状物，易溶于甲醇、丙酮。1% 茴香醛-硫酸喷雾加热显紫红色（105℃），放置后变成蓝色。^{1}H-NMR 谱（CD₃OD，400MHz，图 7-5）中，在 δ 1.12（3H，s），1.09（3H，s），1.72（3H，s）处，各有一个三质子单峰，为 3 个甲基的氢信号峰。在 δ 3.85（1H，t，J=6.8，14.1Hz）处出现一单氢三重峰，提示含有一个连氧叔碳，且与一CH₂一相连。^{13}C-NMR 谱（CD₃OD，100MHz，图 7-6）中，共有 10 个碳原子，提示该化合物可能为单萜类化合物。δ 179.3 为一个一COOH 的碳信号，δ 126.1（C-1）、146.2（C-2）是一个双键的碳信号，且和一COOH 共轭；δ 29.5、28.6、18.3 为化合物 3 个甲基的碳信号。δ 69.9（C-1）为连氧叔碳的碳信号，除去甲基和羧基，剩余的 6 个碳形成一个六元环，提示化合物为紫罗兰酮类化合物。综合以上解析并与文献中 rehmapicrogenin 的 NMR 谱数据对照，两者基本一致，因此确定化合物 2 为 rehmapicrogenin。NMR 谱数据归属见表 7-2。

$$H_3C \quad CH_3$$
COOH
CH₃
OH

化合物2：rehmapicrogenin

表 7-2 化合物 2 的 NMR 谱数据 （CD₃OD）

No.	δ_C	δ_H （J，Hz）	No.	δ_C	δ_H （J，Hz）
1	126.1	—	6	33.8	—
2	146.2	—	7	179.3	—
3	69.9	3.85（1H，t，6.8，14.1）	8	18.3	1.72（3H，s）

续表

No.	δ_C	δ_H (J, Hz)	No.	δ_C	δ_H (J, Hz)
4	29.8	1.59 (1H, m), 1.39 (1H, m)	9	28.6	1.12 (3H, s)
5	35.8	1.88 (2H, m)	10	29.5	1.09 (3H, s)

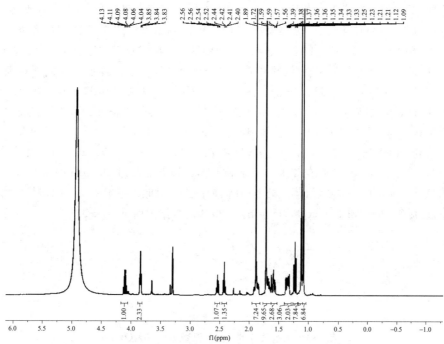

图 7-5　化合物 2 的 ^{1}H-NMR 谱（CD$_3$OD，400MHz）

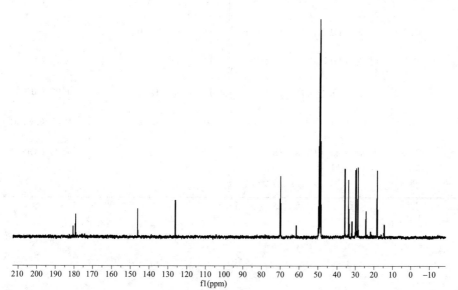

图 7-6　化合物 2 的 ^{13}C-NMR 谱（CD$_3$OD，100MHz）

案例解析 7-3 ·····························

5-羟基野菰酸

从玄参科多年生草本植物地黄（*Rehmannia glutinosa* Libosch）的块根中分离得到化合物 3，为无色结晶（甲醇）。硅胶 TLC 检识，三氯化铁-铁氰化钾喷雾显蓝色；1% 茴香醛-浓硫酸喷雾加热显黄绿色（105℃）。在 ^{1}H-NMR 谱（CD_3OD，500MHz，图 7-7）中，芳香区 δ 6.45（1H，d，$J=16.0$Hz）和 6.32（1H，d，$J=16.5$Hz）是一对反式双键的氢信号；δ 5.87（1H，s，H-10）是单烯烃质子信号，提示结构中应该有－C＝CH－结构片段；在高场区有 δ 2.19（3H，s），1.09（3H，s），0.87（3H，s）和 1.04（3H，s）为 4 个甲基信号。在 ^{13}C-NMR 谱（CD_3OD，125MHz，图 7-8）中，共有 15 个碳信号，观察其碳谱特征，可推测该化合物是一个倍半萜类化合物。其中 δ 176.0 是羰基碳信号，δ 135.3、135.3、144.7、126.9 是两对双键碳信号，结合 DEPT 谱（图 7-8），在高场区有 δ 14.4、17.9、22.9、26.9 4 个甲基信号，δ 35.9 和 27.7 两个仲碳信号，δ 74.7 是一个叔碳信号，以及 δ 82.1 和 75.6 两个季碳信号。综合以上信息并与文献中 5-羟基野菰酸的 NMR 谱数据进行对照，基本一致，确定化合物 3 结构为 5-羟基野菰酸（sec-hydroxyaeginetic acid）。NMR 谱数据归属见表 7-3。

化合物3：5-羟基野菰酸

表 7-3　化合物 3 的 NMR 谱数据（CD_3OD）

No.	δ_C	δ_H (J, Hz)	No.	δ_C	δ_H (J, Hz)
1	82.1	—	9	144.7	—
2	75.6	—	10	126.9	5.87 (1H, s)
3	35.9	1.92 (1H, m), 1.51 (1H, m)	11	176.0	
4	27.7	1.92 (1H, m), 1.51 (1H, m)	12	14.4	2.19 (3H, s)
5	74.7	3.73 (1H, m)	13	17.9	1.09 (3H, s)
6	44.7		14	22.9	0.87 (3H, s)
7	135.3	6.45 (1H, d, 16.0)	15	26.9	1.04 (3H, s)
8	135.3	6.32 (1H, d, 16.0)			

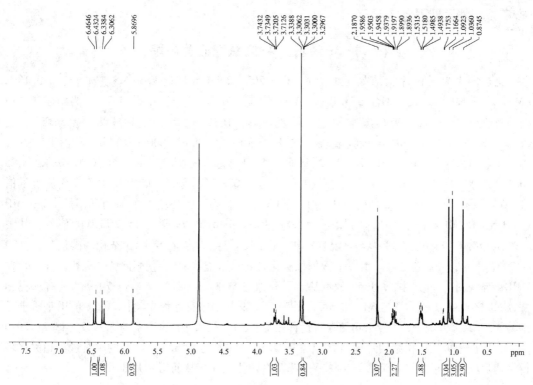

图 7-7 化合物 3 的 ^{1}H-NMR 谱 (CD$_3$OD, 500MHz)

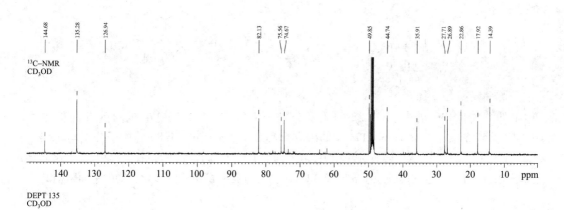

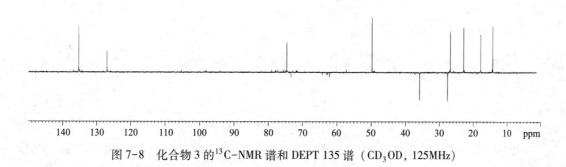

图 7-8 化合物 3 的 ^{13}C-NMR 谱和 DEPT 135 谱 (CD$_3$OD, 125MHz)

案例解析 7-4 ⋯⋯⋯⋯⋯⋯⋯⋯⋯⋯⋯⋯⋯⋯⋯

（7*R*）-3-羟基-14-去氧穿心莲内酯

化合物 4 为无色片状结晶（甲醇），m. p. 207～208℃。HR-ESI-MS（*m/z*）：373.1992 [M+Na]⁺（cal. for $C_{20}H_{30}O_5$：373.1991 [M+Na]⁺）。在 IR（KBr）中，3437cm⁻¹ 为醇羟基伸缩振动吸收峰，1753cm⁻¹ 为酯羰基伸缩振动吸收峰，1651cm⁻¹ 为碳碳双键伸缩振动吸收峰，914cm⁻¹ 为环外碳氢弯曲振动吸收峰。在 ¹H-NMR（C_5D_5N，600MHz）谱中（图 7-9），δ 0.76（3H，s），1.53（3H，s）为 2 个季碳上的甲基质子信号；δ 3.66（2H，m），4.25（1H，br. s），4.74（2H，br. s），4.47（1H，d，*J* = 10.8Hz）为烷氧碳上的质子或烯氢质子信号；δ 7.22（1H，br. s），5.90（1H，s），5.03（1H，s）为双键上的质子信号。¹³C-NMR（C_5D_5N，150MHz）谱给出 20 个碳信号（图 7-10），δ 15.5～79.9 有 15 个烷基碳信号，其中 δ 64.3、70.7、73.6、79.9 为 4 个烷氧碳信号；δ 104.2～174.7 有 5 个 sp^2 杂化的碳信号，其中 δ 174.7 为一酯羰基碳信号。由以上数据推测化合物 4 可能为穿心莲内酯型二萜类化合物。在 HMBC 谱（图 7-11）中，δ 1.53 的甲基质子分别与 δ 43.2、53.2、64.3、79.9 的碳有远程相关；δ 3.66、4.47 的质子与 δ 23.8、43.2、53.2、79.9 的碳有远程相关；δ 0.76 的甲基质子分别与 δ 37.2、39.2、53.2、54.6 的碳有远程相关；δ 1.98、2.01 的质子与 δ 39.2、43.2、79.9 的碳有远程相关，可得结构片段 A；δ 1.73、2.50 的质子与 δ 53.2、73.6 的碳有远程相关；可得结构片段 B；利用共用碳原子 δ 54.6、53.2 将两片段连接从而得到片段 C。

A   B   C

此外，在 HMBC 谱中，δ 7.22 的质子分别与 δ 70.7、134.1、174.7 的碳有远程相关；δ 2.24、2.57 的质子与 δ 54.6、174.4 的碳有远程相关；δ 1.79、1.82 的质子分别与 δ 54.6、24.8、134.1、151.1 的碳信号有远程相关，δ 4.74 的质子与 δ 174.7 的碳有远程相关，可得到结构片段 D；C 与 D 通过共用碳原子 δ 54.6、151.4 进行连接，即可确定该化合物的平面结构 F。

D   F

化合物4：（7*R*）-羟基-14-去氧穿心莲内酯

相对构型的确定：在 NOESY 谱（图 7-12）中，H-20（δ 0.76）与 H-18、H-2a 有 NOE

相关，可确定20-CH$_3$及18-CH$_2$OH同时处于a键；H-3（δ3.66）与H-19、H-1a及H-5a有NOE相关，可确定H-3处于a键，3-OH处于e键；H-7（δ1.34）有NOE相关，可确定H-7处于a键，而7-OH处于e键，从而确定了此化合物的构型，即(7R)-3-羟基-14-去氧穿心莲内酯。结合HMQC谱（图7-13）对化合物进行归属。NMR谱数据归属见表7-4。

表7-4　化合物4的NMR谱数据（C$_5$D$_5$N）

No	δ_H（J, Hz）	δ_C	No	δ_H（J, Hz）	δ_C
1	1.12（1H, dt, 5.1, 12.6） 1.70（1H, m）	37.2	11	1.79（1H, m） 1.82（1H, m）	22.3
2	1.98（1H, m） 2.01（1H, m）	29.1	12	2.24（1H, m） 2.57（1H, m）	24.8
3	3.66（1H, m）	79.9	13	—	134.1
4	—	43.2	14	7.22（1H, br. s）	145.5
5	1.34（1H, dd, 2.0, 12.9）	53.2	15	4.74（2H, br. s）	70.7
6	1.73（1H, d, 10.8） 2.50（1H, d, 12.9）	34.7	16	—	174.7
7	4.25（1H, dd, 5.4, 10.8）	73.6	17	5.03（1H, s） 5.90（1H, s）	104.2
8	—	151.4	18	4.47（1H, d, 10.8） 3.66（1H, m）	64.3
9	1.68（1H, d, 10.8）	54.6	19	1.53（3H, s）	23.8
10	—	39.2	20	0.76（3H, s）	15.5

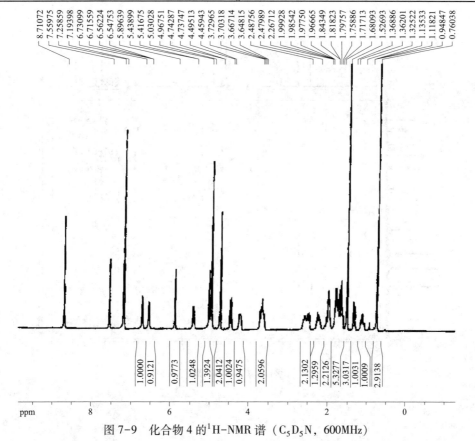

图7-9　化合物4的^{1}H-NMR谱（C$_5$D$_5$N，600MHz）

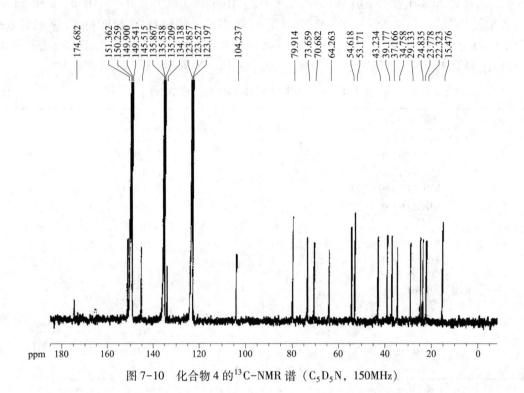

图 7-10　化合物 4 的 ^{13}C-NMR 谱 （C_5D_5N，150MHz）

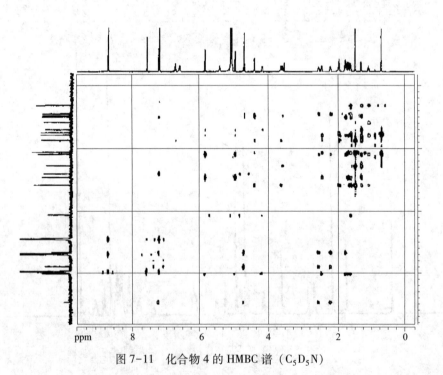

图 7-11　化合物 4 的 HMBC 谱 （C_5D_5N）

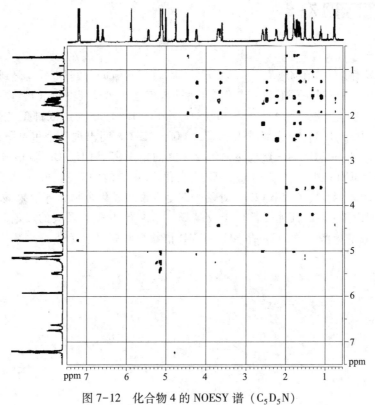

图 7-12 化合物 4 的 NOESY 谱（C_5D_5N）

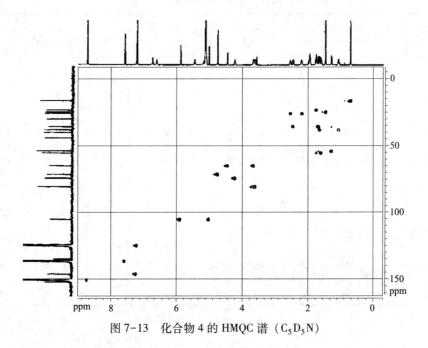

图 7-13 化合物 4 的 HMQC 谱（C_5D_5N）

案例解析 *7-5*

齐墩果酸

在玄参科多年生草本植物地黄（*Rehmannia glutinosa* Libosch）的叶中分离得到化合物 5，为白色粉末，易溶于三氯甲烷等有机溶剂，茴香醛-浓硫酸加热显紫红色（105℃）。^{1}H-NMR 谱（CDCl$_3$，500MHz）中（图 7-14），δ 5.26（1H，br. s，H-12）为一双键上氢质子，δ 3.21（1H，t，J=2.7Hz，H-3）为连氧碳上的氢，δ 0.6~1.2 之间出现 7 个甲基氢质子，δ 2.82（1H，dd，J=13.8，4.3Hz，H-18），δ 1.0~2.1 之间出现多个 CH、CH$_2$氢信号峰。^{13}C-NMR谱（CDCl$_3$，125MHz）中（图 7-15），显示该化合物结构中含有 30 个碳原子，其中δ 182.1 为一羰基碳，δ143.6 和δ122.6 处两个双键碳说明该化合物为齐墩果酸型五环三萜，δ79.0 为和氧相连的碳，其他碳都位于较高场。与文献中齐墩果酸的波谱数据对照，确定化合物 5 为齐墩果酸（oleanolic acid）。NMR 谱数据归属见表 7-5。

化合物5：齐墩果酸

表 7-5　化合物 5 的 NMR 谱数据（CDCl$_3$）

No.	δc	No.	δc	No.	δc
1	38.7	11	22.9	21	33.8
2	27.7	12	122.6	22	32.4
3	79.0	13	143.6	23	28.1
4	38.4	14	41.0	24	15.5
5	55.2	15	27.2	25	15.3
6	18.3	16	23.4	26	17.1
7	32.6	17	46.5	27	25.9
8	39.2	18	41.6	28	183.2
9	47.6	19	45.9	29	33.1
10	37.1	20	30.7	30	23.6

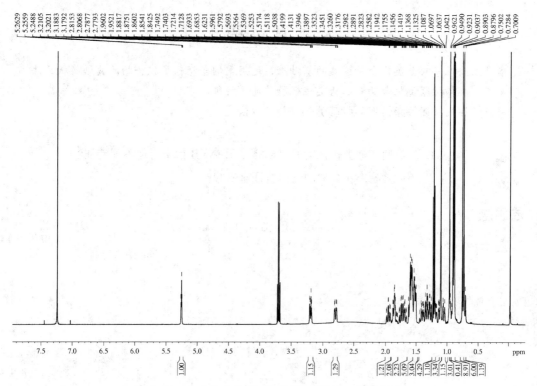

图 7-14　化合物 5 的¹H-NMR 谱（CDCl₃，500MHz）

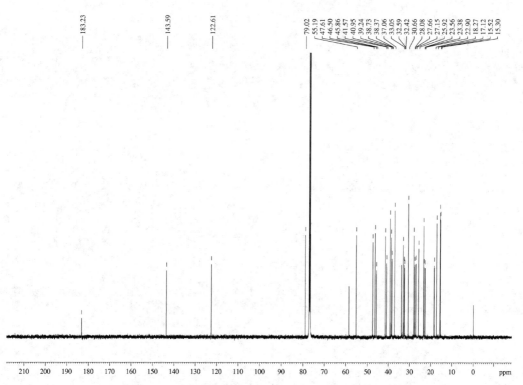

图 7-15　化合物 5 的¹³C-NMR 谱（CDCl₃，125MHz）

本 章 小 结

本章主要在掌握萜类化合物分类的基础上，运用案例介绍萜类化合物的波谱解析方法。

重点：环烯醚萜类化合物和三萜类化合物的波谱特征。

难点：运用核磁共振谱图解析萜类化合物的方法。

思考题

1. 各类型三萜类化合物的甲基峰在 ^{1}H–NMR 谱中有何不同特征？

2. 环烯醚萜类化合物的波谱特征有哪些？

（田树革）

第八章 甾体类化合物

学习导引

知识要求

1. **掌握** 甾体皂苷、强心苷和醉茄内酯等甾体类化合物主要的 NMR 图谱特征。
2. **熟悉** 简单甾体类化合物的结构解析方法。
3. **了解** 甾体类化合物的结构特征。

能力要求

1. 熟练掌握常见甾体类化合物的 ^{1}H–NMR、^{13}C–NMR 波谱规律。
2. 学会应用波谱技术解析简单甾体类化学成分。

甾体类化合物（steroids）是一类分子结构中具有环戊烷骈多氢菲母核的天然化合物。其广泛存在于自然界中，现已从茄科、薯蓣科、紫金牛科、石松科、菝葜科、荨麻科、百合科、萝藦科、葫芦科、夹竹桃科、卫矛科、玄参科、十字花科、毛茛科、桑科、石蒜科和龙舌兰科等植物中发现。这类化合物通常具有多种生物活性，目前已从药用植物中分离得到了许多活性较好的此类化合物，且有些已应用于临床。如黄山药植物中的甾体皂苷具有防治心脑血管疾病的作用，其对冠心病、心绞痛发作疗效显著；紫花毛地黄中具有强心作用的强心苷类化合物地高辛，临床上治疗充血性心力衰竭及节律障碍等心脏疾患效果显著；南非醉茄中的醉茄内酯类化合物具有抗肿瘤、抗凝血及抗炎镇痛作用，尤其是在免疫抑制作用方面有望开发出临床药品；而这些多样的生物活性与其复杂多变的结构密切相关。一般情况下，甾体类化合物结构解析包括以下几个程序：结合文献及理化性质初步判断化合物类型，测定分子式、利用 UV、^{1}H–NMR 及 ^{13}C–NMR 等确定其官能团与基本骨架，利用 X 射线衍射法、ORD 谱或 CD 谱确定分子的立体构型。

第一节 结构特点与波谱规律

尽管甾体化合物的结构复杂多变，但它们都含有氢化程度不同的 1，2-环戊烯并菲甾核，且甾核上一般有两个角甲基（C-10、C-13）和一个含有不同碳原子数的侧链或含氧基团如羟基、羰基等。天然甾体化合物的 C-10、C-13、C-17 侧链大都是 β 构型，C-3 上如有羟基，也多为 β 构型。根据甾体成分 C$_{17}$ 位侧链结构的不同可将其分为如表 8-1 所示的几种类型。

表 8-1　甾体类化合物的种类及结构特点

名称	A/B	B/C	C/D	C_{17}-取代基
甾体皂苷	顺、反	反	反	含氧螺杂环
强心苷	顺、反	反	顺	不饱和内酯环
醉茄内酯	顺、反	反	反	侧链 C_{20} 位上连有 δ（或 γ）-内酯
植物甾醇	顺、反	反	反	8~10 个碳的脂肪烃
C_{21} 甾类	反	反	顺	C_2H_5
胆甾酸	顺	反	反	戊酸
昆虫变态激素	顺	反	反	8~10 个碳的脂肪烃

　　甾体化合物[1]H-NMR 谱的特征是在 δ 1.0~2.5 间存在一个连续的峰包，这是甾体骨架上为数众多的次甲基与亚甲基质子共振信号相互重叠造成的结果。在此峰包上，介于 δ 0.6~1.5 处常见到两个尖峰，它们是 C-18 和 C-19 的质子共振峰。因此，自甾体的氢谱中所能得到的有关结构信息从低场开始主要有：芳香及烯质子信号、与氧连接的碳上质子信号、角甲基单峰信号以及溶媒效应所获得的信号。然而只利用普通氢谱和碳谱是难以准确确定甾体结构的，并且 HMBC、HSQC 及 HMQC 等二维核磁共振技术波谱分析技术测试时间长且费用较高。目前，凭借波谱学规律综合解析仍然是确定甾体类化合物化学结构的重要手段。以下主要介绍甾体皂苷类化合物、强心苷类、醉茄内酯类、植物甾醇和 C_{21} 甾体类化合物的波谱学规律。

一、甾体皂苷类化合物的波谱特征

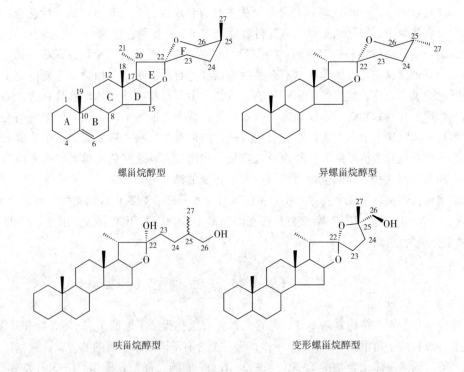

螺甾烷醇型　　　　　　　　　　　　　　　异螺甾烷醇型

呋甾烷醇型　　　　　　　　　　　　　　　变形螺甾烷醇型

（一）^{1}H-NMR 谱

甾体皂苷元在高场区可明显地看到有 4 个归属于甲基（18、19、21 和 27 位甲基）的特征峰，其中 18-CH$_3$ 和 19-CH$_3$ 均为单峰，前者处于较高场，后者处于较低场；21-CH$_3$ 和 27-CH$_3$ 均为双峰，且 27-CH$_3$ 常处于 18-CH$_3$ 的高场，21-CH$_3$ 则常位于 19-CH$_3$ 的低场；如果 C$_{25}$ 位有羟基取代，则 27-CH$_3$ 为单峰，并向低场移动。C$_{16}$ 和 C$_{26}$ 位上的氢是与氧同碳的质子，处于较低场，易于辨认；如果 5、6 位有双键存在，则烯氢大约在 δ 5.6 左右。其他各碳原子上质子的化学位移值相近，彼此重叠，不易识别。

根据 27-CH$_3$ 的化学位移值可鉴别甾体皂苷元的两种 C$_{25}$ 异构体，即 C$_{25}$ 上的甲基为 α-取向（25R 型）时，其 CH$_3$ 质子信号（δ 约 0.70）要比 β-取向（25S 型）的 CH$_3$ 质子信号（δ 约 1.10）处于较高场。27-CH$_3$ 的取向也可用溶剂效应进行确定，在 CDCl$_3$ 和 C$_6$D$_6$ 中分别测试，如 27-CH$_3$ 为 α-取向（25R）时，$\Delta\delta_{CDCl_3 - C_6D_6}$ 值为 0.08~0.13；为 β-取向（25S）时，$\Delta\delta_{CDCl_3 - C_6D_6}$ 值为-0.02。此外，C$_{26}$ 上 2 个氢质子的信号，在 25R 异构体中化学位移值相近，而在 25S 异构体中则差别较大，故也可用于区别 25R 和 25S 两种异构体。

（二）^{13}C-NMR 谱

甾体皂苷元母核含有 27 个碳原子，其核磁共振碳谱中，在高场区有 18、19、21 和 27 位的 4 个甲基的特征峰，化学位移均低于 δ 20。其余碳原子上如有羟基取代，化学位移向低场位移 $\Delta\delta$ 40~45。如羟基与糖结合成苷，则发生苷化位移，向低场位移 $\Delta\delta$ 6~10。如果 5、6 位含有双键，则碳的化学位移在 δ 115~150 范围内，羰基碳在 δ 200 左右。

16 位和 22 位两个碳信号的化学位移是甾体皂苷元最主要的 ^{13}C-NMR 谱特征。在螺甾烷醇类和异螺甾烷醇类化合物中，C$_{16}$ 和 C$_{22}$ 其化学位移分别在 δ 80 和 δ 109 左右。变形螺甾烷类的 F 环为五元呋喃环，C$_{22}$ 位碳信号出现在 δ 120.9，C$_{25}$ 位碳信号出现在 δ 85.6。呋甾烷型甾体皂苷元 C$_{22}$ 位碳信号出现在 δ 90.3，当 C$_{22}$ 位连有羟基时出现在 δ 110.8 处；当 C$_{22}$ 位连有甲氧基时出现在 δ 113.5 处（其甲氧基碳在较高场，一般 δ 47.2）。

此外，^{13}C-NMR 谱对于鉴别甾体皂苷元 A/B 环的稠合方式及 C$_{25}$ 异构体可提供极为重要的信息。甾体皂苷元 C$_5$ 构型是 5α（A/B 反式）还是 5β（A/B 顺式），可根据其 C$_5$、C$_9$ 和 C$_{19}$ 信号的化学位移值予以区别。C$_5$ 构型如为 5α，其 C$_5$、C$_9$ 和 C$_{19}$ 信号的化学位移值分别为 δ 44.9、54.4 和 12.3 左右；如为 5β，则其 C$_5$、C$_9$ 和 C$_{19}$ 信号的化学位移值分别为 δ 36.5、42.2 和 23.9 左右。如果 5、6 位具有不饱和键则形成 Δ^5-甾烯类，与饱和甾体化合物相比，其 C$_5$ 和 C$_6$ 分别向低场位移+96 和+92.7，即出现在 δ 141.2±0.8 和 δ 121.0±0.4。该双键同时还影响附近的 C$_4$、C$_{10}$ 及 C$_8$、C$_9$ 信号的化学位移，一般使 C$_4$、C$_{10}$ 向低场位移约 $\Delta\delta$ 4.0 和 1.1；使 C$_8$、C$_9$ 向高场位移 $\Delta\delta$ 3.3~4.5。

螺甾烷醇和异螺甾烷醇型甾体皂苷 27-CH$_3$ 信号的化学位移值与 C$_{25}$ 的构型有关，在异螺甾烷醇型（25R）甾体皂苷中，27-CH$_3$ 信号位于 δ 17.1 左右；而在螺甾烷醇型（25S 型）甾体皂苷中，27-CH$_3$ 信号位于 δ 16.2 左右。

（三）MS 谱

甾体皂苷元的质谱裂解方式很典型，由于分子中具有螺缩酮，EI-MS 中均出现很强的 m/z 139 基峰，中等强度的 m/z 115 碎片及一个弱的 m/z 126 辅助离子峰。

如果 F 环有不同取代，则上述 3 个碎片峰可发生相应质量位移或峰强度变化，因而对于鉴定皂苷元尤其是 F 环上的取代情况十分有用。此外，甾体皂苷的 EI-MS 中同时伴有甾体母核或甾核加 E 环的系列碎片。这些离子的质荷比可因取代基的性质和数目发生相应的质量位移，根据这些特征碎片峰可以鉴别是否为甾体皂苷元，并可推测母核上取代基的性质、数目及取代位置等。

二、强心苷类化合物的波谱特征

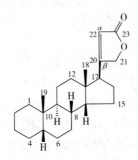
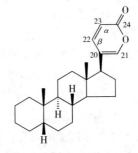

强心甾烯型-甲型　　　　　海葱甾二烯(蟾蜍甾二烯)型-乙型

（一）^{1}H-NMR 谱

强心苷可分为甲型和乙型两种，主要区别在于甲型含有一个 α、β 不饱和五元内酯环，乙型含有一个 α、β 不饱和六元内酯环。甲型强心苷 $\Delta^{\alpha\beta}$-γ-内酯环 C_{21} 上的两个质子以宽单峰或三重峰或 AB 型四重峰（$J = 18Hz$）出现在 $\delta\,4.50 \sim 5.00$ 区域；C_{22} 上的烯质子因与 C_{21} 上的 2 个质子产生远程偶合，故以宽单峰出现在 $\delta\,5.60 \sim 6.00$ 区域内。在乙型强心苷中，其 $\Delta^{\alpha\beta,\gamma\delta}$-$\delta$-内酯环上的 H-21 以单峰形式出现在 $\delta\,7.20$ 左右。H-22 和 H-23 以二重峰形式分别出现在 δ 7.80 和 6.30 左右。

在核磁共振氢谱中强心苷元在 $\delta\,1.00$ 左右，可出现两个叔甲基单峰，易于辨认，表明 C_{10}、C_{13} 各有一个甲基取代。且一般 18-CH_3 的信号位于 19-CH_3 的低场。若 C_{10} 位为醛基取代，则 C_{10} 位甲基峰消失，而在 $\delta\,9.5 \sim 10.0$ 内出现一个醛基质子的单峰。若 C_{10} 上连有羟甲基时，则在高场区仅见一个归属于 18-CH_3 的单峰信号，在低场区则出现归属于 19-CH_2OH 的信号，酰化后更向低场位移，一般在 $\delta\,4.00 \sim 4.50$ 区域内呈 AB 型四重峰，J 值约为 18Hz。

强心苷中除常见的糖外，常连有 2-去氧糖和 6-去氧糖。在 ^{1}H-NMR 谱中，6-去氧糖在高场区 $\delta\,1.0 \sim 1.5$ 之间出现一个 3 氢双峰（$J = 6.5Hz$）或多重峰。2-去氧糖的端基氢与 2-羟基糖不同，呈双二重峰（dd 峰），C_2 上的两个质子处于高场区。含有甲氧基的糖，其甲氧基以单峰出现在 $\delta\,3.50$ 左右。

（二）^{13}C-NMR 谱

强心苷的苷元母核含有 23 个碳原子，其核磁共振碳谱中各类碳的化学位移值范围如下：伯碳 $\delta\,12 \sim 24$，仲碳 $\delta\,20 \sim 41$，叔碳 $\delta\,35 \sim 57$，季碳 $\delta\,27 \sim 43$，醇碳 $\delta\,65 \sim 91$，烯碳 $\delta\,119 \sim 172$，羰基碳 $\delta\,177 \sim 220$。在 5α-强心苷的 A/B 环中，大多数碳的 δ 值比 5β-强心苷处于低场 2~8，而且前者 19-甲基碳的 δ 值约为 12.0，后者（5β-甾体）的 δ 值约为 24.0。两者相差约 11~12，易于辨认，利用这一规律有助于判断 A/B 环的构型。

甲型强心苷不饱和内酯环上 20、21、22、23 位碳信号出现在 δ 172、75、117 和 176 左右，乙型强心苷不饱和内酯环显示 1 个不饱和双键和一个 α、β 不饱和内酯的羰基碳信号。

一般来说，在强心苷元的结构中引入羟基，可使羟基的 α-位碳和 β-位碳向低场位移。如洋地黄毒苷元与羟基洋地黄毒苷元比较，后者的 C_{16} 位有羟基，所以其 C_{15}、C_{16}、C_{17} 的化学位移值（δ 42.6、72.8 和 58.8）均比洋地黄毒苷元相应碳原子的化学位移值大（δ 33.0、27.3 和 51.5）。如果 C_5 位引入 β-羟基，C_4、C_5、C_6 信号均向低场移动。当羟基被酰化后，与酰氧基相连的碳的信号向低场位移，而其 β-位碳则向高场位移。如洋地黄毒苷元 C_2、C_3、C_4 的 δ 值分别为 δ 28.0、66.9 和 33.5，而 3-乙酰基洋地黄毒苷元的 C_2、C_3、C_4 的 δ 值为 25.4、71.4 和 30.8。

（三）MS 谱

强心苷的主要裂解方式是苷键的 α-断裂，而苷元的开裂方式较多，也较复杂，除 RDA 裂解、羟基的脱水、脱甲基、脱 17 位侧链和醛基脱羰基外，还有一些由复杂开裂产生的特征碎片。

甲型强心苷元可产生保留 γ-内酯环或内酯环加 D 环的特征碎片离子为 m/z 111、124、163 和 164。乙型强心苷元的裂解可见保留 δ-内酯环的碎片离子峰 m/z 109、123、135 和 136，借此可与甲型强心苷元相区别。

三、醉茄内酯类化合物的波谱特征

withanolides   withaferin A

（一）^{1}H-NMR 谱

醉茄内酯类化合物（withanolides）的基本母核上，通常有 5 个甲基（27、28、18、19、21）。在 ^{1}H-NMR 谱中，可以看到 4 个单峰和 1 个双峰。27-CH$_3$ 和 28-CH$_3$ 由于与双键相连，故化学位移值处在所有甲基中的最低场，大约是在 δ 1.70～2.10 之间。18-CH$_3$ 处于最高场，化学位移值大约在 δ 0.69～δ1.45 处。

醉茄内酯类化合物大多具有 1-酮-2-烯-4-亚甲基结构部分。在 ^{1}H-NMR 谱中，可以观察到 H-2 和 H-3 的特征性质子信号，分别出现在 δ 5.70～5.80 及 δ 6.60～6.70 之间，H-2 一般以 dd 峰的形式出现，偶合常数分别约为 9.0～10.0Hz 和 2.0～3.0Hz；H-3 则以 ddd 峰的形式出现，其偶合常数分别约为 9.0～10.0Hz、4.5～5.0Hz 和 2.0～3.0Hz。

^{1}H-NMR 谱的偶合裂分模式可作为鉴别醉茄内酯类化合物立体构型的重要信息。6,7-环氧多数为 α 构型，H-6 和 H-7 多表现为一个双峰和一个三重峰，偶合常数在 3～4Hz 之间；6,7-环氧为 β 构型，H-6 和 H-7 表现为两个双峰，其偶合常数为 10.0Hz。5,6-二羟基类醉茄内酯中，若 6-OH 为 α 构型，则 H-6 呈现一个双重峰，偶合常数分别约为 10.0Hz 和 3.0Hz。在 6,7-二羟基类醉茄内酯中，若 6α,7β-二羟基取代，则 H-6 和 H-7 的偶合常数为 9.0Hz；若 6β,7α-二羟基取代，则 H-6 和 H-7 的偶合常数为 2.6～3.2Hz。若 12-OH 取代，则 H-12

和 C-11 上的两个氢产生 ae 和 ee 偶合，H-12 一般呈现一个宽单峰，羟基为 α 构型；若 H-12 和 C-11 上的两个氢产生 aa 和 ae 偶合，则 H-12 呈现一个双重峰，羟基为 β 构型，且偶合常数分别约为 9.0 和 4.0Hz。

若 C-22 为 R 构型，则 H-22 表现为一个双三重峰（偶合常数分别为 13.0±0.5Hz、3.4±0.2Hz）；若为 S 构型，则 H-22 表现为一个宽单峰；若 C-20 通过羟甲基和 C-24 形成醚环，则 H-22 信号出现一个宽单峰，C-22 亦为 R 构型。

（二）^{13}C-NMR 谱

一般来说，醉茄内酯母核含有 28 个碳原子，其核磁共振碳谱中 18-CH$_3$ 的碳信号出现在 δ 12.2~13.0 处，表明的 C 环和 D 环均无含氧基团取代；如果 18-CH$_3$ 碳信号出现在 δ 8.0~8.3 处，表明 C-12 有 β-羟基取代；若 18-CH$_3$ 碳信号仍出现在 δ 12.8 处，表明 C-12 上有 α-羟基取代。

如果 1-酮-2-烯-4-亚甲基结构部分的 C-1、C-2、C-3 和 C-4 信号分别出现在 δ 205.7~206.1、δ 129.4~129.5、δ 142.2~142.4 和 δ 37.9~38.1 范围内，则表明 5α-羟基和 6α，7α 环氧取代基存在。若 C-1、C-2、C-3 和 C-4 信号分别出现在 δ 207.0~207.6、δ 128.9~129.0、δ 143.3~145.0 和 δ 36.2~36.6 范围内，则表明 5α，6β-二羟基和 5α，6β，7α-三羟基以及 5α，6α，7β 三羟基存在；若 C-1 信号向低场位移 δ 1.0~2.0，而 C-4 信号则向高场位移 δ 1.3~1.9，则表明 5α-羟基和 6α，7α 环氧取代基存在。

在 5，6-二羟基醉茄内酯化合物中，5-OH 绝大多数为 α 构型，C-4 一般出现在 δ 36.5~38.5 之间；若 5-OH 为 β 构型，则 C-4 一般出现在 δ 31~35 范围内。

（三）MS 谱

提供分子离子峰 M$^+$ 的电子轰击质谱（EI-MS）是最早应用到鉴定醉茄内酯类化合物的一种质谱离子源。EI-MS 在 m/z 125 处提供一个特征性基础峰，这是由于 C-20/C-22 键断裂以及 B 环裂解产生，表明 α，β-unsaturated δ-lactone 结构片段的存在。然而，若一个羟基基团出现在 δ-lactone 侧链，则在 EI-MS 中会出现 m/z 141（C$_7$H$_9$O$_3$）碎片。C-20 位羟基的存在会产生 m/z 169 的碎片离子峰，这是由于 C-17 与 C-20 的化学键断裂产生的。C-1、C-10 和 C-4、C-5 发生断裂，则产生 m/z 68 的碎片离子峰。此外，若侧链中存在环氧基团，则 C-17、C-20 与 C-20、C-22 间的键分别断裂产生 m/z 169 和 141 的碎片离子峰。

四、植物甾醇类化合物的波谱特征

β-谷甾醇　　R=H
胡萝卜苷　　R=glc

豆甾醇

α-菠甾醇

胆甾醇　　　　　　　　麦角甾醇　　　　　　　　菜油甾醇

菜籽甾醇　　　　　　　谷甾烷醇　　　　　　　　燕麦甾醇

植物甾醇为 C_{17} 位具有 8~10 个碳原子链状侧链的甾体衍生物，多以游离状态存在，与糖形成苷或以高级脂肪酸酯的形式分布于植物界中。植物甾醇几乎在所有的植物中都可以分离得到，所以一般情况下凭借其理化性质，加以和标准品对照就可以初步判断其结构。中药中常见的植物甾醇有 β-谷甾醇（β-sitosterol）及其葡萄糖苷又称胡萝卜苷（daucosterol）、豆甾醇（stigmasterol）、α-菠甾醇（bessisterol）等。

一般来说，植物甾醇含有 29 个碳原子，这类成分的 NMR 波谱特征是：^{1}H-NMR 谱中在高场区出现 3~4 个甲基单峰，一般情况下，如果母核结构中 5、6 位或 7、8 位存在双键，或侧链结构的 22、23 位及 24、28 位含有双键，则烯氢位移值大约在 δ 5.1~5.3 左右。^{13}C-NMR 谱中一般情况下会出现 1~2 个不饱和双键的碳信号，例如 β-谷甾醇和胡萝卜苷 5、6 位有双键，则其化学位移一般分别在 δ 140 和 121 左右；豆甾醇 5、6 位双键的化学位移分别在 δ 139 和 121 左右，21、22 位双键的化学位移分别在 δ 138 和 129 左右；菠甾醇 7、8 位双键的化学位移分别在 δ 139 和 117 左右及 21、22 位双键的化学位移分别在 δ 138 和 129 左右（表 8-2）。

表 8-2　常见植物甾醇双键（$\Delta^{5,6}$、$\Delta^{7,8}$、$\Delta^{22,23}$、$\Delta^{24,28}$）的 ^{13}C-NMR 位移值

名称	C-5	C-6	C-7	C-8	C-22	C-23	C-24	C-28
β-谷甾醇	140.0	121.0	—	—	—	—	46.0	
豆甾醇	139.0	121.0	—	—	138.0	129.0	51.0	
α-菠甾醇	—	—	117.0	139.0	138.0	129.0	51.0	
胆甾醇	140.0	121.0	—	—	—	—	40.0	
麦角甾醇	139.0	121.0	117.0	139.0	138.0	129.0	51.0	
菜油甾醇	139.0	121.0	—	—	—	—	42.0	
菜籽甾醇	139.0	121.0	—	—	138.0	129.0	46.0	
燕麦甾醇	—	—	117.0	139.0	—	—	145.0	116.0

五、C$_{21}$甾化合物的波谱特征

孕甾烷

左炔诺孕酮

C$_{21}$甾母核结构Ⅰa

C$_{21}$甾母核结构Ⅰb

C$_{21}$甾母核结构Ⅱ

C$_{21}$甾母核结构Ⅲa

C$_{21}$甾母核结构Ⅲb

C$_{21}$甾母核结构Ⅵ

C$_{21}$甾母核结构Ⅴ

C$_{21}$甾化合物是含有 21 个碳原子的甾体衍生物，这一类化合物大多以孕甾烷为母核结构，其中以骨架Ⅰ为基本结构的占多数。结构中母核 5、6 位有时会有双键存在；17 位支链多为 α 构型，也有以 β 构型存在；3、8、12、14、17、20 等位置常有 β 羟基取代；11 位有时有 α 羟基，并且 11、12 位的羟基经常和酰基成酯。天然的 C$_{21}$ 甾类化合物除了以游离的形式存在以外，经常在 3 位（少数在 20 位）与糖相连成甾体苷，和一般的糖苷不同，在甾体苷中有时有 2-去氧糖存在。常见的人工合成的该类化合物是左炔诺孕酮。

这类化合物的 NMR 波谱特征是：^{1}H-NMR 中在高场区出现 2 个甲基单峰，如果 20 位是羰基，则出现 3 个甲基单峰，如果 5、6 位有双键存在，则烯氢位移值大约在 $\delta\,5.6\sim5.9$ 左右，其中 21 位的甲基由于和酮羰基相连，处于 $\delta\,2.0$ 左右。^{13}C-NMR 谱中如果低场区出现 $\delta\,210$ 左右的季碳信号，则可推断为 20 位氧化的骨架Ⅰ化合物。如果 5、6 位有双键，则其化学位移一般分别在 $\delta\,140$ 和 $\delta\,121$ 左右。如果低场区季碳信号较多，可以考虑骨架Ⅱ、Ⅲ、Ⅵ存在的可能。如果 $\delta\,113\sim118$ 和 $\delta\,175\sim178$ 处出现 3 个季碳，同时 $\delta\,144$ 左右存在 1 个叔碳信号，则可能存在骨架Ⅲa 结构。如果以上都没有，而在 $\delta\,105$ 处出现季碳信号，可以考虑骨架Ⅱ的存在。羟基取代的碳的信号明显比不取代的碳向低场位移 $\Delta\delta\,40$。C-12 有取代基，则 C-12 的化学位移向低场位移，而 C-11 与 C-13 的化学位移向高场位移。成苷后，糖的 C-1 信号比相应的甲基苷向高场位移约 3，非端链糖的 α-C 信号向低场位移 $\Delta\delta\,6\sim9$，β-C 信号向高场位移 $\Delta\delta\,2\sim5$。

第二节 结构解析实例

案例解析 8-1 ·······························

菝葜皂苷元

从百合科植物天门冬（*Asparagus Cochinchinensis* Merr.）的块根中分离得到化合物 1，为无色针状结晶（CHCl$_3$）。Liebermann-Burchard 反应呈阳性，对 A 试剂（Anisaldehyde 试剂）显色，对 E 试剂（Ehrlich 试剂）不显色，表明该化合物为螺甾烷类化合物。结合 ^{1}H-NMR、^{13}C-NMR 及 DEPT 等谱推测其分子式为 C$_{27}$H$_{44}$O$_3$，计算其不饱和度为 6。在 ^{1}H-NMR（CDCl$_3$，400MHz）中（图 8-1、8-2、8-3），可见 δ 0.76（3H, s, Me-18），0.98（3H, s, Me-19），0.99（3H, d, J=8.6Hz, Me-21）和 1.08（3H, d, J=7.0Hz, Me-27）处有 4 个甲基质子信号；同时在 δ 4.11（1H, s, H-3）和 4.40（1H, dd, J=7.6, 14.5Hz, 16-H）处分别出现了螺甾烷醇型甾体的 C-3 位 α-H 和 H-16 的特征性信号，并且其 26 位的氧代同碳亚甲基质子信号出现在 δ 3.30（1H, d, J=11.0Hz, H-26）和 3.95（1H, dd, J=2.4, 11.0Hz, H-26）处。^{13}C-NMR（CDCl$_3$，100MHz）谱共给出 27 个碳信号（图 8-4）；DEPT 135 谱（图 8-5）显示有 4 个甲基、11 个亚甲基、9 个次甲基和 3 个季碳，其中 δ 67.1（C-3）、81.0（C-16）和 109.7（C-22）为螺甾烷醇型甾体母核的特征信号，同时 δ 25.9（C-23）、25.8（C-24）、27.1（C-25）、65.1（C-26）和 16.0（C-27）处出现了一组可归属于螺甾烷醇的 F 环的信号峰，进一步证明化合物 1 为螺甾烷醇型甾体。

通过 HSQC 谱（图 8-6）对化合物的波谱数据进行了归属，结合 ^{1}H-^{1}H COSY（图 8-7）和 HMBC（图 8-8）等波谱的综合解析，并将其 ^{1}H、^{13}C-NMR 谱数据（表 8-3）与文献报道的菝葜皂苷元进行比较，两者基本一致，故鉴定化合物 1 为菝葜皂苷元（sarsasapogenin）。

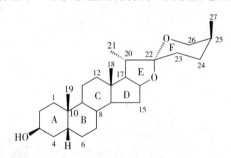

化合物1: 菝契皂苷元

表 8-3 化合物 1 的 NMR 谱数据（CDCl$_3$）

No.	δ_H（J, Hz）	δ_C	No.	δ_H（J, Hz）	δ_C
1	1.51, 1.41（each 1H, m）	29.9	15	1.33, 1.96（each 1H, m）	33.5
2	1.52（2H, m）	27.8	16	4.40（dd, 7.6, 14.5）	81.0
3	4.11（1H, s）	67.1	17	1.82（1H, m）	62.1
4	1.24, 1.97（each 1H, m）	31.7	18	0.76（3H, s）	16.5
5	1.73（1H, m）	36.5	19	0.98（3H, s）	23.9

续表

No.	δ_H (J, Hz)	δ_C	No.	δ_H (J, Hz)	δ_C
6	1. 17, 1. 9 (each 1H, m)	26. 5	20	1. 81 (1H, m)	42. 1
7	1. 17, 1. 9 (each 1H, m)	26. 5	21	0. 99 (3H, d, 8. 6)	14. 3
8	1. 60 (1H, m)	35. 3	22	—	109. 7
9	1. 33 (1H, m)	39. 8	23	1. 39 (2H, m)	25. 9
10	—	35. 3	24	2. 02 (2H, m)	25. 8
11	1. 35 (2H, m)	20. 9	25	1. 70 (1H, m)	27. 1
12	1. 15, 1. 71 (each 1H, m)	40. 3	26	3. 3 (1H, d, 11. 0)	65. 1
13	—	40. 7		3. 95 (1H, dd, 2. 4, 11. 0)	
14	1. 19 (1H, m)	56. 5	27	1. 08 (3H, d, 7. 0)	16. 0

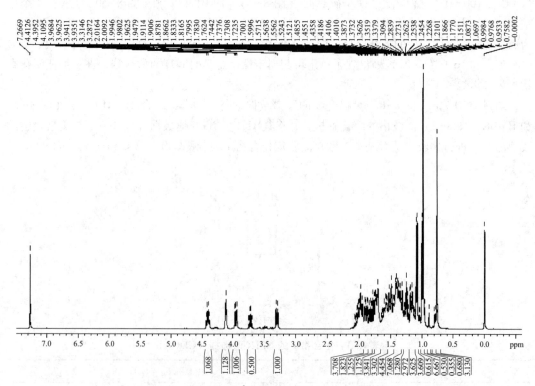

图 8-1 化合物 1 的 ^{1}H-NMR 谱（CDCl$_3$，400MHz）

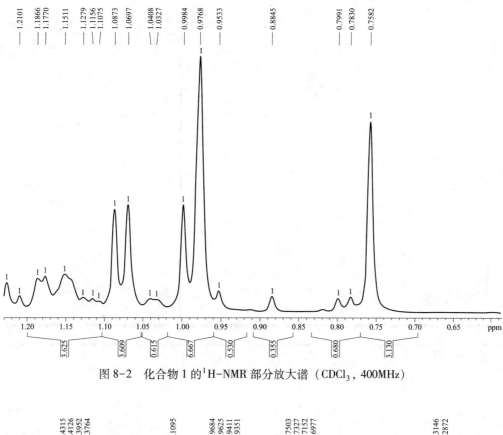

图 8-2　化合物 1 的 ^{1}H-NMR 部分放大谱（CDCl$_3$，400MHz）

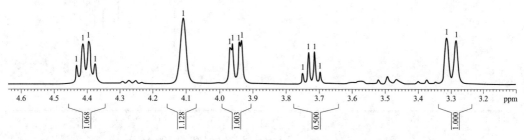

图 8-3　化合物 1 的 ^{1}H-NMR 部分放大谱（CDCl$_3$，400MHz）

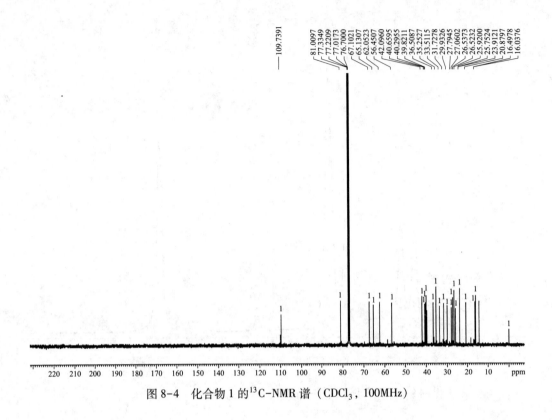

图 8-4　化合物 1 的 ^{13}C-NMR 谱（$CDCl_3$，100MHz）

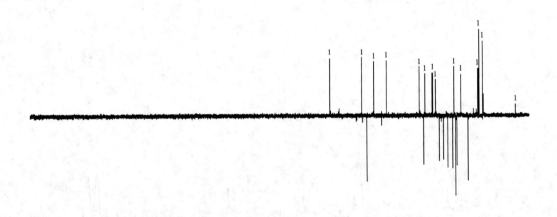

图 8-5　化合物 1 的 DEPT 135 谱（$CDCl_3$，100MHz）

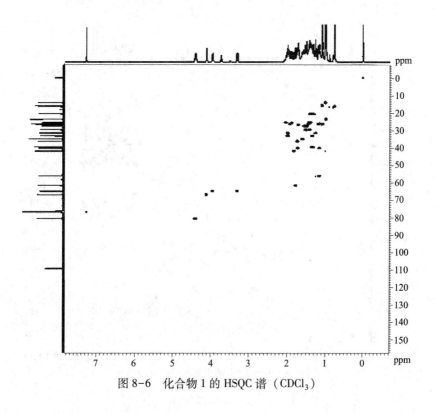

图 8-6　化合物 1 的 HSQC 谱（CDCl$_3$）

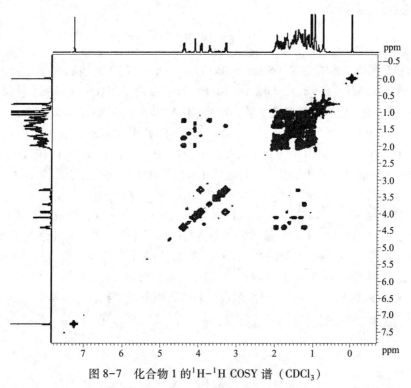

图 8-7　化合物 1 的 ^{1}H-^{1}H COSY 谱（CDCl$_3$）

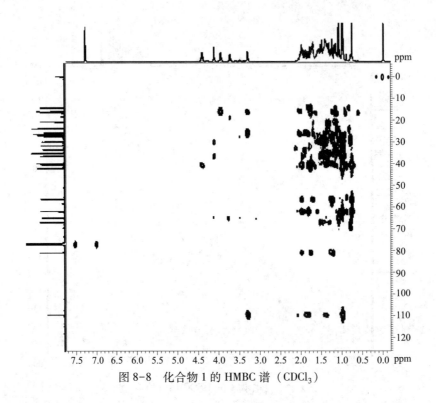

图 8-8　化合物 1 的 HMBC 谱 （CDCl₃）

案例解析 8-2

哇 巴 因

从夹竹桃科植物绿毒毛旋花 （*Strophanthus Kombe* Oliv） 的干燥成熟种子中分离得到化合物 2，为无色针状结晶 （CHCl₃）；Liebermann-Burchard 反应呈阳性，薄层酸水解仅检出 L-鼠李糖，提示其可能为甾体苷元类化合物；结合 ¹H-NMR、¹³C-NMR 谱推测其分子式为 $C_{29}H_{44}O_{12}$，计算其不饱和度为 8。¹H-NMR 谱 （C₅D₅N, 400MHz） 中 （图 8-9），根据 δ 5.21 （1H, d, $J=18.0Hz$, Hₐ-21）, 5.00 （1H, dd, $J=18.0$, 1.5Hz, Hᵦ-21） 和 6.10 （1H, brs, H-22） 处的质子信号可推测其为具有甲型强心苷母核的化合物，这 3 个质子信号为其 α、β 不饱和五元内酯环的特征氢信号。¹³C-NMR 谱 （C₅D₅N, 100MHz） 中 （图 8-10），可看到一组 α、β 不饱和内酯酮的特征性信号 δ 174.3、74.2、117.8 和 175.0，加之一组鼠李糖端基碳信号 δ 99.5、72.6、72.9、73.7、68.0 和 17.7，除去不饱和内酯酮和鼠李糖的 4 个不饱和度尚余 4 个不饱和度，以上信息进一步确认为甲型强心苷类。结合 DEPT 135 谱 （图 8-11）、¹H-¹HCOSY 谱 （图 8-12）、HMBC 谱 （图 8-13）、HSQC 谱 （图 8-14） 对化合物数据进行了归属。

将 ¹³C-NMR 谱数据 （表 8-4） 与文献报道的哇巴因进行比较，两者基本一致，故鉴定化合物 2 为哇巴因 （ouabain）。

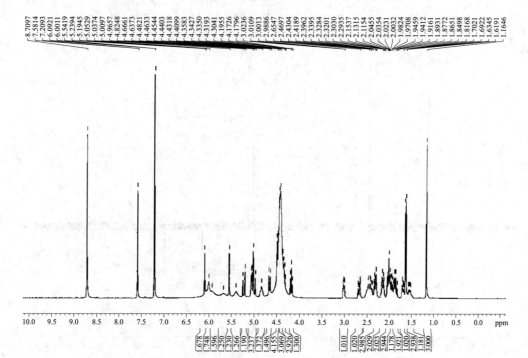

化合物2: 哇巴因

表8-4 化合物2的^{13}C-NMR谱数据（C_5D_5N）

NO.	δ_C	δ_C（文献）	NO.	δ_C（16）	δ_C（文献）
1	71.3	70.6	16	27.3	26.4
2	33.6	33.8	17	51.3	50
3	69.9	70	18	17.7	17.2
4	35.9	36.4	19	62.3	60.7
5	75.8	74.5	20	175	174.9
6	35.5	35	21	74.2	73.2
7	23.9	22.9	22	117.8	116.4
8	40.8	39.6	23	174.3	173.6
9	48.8	47.8	1′	99.5	97.8
10	47.9	47.5	2′	72.6	71.0
11	67.1	66.7	3′	72.9	71.1
12	49.5	48.7	4′	73.7	72.6
13	50.2	49.2	5′	68.0	68.4
14	84.9	83.7	6′	18.5	17.8
15	33.3	32.6			

图8-9 化合物2的^{1}H-NMR谱（C_5D_5N，400MHz）

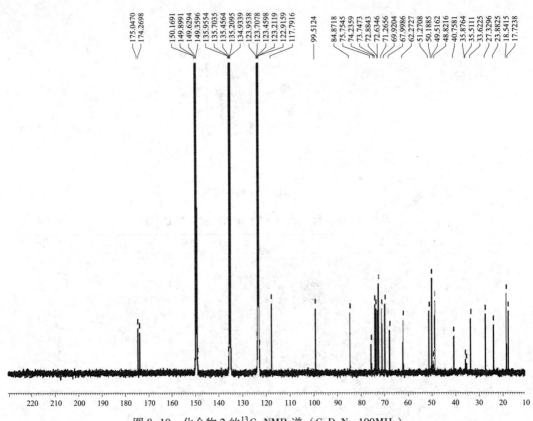

图 8-10　化合物 2 的^{13}C-NMR 谱（C_5D_5N，100MHz）

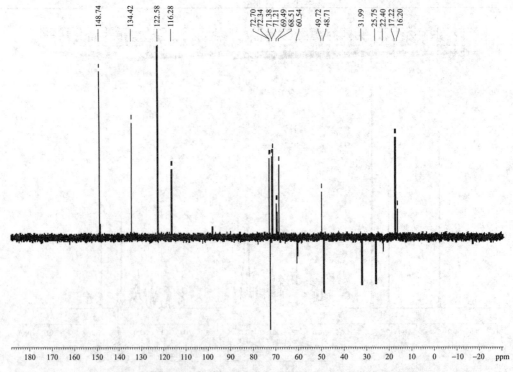

图 8-11　化合物 2 的 DEPT 135 谱（C_5D_5N）

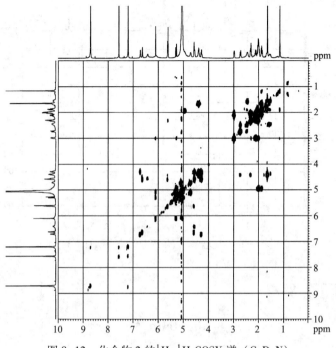

图 8-12　化合物 2 的 ^1H-^1H COSY 谱（C_5D_5N）

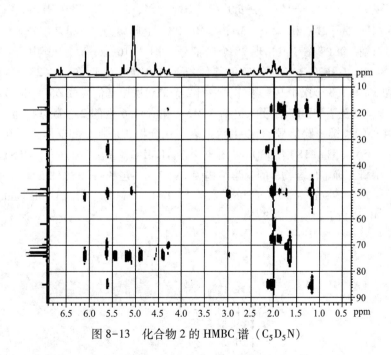

图 8-13　化合物 2 的 HMBC 谱（C_5D_5N）

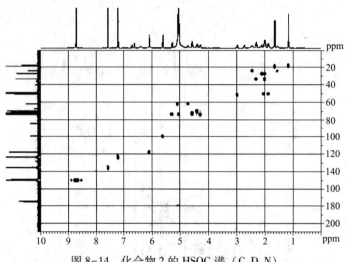

图 8-14 化合物 2 的 HSQC 谱 （C_5D_5N）

案例解析 8-3 ·····························

dmetelin A

从茄科曼陀罗属植物白花曼陀罗 （*Datura metel* L.） 的干燥的叶中分得一个单体化合物 3，为白色无定形粉末 （CH_3OH）。Lieberman-Buchard 反应阳性，提示含有甾体母核。^{1}H-NMR 谱 （CD_3OD，400MHz） 中 （图 8-15），在 δ 0.78 （3H, s, Me-18），1.28 （3H, s, Me-19），1.04 （3H, d, J=6.6Hz, Me-21） 和 2.10 （3H, s, Me-28） 处归属为 4 个甲基信号。^{13}C-NMR （CD_3OD，100MHz） 谱和 DEPT 谱中共出现 28 个碳信号 （图 8-16、8-17），其中有 4 个甲基信号 （δ 12.1、18.7、13.8 和 20.2），9 个亚甲基信号 （δ 39.0、26.3、31.9、23.3、40.5、25.1、28.5、30.7 和 56.4），8 个次甲基信号 ［其中有 2 个氧代次甲基信号(δ 65.1 和 80.2)和 1 个烯碳信号 δ 125.9］ 以及 7 个季碳信号 （包括 δ 215.9 和 168.6 处的 2 个羰基信号以及 δ 146.6、157.9 和 126.4 处的烯键季碳信号）。以上数据表明化合物 3 是一个醉茄内酯类化合物。结合 DEPT、^{1}H-^{1}H COSY （图 8-18）、HSQC （图 8-19）、HMBC （图 8-20） 和 NOESY （图 8-21） 等波谱的综合解析，确定化合物 3 的化学结构为 7α, 27-二羟基-（20S，22R）-1-酮-醉茄-5，24-二烯内酯 ［7α, 27-dihydroxy-（20S，22R）-1-oxo-witha-5，24-dienolide］，命名为 dmetelin A。NMR 谱数据归属见表 8-5。

化合物3：dmetelin A

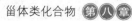

表 8-5　化合物 3 的 ^{13}C–NMR 谱数据（CD$_3$OD）

No.	δ_C	NO.	δ_C
1	215.9	15	25.1
2	39.0	16	28.3
3	26.2	17	53.2
4	31.9	18	12.1
5	146.6	19	18.7
6	125.9	20	40.5
7	65.1	21	13.8
8	38.6	22	80.2
9	36.2	23	30.7
10	55.5	24	157.9
11	23.3	25	126.4
12	40.5	26	168.6
13	43.7	27	56.4
14	50.7	28	20.2

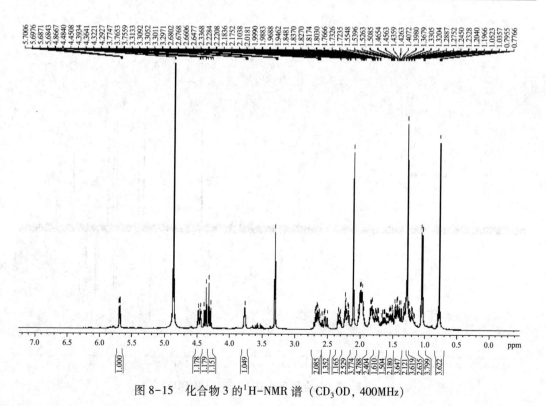

图 8-15　化合物 3 的 ^{1}H–NMR 谱（CD$_3$OD, 400MHz）

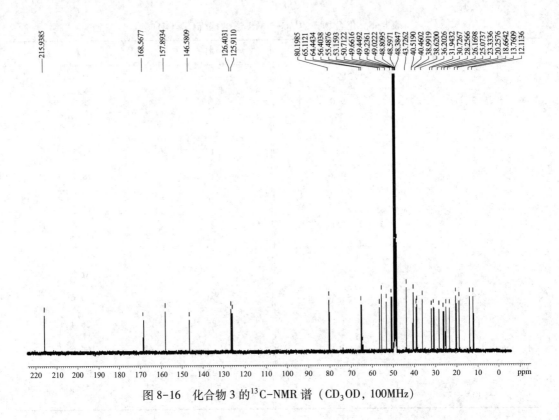

图 8-16　化合物 3 的 ^{13}C-NMR 谱（CD$_3$OD，100MHz）

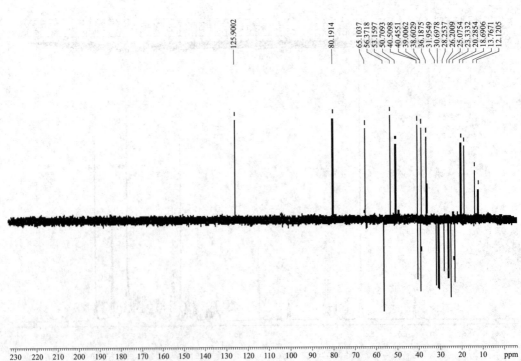

图 8-17　化合物 3 的 DEPT 谱（CD$_3$OD）

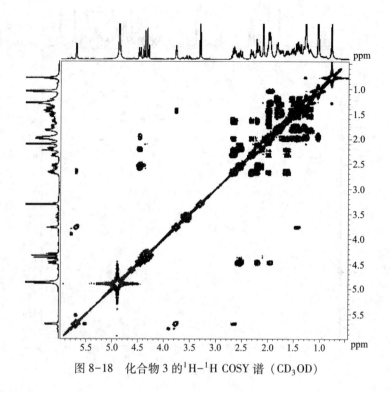

图 8-18　化合物 3 的 ^{1}H-^{1}H COSY 谱（CD$_3$OD）

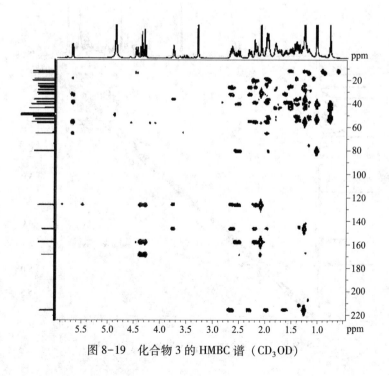

图 8-19　化合物 3 的 HMBC 谱（CD$_3$OD）

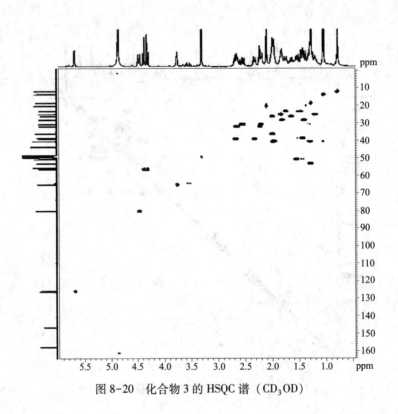

图 8-20　化合物 3 的 HSQC 谱（CD$_3$OD）

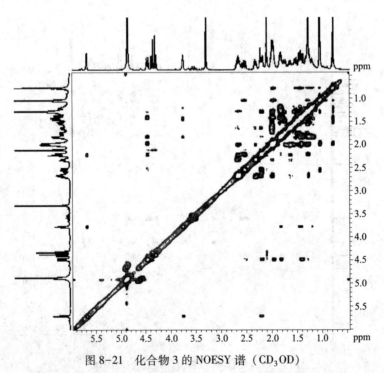

图 8-21　化合物 3 的 NOESY 谱（CD$_3$OD）

案例解析 8-4 ·············

豆 甾 醇

从五加科植物刺五加 [*Acanthopanax senticosus* (Rupr. et Maxim.) Harms] 的叶中分离得到化合物 4，为无色针状结晶 (CHCl$_3$)。结合 ^{1}H-NMR、^{13}C-NMR 及 DEPT 谱推断其分子式为 C$_{29}$H$_{48}$O，计算不饱和度为 6，在 ^{1}H-NMR (CDCl$_3$, 400MHz) 中（图 8-22），可以观察到 δ 0.70 (3H, s, CH$_3$-18)、0.81 (3H, d, J=7.5Hz, CH$_3$-26)、0.84 (3H, d, J=6.4Hz, CH$_3$-27)、0.86 (3H, t, J=6.8Hz, Me-29)、1.01 (3H, s, Me-19) 和 1.02 (3H, d, J=7.4Hz, Me-21) 处的 6 个甲基质子信号，进一步结合 δ 3.55 (1H, m, H-3) 处的氧代次甲基质子及 δ 5.15 (1H, dd, J=8.6, 15.1Hz, H-22)、5.15 (1H, dd, J=8.6, 15.1Hz, H-23) 和 5.35 (1H, dd, J=1.8, 3.2Hz, H-6) 3 处烯烃信号推断化合物 4 为甾醇类。^{13}C-NMR (CDCl$_3$, 100MHz) 谱中（图 8-23）共出现 29 个碳信号，其 DEPT 135 谱中（图 8-24）可确定该化合物含有 6 个甲基、9 个亚甲基、11 个次甲基和 3 个季碳，其中在 δ 40.7 (C)、121.7 (CH)、138.3 (CH) 和 129.2 (CH) 处的两个双键的烯碳信号、6 个甲基碳信号及 δ 71.8 处的氧代次甲基碳信号进一步证明该化合物为植物甾醇类化合物。将化合物 4 的 ^{1}H-NMR、^{13}C-NMR 谱数据（表 8-6）与文献报道的豆甾醇进行比较，两者基本一致，结合 ^{1}H-^{1}H COSY 谱（图 8-25）、HMBC 谱（图 8-26）和 HSQC 谱（图 8-27）分析，鉴定化合物 4 为豆甾醇 (stigmasterol)。

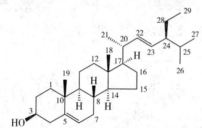

化合物4：豆甾醇

表 8-6 化合物 4 的 NMR 谱数据 (CDCl$_3$)

No.	δ$_H$ (J, Hz)	δ$_C$	No.	δ$_H$ (J, Hz)	δ$_C$
1	1.85, 1.07 (each 1H, m)	37.2	16	1.70, 1.26 (each 1H, m)	28.9
2	1.84, 1.50 (each 1H, m)	31.6	17	1.01 (1H, m)	56.9
3	3.55 (1H, m)	71.8	18	0.70 (3H, s)	12.0
4	2.32 (1H, m)	42.3	19	1.01 (3H, s)	19.0
5	—	140.7	20	2.02 (1H, m)	40.5
6	5.35 (1H, dd, 1.8, 3.2)	121.7	21	1.02 (3H, d, 6.4)	21.1
7	1.84, 1.50 (each 1H, m)	31.6	22	5.15 (1H, dd, 8.6, 15.1)	138.3
8	1.97 (1H, m)	31.9	23	5.03 (1H, dd, 8.6, 15.1)	129.2
9	0.94 (1H, m)	50.1	24	1.52 (1H, m)	51.2
10	—	36.5	25	1.49 (1H, m)	31.9
11	1.50 (2H, m)	21.1	26	0.81 (3H, d, 7.5)	19.4
12	1.97, 1.19 (each 1H, m)	39.7	27	0.84 (3H, d, 6.4)	21.2
13	—	42.2	28	1.16, 1.41 (each 1H, m)	25.4
14	1.15 (1H, m)	55.9	29	0.86 (3H, t, 6.9)	12.3
15	1.55, 1.06 (each 1H, m)	24.4			

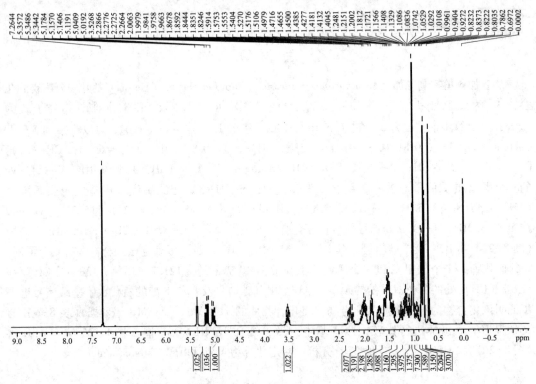

图 8-22　化合物 4 的 ^{1}H-NMR 谱（CDCl$_3$，400MHz）

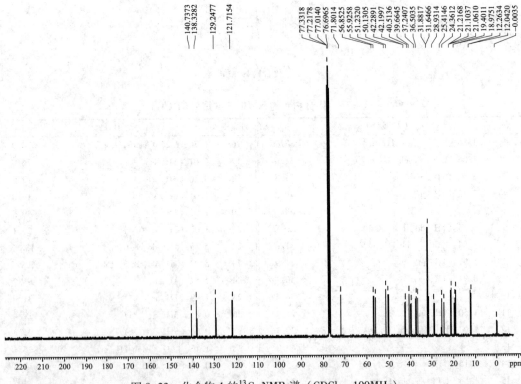

图 8-23　化合物 4 的 ^{13}C-NMR 谱（CDCl$_3$，100MHz）

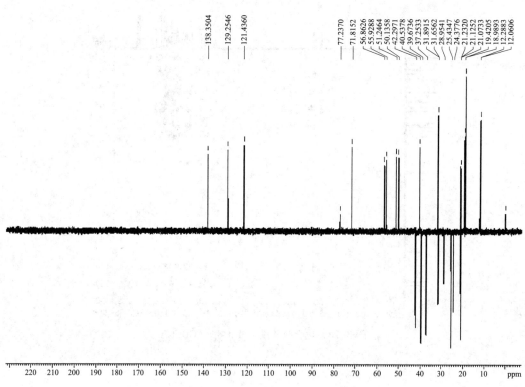

图 8-24 化合物 4 的 DEPT 135 谱 （CDCl$_3$）

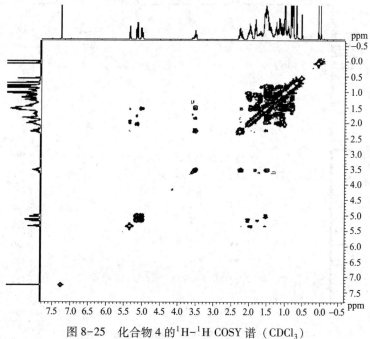

图 8-25 化合物 4 的 ^{1}H-^{1}H COSY 谱 （CDCl$_3$）

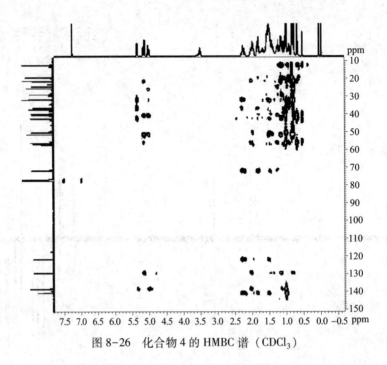

图 8-26 化合物 4 的 HMBC 谱（CDCl₃）

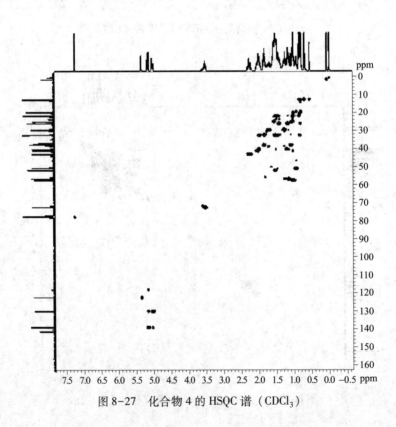

图 8-27 化合物 4 的 HSQC 谱（CDCl₃）

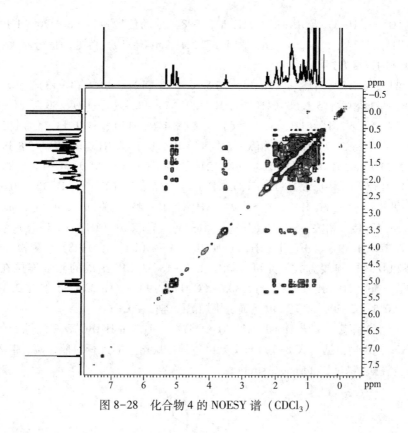

图 8-28 化合物 4 的 NOESY 谱 （CDCl₃）

案例解析 8-5

左炔诺孕酮

人工合成得到化合物 5，为白色无定形粉末。Liebermann-Burchard 反应呈阳性，提示其为甾体类化合物；其正性 ESI-MS 谱（图 8-29）在 m/z 313.2163 处给出 [M+H]⁺离子峰，表明分子量为 312。结合 ¹H-NMR、¹³C-NMR 及 DEPT 等谱推测其分子式为 $C_{21}H_{28}O_2$，计算其不饱和度为 8。¹H-NMR 谱（C_5D_5N，400MHz）中（图 8-30），高场区可以观察到 δ 1.30（3H, t, J = 7.3Hz，Me-19）为甲基质子信号，在低场区 δ 5.94（1H, s）处可见烯氢质子信号以及 δ 3.50（1H, s）处的炔氢质子信号。¹³C-NMR 谱（C_5D_5N，100MHz）中（图 8-31），共出现 21 个碳信号，结合 DEPT 135 谱（图 8-32）和 HSQC 谱（图 8-33）分析归属可知结构中存在 1 个甲基、9 个亚甲基、6 个次甲基和 5 个季碳，其中 δ 198.8（C）、124.8（CH）和 166.3（C）处可见一组 α、β 不饱和酮基上的碳信号，以及在 δ 90.5（C）和 74.4（CH）处的可归属于一个三键的炔碳信号，加之 δ 80.7（C）处的氧代季碳均显示化合物 5 可能为左炔诺孕酮的母核。

HMBC 谱（图 8-34）中，δ 5.94（1H, m, H-4）与 δ 36.9（C-2）、40.5（C-6）、42.4（C-10）呈相关；δ 2.27（1H, m, H-2）与 δ 198.8（C-3）、124.8（C-4）呈相关；δ 2.05（1H, m, H-1）与 δ 198.8（C-3）、166.3（C-5）呈相关；δ 1.87（1H, m, H-10）与 δ 166.3（C-5）呈现相关；δ 2.41（1H, m, H-6）与 δ 42.4（C-10）呈现相关。¹H-¹H COSY 谱（图 8-35）中，δ 1.39（1H, m, H-1）处的信号分别与 δ 2.27、2.44（each 1H, m, H-2）和 δ 1.87（1H, m, H-10）3 处的信号相关；δ 1.65（1H, m, H-7）处的信号分别与 δ 2.41、

2.53（each 1H，m，H-6）及 δ 1.34（1H，m，H-8）处的信号相关；δ 0.70（1H，m，H-9）处的信号分别与 δ1.34（1H，m，H-8）和 1.87（1H，m，H-10）两处的信号相关；由此确定了 A 环和 B 环的连接方式。

HMBC 谱中，δ 1.74（1H，m，H-14）与 δ 26.4（C-12）、48.4（C-13）、80.7（C-17）、19.5（C-18）呈现相关；δ 1.68（1H，m，H-12）与 δ 48.4（C-13）、80.7（C-17）、19.5（C-18）呈现相关；δ 2.16（1H，m，H-16）与 δ 48.4（C-13）、51.1（C-14）相关；δ 2.31（1H，m，H-16）与 δ 80.7（C-17）相关；δ 1.30（3H，d，J=7.3Hz，H-19）与 δ 48.4（C-13）相关；δ 1.51（1H，m，H-18）与 δ 26.4（C-12）、48.4（C-13）、51.1（C-14）、80.7（C-17）呈现相关。¹H-¹H COSY 谱中，δ 1.80（1H，m，H-11）与 δ 0.95（1H，m，H-12），0.70（1H，m，H-9）相关；δ 1.34（1H，m，H-8）与 δ 1.74（1H，m，H-14）相关；δ 1.74（1H，m，H-14）与 δ 1.30（1H，m，H-15）相关；δ 1.30（1H，m，H-15）与 δ 2.31（1H，m，H-16）相关；δ 1.30（3H，d，J=7.3Hz，H-19）与 δ 1.51（1H，m，H-18），1.74（1H，m，H-18）呈现相关。由此推断结构中 C 环和 D 环的连接方式，并可以确定由 C-18、C-19 组成的侧链连接在 C-13 上。HMBC 谱中 δ 3.50（1H，s，H-21）与 δ 80.7（C-17）、90.5（C-20）相关；δ 2.31（1H，m，H-16）与 δ 90.5（C-20）相关。由此确定炔烃侧链连接在 C-17 上。

综合以上结构信息，结合 DEPT、¹H-¹H COSY、HSQC 和 HMBC 等谱的综合解析，并将 ¹H-NMR、¹³C-NMR 谱数据（表8-7）与文献报道的左炔诺孕酮进行对照，两者基本一致，确定化合物 5 为左炔诺孕酮（levonorgestrel）。

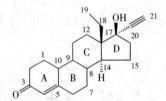

化合物5：levonorgestrel

表 8-7　化合物 5 的 NMR 谱数据（C₅D₅N）

No.	δ_H (J, Hz)	δ_C	No.	δ_H (J, Hz)	δ_C
1	1.39, 2.05 (each 1H, m)	26.8	12	0.95, 1.68 (each 1H, m)	26.4
2	2.27, 2.44 (each 1H, m)	36.9	13	—	48.4
3	—	198.8	14	1.74 (1H, m)	51.1
4	5.94 (1H, s)	124.8	15	1.30, 1.61 (each 1H, m)	22.9
5	—	166.3	16	2.16, 2.31 (each 1H, m)	35.5
6	2.41, 2.53 (each 1H, m)	40.5	17	—	80.7
7	0.87, 1.65 (each 1H, m)	31.0	18	1.51, 1.74 (each 1H, m)	19.5
8	1.34 (1H, m)	41.0	19	1.30 (3H, d, 7.3)	10.2
9	0.70 (1H, m)	49.1	20	—	90.5
10	1.87 (1H, m)	42.4	21	3.50 (1H, s)	74.4
11	1.80, 2.17 (each 1H, m)	29.2			

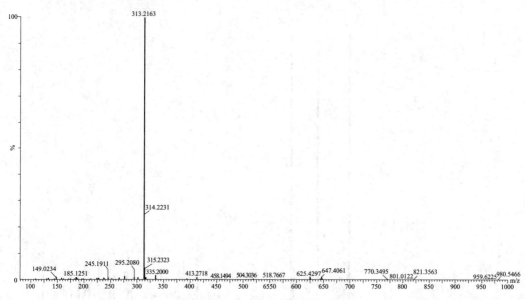

图 8-29　化合物 5 的 ESI-MS 谱

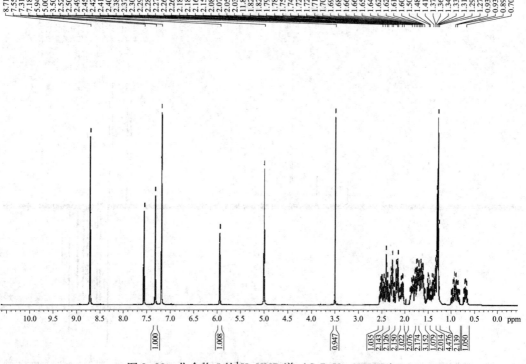

图 8-30　化合物 5 的¹H-NMR 谱（C₅D₅N，400MHz）

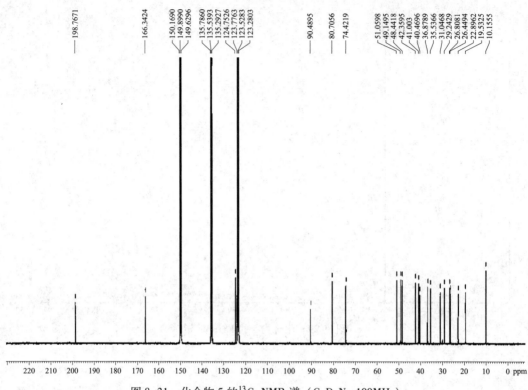

图 8-31　化合物 5 的¹³C–NMR 谱（C₅D₅N, 100MHz）

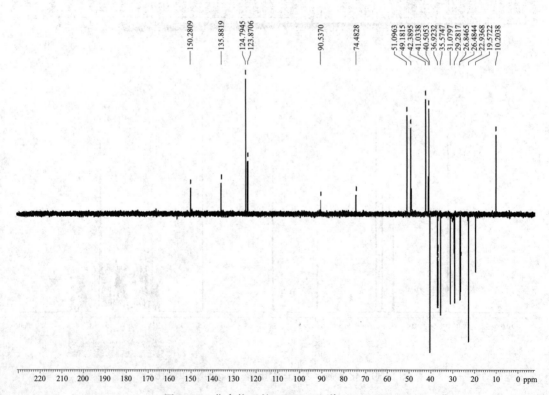

图 8-32　化合物 5 的 DEPT 135 谱（C₅D₅N）

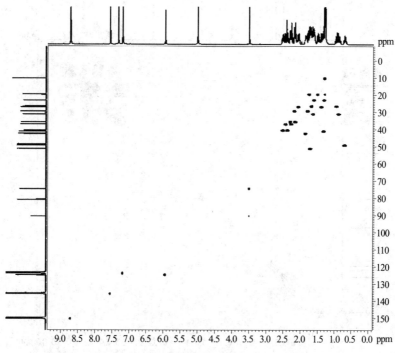

图 8-33　化合物 5 的 HSQC 谱（C_5D_5N）

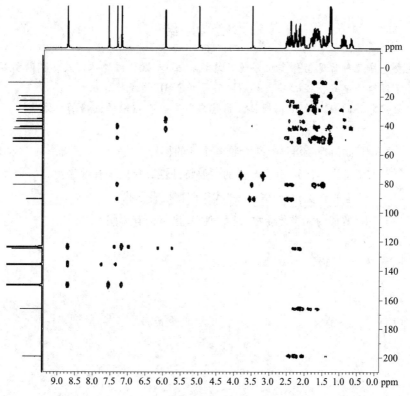

图 8-34　化合物 5 的 HMBC 谱（C_5D_5N）

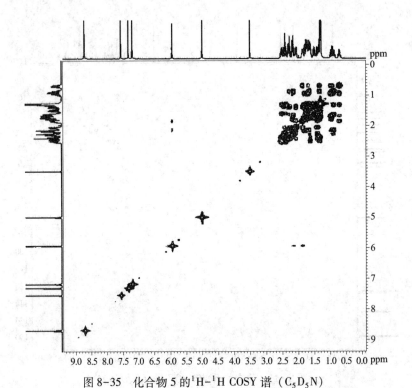

图 8-35 化合物 5 的 $^1H-^1H$ COSY 谱（C_5D_5N）

本 章 小 结

本章主要包括几种常见甾体类化合物的结构特点和 NMR 谱规律以及实例解析等内容。

重点：掌握甾体皂苷、强心苷、醉茄内酯等的 NMR 谱规律。

难点：甾体皂苷的 $^{13}C-NMR$ 谱规律。甾体皂苷与醉茄内酯的波谱解析方法。

思考题

1. 如何判断甾体类化合物各个环的稠合方式？
2. 甾体皂苷元 EI-MS 谱的主要特征性碎片离子有哪些？
3. 强心苷类化合物的 ^1H-NMR 谱特征有哪些？
4. 醉茄内酯类化合物的 $^{13}C-NMR$ 谱特征有哪些？

（杨炳友）

第九章 生物碱类化合物

学习导引

知识要求

1. **掌握** 生物碱类化合物的核磁共振谱和质谱等波谱规律。
2. **熟悉** 生物碱类化合物的结构解析方法。
3. **了解** 小檗碱类等生物碱类化合物的核磁共振谱特征和结构解析方法。

能力要求

1. 熟练掌握生物碱类化合物的波谱规律。
2. 学会应用波谱技术解析小檗碱型生物碱类化学成分的化学结构。

生物碱（alkaloids）一般指天然的含氮有机化合物，现在一般指植物中除蛋白质、肽类、氨基酸及维生素 B 以外的含氮有机化合物。1806 年德国科学家 F. W. Serturner 首次从鸦片中分离出吗啡（morphine），这一发现揭开了生物碱类成分研究的新篇章。生物碱类化合物广泛分布在植物中，其中在双子叶植物的豆科、防己科、茄科、罂粟科、小檗科和毛茛科等植物中含量最为丰富。生物碱类成分不仅类型多样、结构复杂，而且多具有显著的生理活性，一直是天然药物学家的研究热点，也是天然药物化学的重要研究领域之一。

第一节 结构特点与波谱规律

生物碱类主要分布于植物中，目前在动物中很少发现。迄今为止，已经从自然界分离得到 3 万多种生物碱类化学成分，其结构复杂多样，多数具有生物活性，是天然有化合物中数量最大的一类。生物碱的结构鉴定方法主要有化学法和光谱法。在 20 世纪 70 年代以前主要以化学法为主，如降解法、官能团反应法、特征显色反应、氧化还原反应、逆合成等方法。随着光波谱学方法（UV、IR、NMR、MS）的不断发展，特别是 2D-NMR 技术的出现，波谱学方法已经成为生物碱类化合物结构鉴定与测定的主要方法。而在生物碱类化合物的立体结构的鉴定中，旋光光谱（ORD 谱）、圆二色光谱（CD 谱）和 X-单晶衍射则具有重要应用。

一、生物碱的紫外光谱特征

由于紫外光谱在一定程度上能够反映生物碱的母核结构特征，可用于生物碱母核结构中的芳香含氮杂环体系的鉴定，特别是对吲哚环、异喹啉环等生物碱的母核结构鉴定具有重要意义。

吲哚类生物碱的紫外光谱：吲哚类生物碱由于吲哚母核环的存在，使得吲哚类生物碱具有强的紫外吸收，在 223、270、280 和 289nm 处具有最大吸收；二氢吲哚类生物碱则在 250nm 左右有最大吸收，而羟基取代的吲哚类生物碱则在 240nm 左右有最大吸收。

异喹啉类生物碱的紫外光谱：异喹啉类生物碱种类繁多，但因异喹啉母核的存在，一般在 280~290nm 处有异喹啉环的强吸收峰存在，如防己碱在 263nm 处有强吸收，而青风藤碱则在 242 和 281nm 处有强吸收。

喹啉类生物碱的紫外光谱：喹啉类生物碱由于喹啉母核环的存在，一般在 230、270 和 314nm 处有强吸收，如喜树碱在 218、254、290 和 370nm 处表现出强吸收。

二、生物碱的红外光谱特征

红外光谱主要用来鉴定化合物的特征官能团，如羟基、氨基、亚胺基、羰基和取代芳环。但对于生物碱而言，由于其结构类型众多，其特征的红外吸收不是很多，因此其红外光谱规律性不是很强。

（一）羰基吸收峰

许多生物碱结构中均存在羰基基团，如吖啶酮类、有机胺生物碱类和喹诺酮类生物碱等。当生物碱结构中的羰基与其他不饱和基团如苯环、烯基等形成共轭系统时，其红外吸收频率将向低波数方向移动，吸收频率 $\nu_{C=O}$ 一般在 1660~1635cm^{-1} 左右，如吴茱萸碱和吴茱萸次碱中羰基均与苯环共轭，其吸收频率在 1650cm^{-1} 左右。当分子中的羰基发生跨环效应时，其红外吸收将向低波数方向移动，$\nu_{C=O}$ 一般在 1700~1660cm^{-1} 左右，如普托品类生物碱的 $\nu_{C=O}$ 一般在 1661~1658cm^{-1} 左右。而存在于内酯环、环酮及内酰胺结构中的羰基吸收峰 $\nu_{C=O}$ 在 1770~1660cm^{-1} 左右，而且其吸收频率还随着环的大小及是否形成共轭体系等结构发生变化，其中六元环中羰基吸收频率比五元环羰基吸收频率略低；当环的大小相同时，羰基的吸收频率为内酯>环酮>内酰胺。

（二）胺基的吸收峰

有机胺类生物碱中往往存在游离的胺基，根据胺基种类的不同，其红外光谱表现出一定差异。ν_{N-H}：伯胺一般在 3500~3150cm^{-1} 左右表现为中等强度的双峰吸收，仲胺在 3500~3300cm^{-1} 左右表现为中等强度的单峰吸收，而亚胺在 3400~3300cm^{-1} 左右也表现为中等强度的单峰吸收。δ_{N-H}：伯胺一般在 1650~1600cm^{-1} 左右表现为中等偏强吸收，而仲胺在 1650~1550cm^{-1} 左右表现为弱吸收。ν_{C-N}：脂肪胺类一般在 1400cm^{-1}（较弱）和 1200~1000cm^{-1}（中等强度）左右表现为双峰吸收；芳香族伯胺一般在 1350~1250cm^{-1} 左右表现为强吸收，芳香仲胺一般在 1350~1280cm^{-1} 左右表现为强峰吸收，芳香叔胺在 1360~1300cm^{-1} 左右也表现为强吸收。

（三）芳香杂环的吸收峰

对某些生物碱而言，其结构中芳香杂环的存在，如喹啉类和吡啶类生物碱中含有六元芳香杂环结构，使得其红外吸收表现出与苯环相似的吸收；芳香杂环骨架的伸缩振动在 1600~1500cm^{-1} 左右，但不同的杂环其 1500cm^{-1} 左右的吸收峰强度随杂环种类不同强度有较大的变化，而且也随着环上取代基极性的增大而增强。

（四）Bohlmann 吸收带

Bohlmann 吸收带是指在反式喹喏里西啶环中，N 原子邻位碳原子上的氢有 2 个以上与氮孤对电子呈反式双直立关系时，在 2800~2700cm⁻¹ 区域有 2 个以上 ν_{C-N} 吸收峰的存在，但顺式异构体在此区域则无峰或吸收峰很弱（图 9-1）。在生物碱的红外测定中，大多采用三氯甲烷为溶剂，当采用薄膜法制样测定时，一般多为双峰吸收；但当采用溴化钾压片法测定时，则表现为一簇复杂峰信号。能够表现出 Bohlmann 吸收带的生物碱一般有

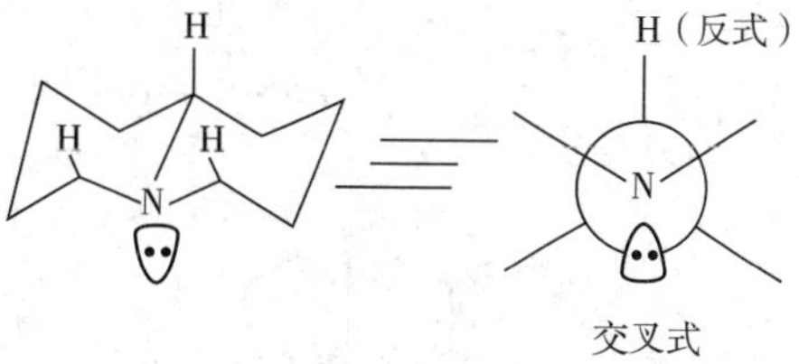

图 9-1 Bohlmann 吸收带的产生示意图

吐根碱类生物碱、喹啉里西丁类生物碱、吲哚类生物碱中的柯南因-阿马里新组和育亨宾组生物碱如毛钩藤碱与黑儿茶碱、异甾醇中的原介藜芦碱组和西藜芦碱组等生物碱。因此 Bohlmann 吸收带对生物碱的结构鉴定具有重要指导作用。如苦参碱就具有非常明显的 Bohlmann 吸收带（2750 和 2790cm⁻¹）。又如在育亨宾类生物碱的红外测定中，若为 3α-H 则具在 2800~2700cm⁻¹ 有 Bohlmann 吸收带的存在；但若为 3β-H 时，在 2800~2700cm⁻¹ 就无 Bohlmann 吸收带的存在。

三、生物碱的质谱特征

生物碱类化合物裂解产生的碎片离子非常丰富且具有很强的规律性，可以提供生物碱的母核结构和取代基的相关信息，对生物碱类化合物的结构鉴定具有重要意义。

（一）母核难以发生裂解的生物碱的质谱规律

对于此类生物碱而言，分子离子非常稳定，一般观察不到由母核发生裂解而产生的特征碎片离子的存在，观察到的主要离子一般为分子离子峰或准分子离子峰，而且往往以基峰形式存在，表现出非常强的质谱特征。母核难以发生裂解的生物碱主要包括以下两类。

1. 芳香体系组成生物碱分子的整体或主体结构，如喹啉类生物碱、吖啶酮类生物碱、异喹啉类生物碱、去氢阿朴啡类生物碱、色胺吲哚类生物碱等，如图 9-2 所示。

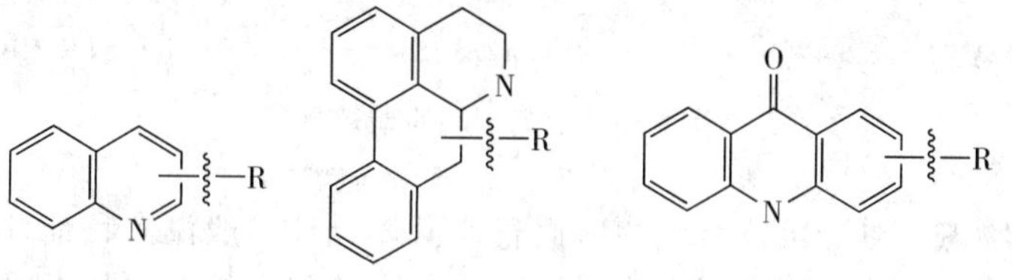

喹啉类　　　　　异喹啉类　　　　　吖啶酮类

图 9-2 喹啉类、异喹啉类、吖啶酮类生物碱母核质谱裂解示意图

2. 分子结构中具有多环系或分子结构紧密的生物碱类化合物。在此类生物碱中，N 原子一般处于稠环桥头，分子离子比较稳定并以基峰形式存在，如马钱子碱类、吗啡碱类、苦参碱类、萜类生物碱及异甾体类生物碱等；当 N 原子表现为取代氨基形式存在于有机胺类生物碱中时，N 原子一般存在于取代基侧链中，分子离子往往在侧链位置发生裂解并脱去胺基侧链，形成的碎片离子往往以基峰形式存在，而且分子离子峰相对较强，如有机胺类生物碱中的秋水仙碱（图 9-3）或取代胺基甾体类生物碱的丰土那明丙素（图 9-4）。

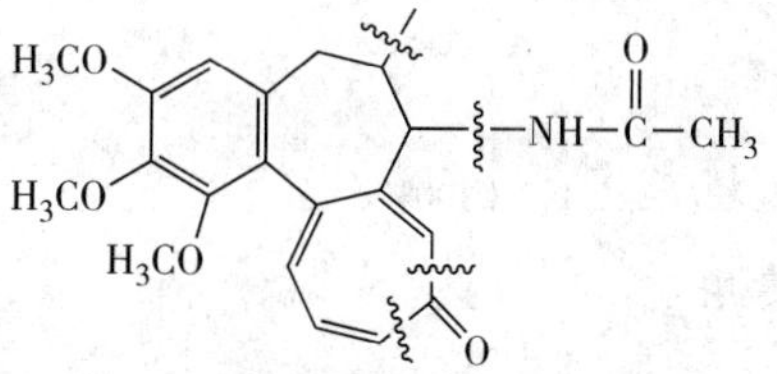

图 9-3 秋水仙碱的质谱裂解示意图

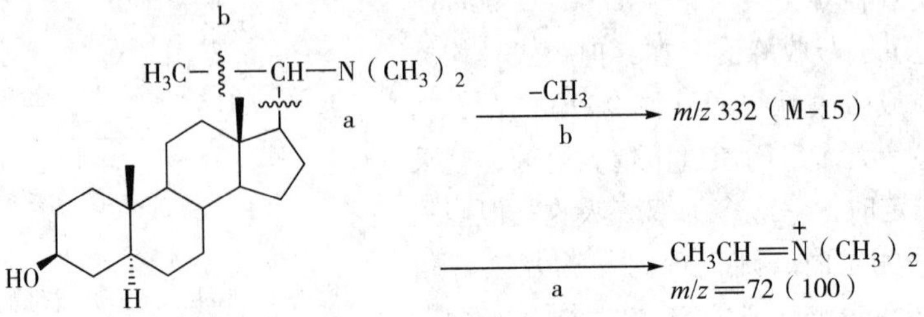

图 9-4　丰土那明丙素的质谱裂解示意图

（二）以 N 原子为中心发生裂解的生物碱的质谱规律

此类生物碱主要的裂解方式是以 N 原子为中心发生 α-裂解，同时涉及生物碱骨架结构的裂解，其质谱能够反映出生物碱分子的骨架结构信息，对生物碱骨架结构的鉴定具有重要意义。此类生物碱的质谱特征表现为裂解产生的含氮基团或结构片段或碎片离子往往以基峰或强峰形式存在。能够发生此类裂解的生物碱的类型很多，主要有喹啉类生物碱中的金鸡宁类、异喹啉类生物碱中的四氢异喹啉、莨菪烷类生物碱中的托品烷类和甾体生物碱类等。

1. 金鸡宁类生物碱　以金鸡宁为例，其裂解规律为先发生 α-裂解使 C_2-C_3 键断裂形成一对互补离子 a 和 b，产生的基峰离子 b 再经过 α-裂解产生其他碎片离子，如图 9-5 所示。

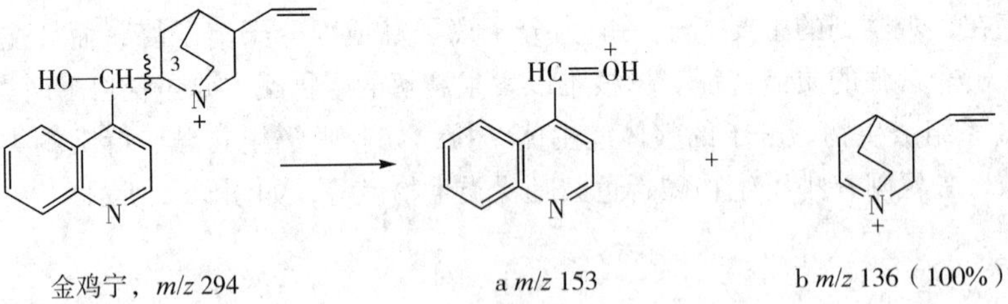

图 9-5　金鸡宁的质谱裂解

2. 甾体类生物碱　对于甾体类生物碱而言，甾体母核一般没有特征性裂解，但其主要裂解方式几乎都涉及 N 原子，表现出典型的受氮支配的裂解规律，如浙贝甲素，如图 9-6 所示。

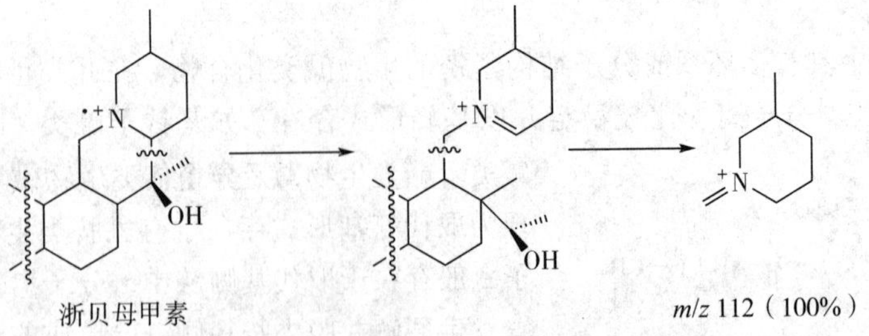

图 9-6　浙贝母甲素的质谱裂解

3. 托烷类生物碱　其质谱裂解主要在托烷环的 C—O 键处发生裂解，产生特征的含氮托烷类碎片离子。如莨菪碱和去甲莨菪碱，在发生质谱裂解时，主要是 C－O 键发生裂解，产生含氮的基峰碎片离子，如图 9-7 所示。

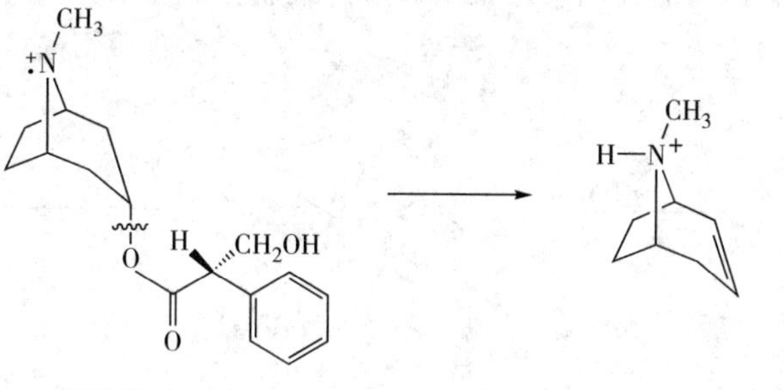

莨菪碱，M⁺，*m/z* 289   *m/z* 124（100%）

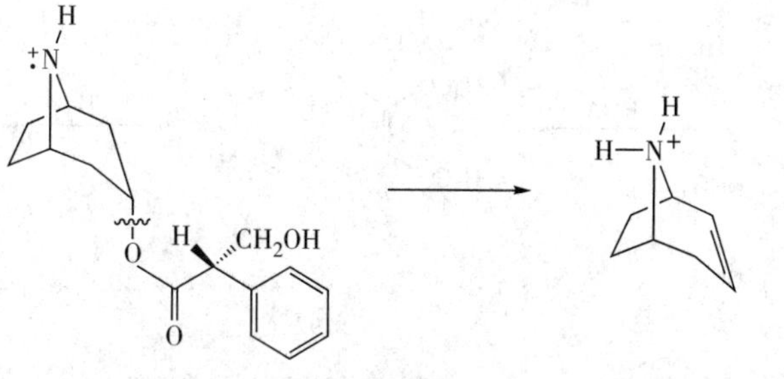

去甲莨菪碱，M⁺，*m/z* 275   *m/z* 110（100%）

图 9-7 莨菪碱和去甲莨菪碱的质谱裂解

4. 四氢异喹啉类生物碱 此类生物碱的质谱裂解规律主要表现在含氮吡啶环上的侧链发生 α-裂解，脱去侧链取代基形成四氢异喹啉母核离子并以基峰离子形式存在。如猪毛菜碱和猪毛菜定碱发生裂解时就是通过 α-裂解脱去甲基形成四氢异喹啉母核的基峰离子，如图 9-8 所示。

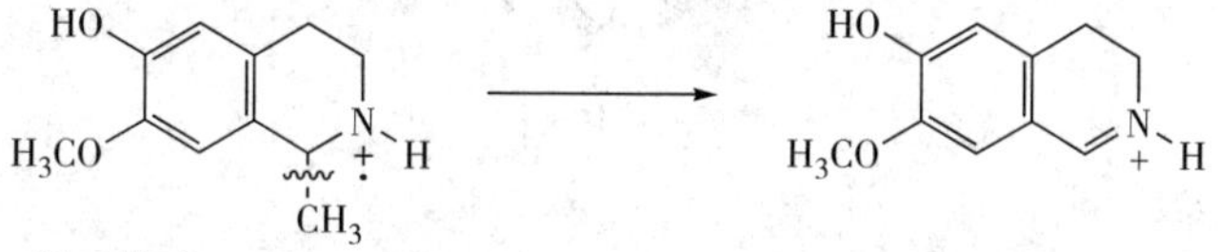

猪毛菜碱，M⁺，*m/z* 193   *m/z* 178（100%）

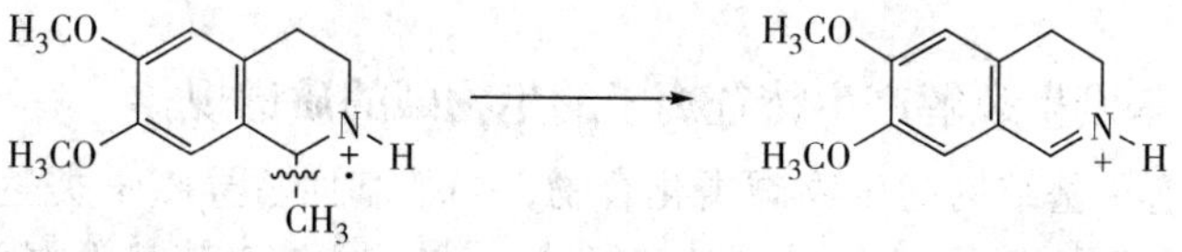

猪毛菜定碱，M⁺，*m/z* 207   *m/z* 192（100%）

图 9-8 猪毛菜碱和猪毛菜定碱的质谱裂解

（三）通过 RDA 裂解产生特征碎片离子的生物碱的质谱规律

此类生物碱由于具有环内双键结构，其质谱裂解方式主要是 RDA 裂解。RDA 裂解及非典型的 RDA 裂解是生物碱质谱裂解中最普遍的一种裂解方式，裂解后产生一对强的互补离子，通过互补离子的 *m/z* 可以初步确定生物碱母核上的取代基的种类、性质和数目。可以发生 RDA 裂解的生物碱主要有含β-卡波林结构的色胺吲哚类生物碱、具有异喹啉结构的四氢原小檗碱类生物碱、无 N-烷基取代的阿朴菲类生物碱及普罗托品类生物碱等。如文卡明和四氢原小檗碱类生物碱中的延胡索乙素的裂解过程就是典型的 RDA 裂解过程，如图 9-9 所示。

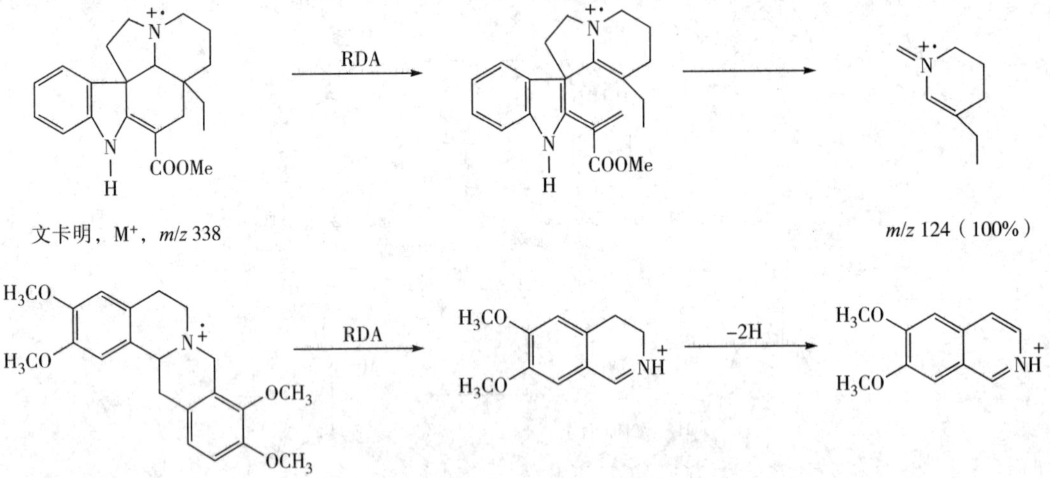

文卡明，M^+，*m/z* 338　　*m/z* 124（100%）

延胡索乙素，M^+，*m/z* 355　　*m/z* 192　　*m/z* 190

图 9-9　文卡明和延胡索乙素的质谱裂解

但二氢吲哚类生物碱与吲哚类生物碱相比，因分子中不具有典型的环内双键结构，其特征离子主要来自非典型的 RDA 裂解，如白坚木碱，如图 9-10 所示。

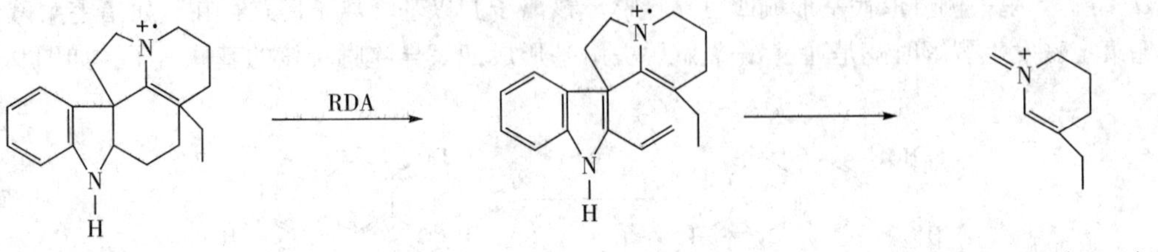

白坚木碱，M^+，*m/z* 282　　*m/z* 254　　*m/z* 124（100%）

图 9-10　白坚木碱的质谱裂解

（四）通过苄基发生裂解产生特征离子的生物碱的质谱规律

对于结构中含有苄基结构的生物碱类化合物，如苄基四氢异喹啉类生物碱（如罂粟碱、和乌胺）、双苄基四氢异喹啉类生物碱（如小檗碱），母核能够以苄基为中心发生β-键裂解产生一对互补离子，通过互补离子的 *m/z* 的大小，可以确定生物碱结构中取代基的类型、性质和数目，而且裂解产生的碎片离子往往以基峰离子的形式存在。如图 9-11 所示苄基四氢异喹啉类生物碱与和乌胺的质谱裂解过程。

但在实际分析中，要注意每一种裂解过程只适用于特定的结构片段，但生物碱由于其结构的复杂多样性，而且不同类型的结构片段在裂解过程中又相互影响，因此在实际应用中应根据具体对象综合分析，灵活运用以上质谱规律。

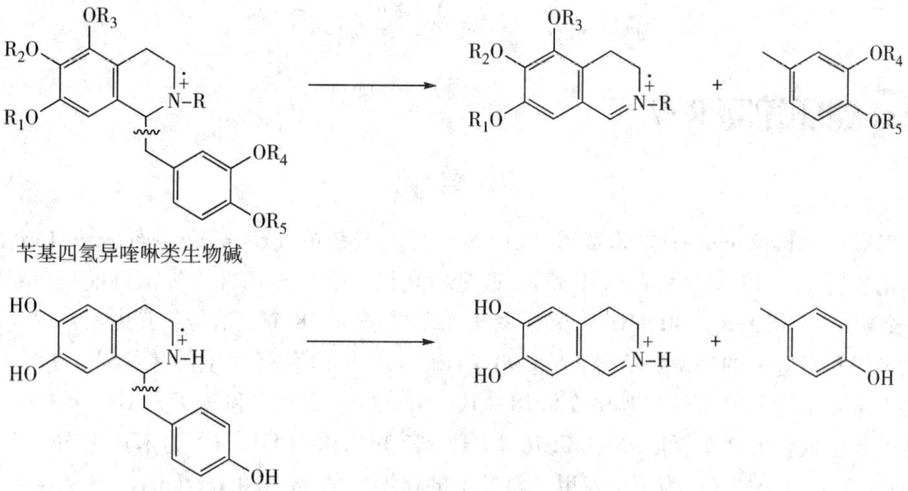

苄基四氢异喹啉类生物碱

和乌胺，M⁺，*m/z* 271

m/z 163（100%）

图 9-11　苄基四氢异喹啉类生物碱与和乌胺的质谱裂解过程

四、生物碱的核磁共振谱特征

（一）¹H-NMR 谱

NH 质子：通常由于 NH 质子的快速交换，H—N—C—H 的自旋偶合很难观察到。如果存在 CH—NH—C＝ 结构片段（如烯胺、芳香胺、酰胺），常常可见裂分峰。偶合常数与构型和构象有关，如果 H—N—C—H 能够自由旋转，则 $J_{H-N-C-H} = 5{\sim}6Hz$。

现将受氮原子影响的氢化学位移范围作一简单总结。不同类型 N 上氢原子的 δ 值范围：脂肪胺 $\delta\,0.3{\sim}2.2$；芳香胺 $\delta\,2.6{\sim}5.0$；酰胺 $\delta\,5.2{\sim}10.0$。生物碱不同类型 N 上甲基的 δ 值范围（CDCl₃）：叔胺 $\delta\,1.97{\sim}2.56$；仲胺 $\delta\,2.3{\sim}2.5$；芳叔胺和芳仲胺 $\delta\,2.6{\sim}3.1$；芳杂环 $\delta\,2.7{\sim}4.0$；酰胺 $\delta\,2.6{\sim}3.1$；季胺 $\delta\,2.7{\sim}3.5$（DMSO-d₆）。

（二）¹³C-NMR 谱

同 ¹H-NMR 谱一样，¹³C-NMR 谱也是确定生物碱结构最重要的手段之一。碳谱规律同样适用于生物碱类化合物。下面只对和生物碱有关的 ¹³C-NMR 谱某些特殊规律进行归纳。

1. 氮原子电负性对邻近碳原子化学位移的影响　生物碱结构中氮原子的电负性较强，产生的吸电子诱导效应使邻近碳原子向低场位移，其中 α-碳的位移幅度最大。一般规律为：α-碳>γ-碳>β-碳。如吡啶和烟碱。同样，在 N-氧化物和季胺以及 N-甲基季铵盐中的氮原子使 α-碳向低场位移幅度更大。如在化合物海南青牛胆碱中，氮原子周围的 3 个 α-碳的 δ 值分别是 60.56、60.75 和 64.70，较两个 β-碳（δ 值分别是 22.77 和 27.81）大大向低场位移。

2. 氮原子电负性对甲基碳化学位移的影响　氮原子的电负性使与氮原子相连的甲基的化学位移较普通甲基向低场移动。N-甲基的 δ 值一般在 30~47 之间。

第二节　结构解析实例

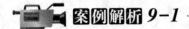 **案例解析 9-1** ·····················

小 檗 碱

从罂粟科（Papaveraceae）紫堇属（*Corydalis*）的黄紫堇（*Corydalis ochotensis* Turcz）中分离得到化合物 1，为淡黄色针晶（甲醇）。改良碘化铋钾反应显阳性，提示可能是生物碱类成分。^{1}H-NMR（DMSO-d$_6$，400MHz）谱（图 9-12）共显示 18 个氢信号，其中 δ 9.87（1H, s）为碳氮不饱和双键上的典型氢信号；δ 8.90（1H, s）为 13 位烯烃上的氢信号；δ 8.18～7.06 处还出现 4 个不饱和氢信号，其中 δ 8.18（1H, d, J = 9.0Hz）和 7.97（1H, d, J = 9.0Hz）为苯环上邻位偶合的 2 个氢信号；δ 7.76（1H, s）和 7.06（1H, s）为苯环上对位上的 2 个氢信号；δ 6.15（2H, s）为 1 个亚甲二氧基上的典型氢信号；δ 4.08（3H, s）和 4.05（3H, s）为 2 个甲氧基上的氢信号；2 组相连的亚甲基氢信号：δ 4.92（2H, t, J = 6.0Hz）和 3.19（2H, t, J = 6.0Hz）处的 2 组氢信号提示分子中存在一个—CH$_2$—CH$_2$—结构片段，且 δ 4.92 处氢所连接的碳应与吸电子基团相连。^{13}C-NMR（DMSO-d$_6$，100MHz）谱（图 9-13）共显示 20 个碳信号，包括 15 个芳香碳信号：δ 150.8、150.3、148.1、145.9、144.1、137.9、133.4、131.1、127.2、123.9、121.8、120.8、108.7、105.9；1 个亚甲二氧基上的碳信号：δ 102.5；3 个连接杂原子的饱和碳信号：δ 62.3、57.5、55.6；以及高场区的 1 个碳信号 δ 26.8。δ 102.5 显示有一个亚甲二氧基碳信号。故结合 ^{1}H-NMR 和 ^{13}C-NMR 给出的信息并对比文献，最后确定化合物 1 为小檗碱，分子式为 C$_{20}$H$_{18}$N$^+$O$_4$。NMR 谱数据归属见表 9-1。

化合物1：小檗碱

表 9-1　化合物 1 的 NMR 谱数据（DMSO-d$_6$）

No.	δ_H	δ_C	No.	δ_H	δ_C	No.	δ_H	δ_C
1	7.79	105.4	8	9.88	145.4	13	8.93	120.2
2	—	147.7	8a	—	120.4	14	—	137.5
3	—	149.8	9	—	150.8	14a	—	121.4
4	7.08	108.4	10	—	143.7	—OCH$_3$	4.10	61.2
4a	—	130.7	11	8.20	123.5	—OCH$_3$	4.07	55.6
5	3.19	26.3	12	8.00	126.8	—OCH$_2$O—	6.17	102.5
6	4.92	57.5	12a	—	133.4			

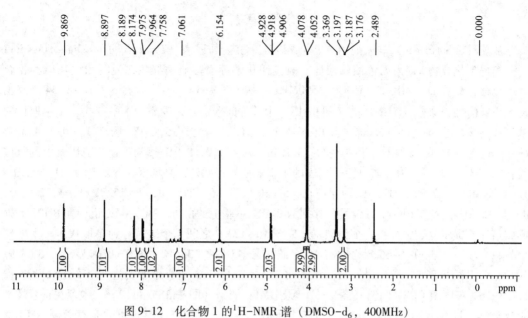

图 9-12　化合物 1 的 ^{1}H-NMR 谱（DMSO-d$_6$，400MHz）

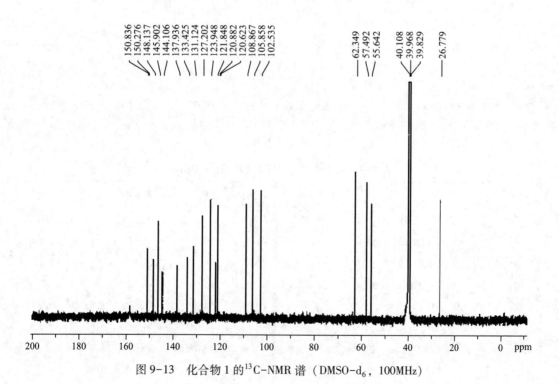

图 9-13　化合物 1 的 ^{13}C-NMR 谱（DMSO-d$_6$，100MHz）

案例解析 **9-2** ··

东莨菪碱

从茄科（Solanceae）马尿泡属（*Przewalskia*）植物马尿泡（*Przewalskia tanggutica* Maxim）中分离得到化合物 2，为无色油状液体。改良碘化铋钾喷雾显橘红色，说明为生物碱类化合物。化合物 2 的 ^{1}H-NMR 谱（CDCl$_3$，500MHz）中（图 9-14）芳香区在 δ 7.18~7.34 之间出现 5 个氢信号，结合 ^{13}C-NMR 谱（图 9-15）中芳香区碳信号，推测分子中存在一个单取代的苯环；高场区在 δ 2.65~5.00 之间出现 8 个氢信号，结合 HSQC 谱（图 9-16）可知 δ 3.78（1H，dd，$J=11.0$，8.9Hz）和 δ 3.72（1H，dd，$J=11.0$，8.9Hz）为一连氧亚甲基上的氢信号；δ 2.43（3H，s）为一与氮原子相连的甲基氢信号；此外，高场区在 δ 2.10（1H，dt，$J=15.2$，5.0Hz）、2.02（1H，dt，$J=15.2$，5.0Hz）、1.56（1H，d，$J=15.2$Hz）、1.32（1H，d，$J=15.2$Hz）处出现 4 个氢信号，分别为 2 个亚甲基上的信号。^{13}C-NMR 谱中在 δ 171.8 处的碳信号，提示分子中存在一个酯羰基；δ 135.6~127.9 之间 4 个碳信号为单取代苯环上的碳信号；高场区在 δ 30.7~66.8 之间有 10 个碳信号。DEPT 135 谱（图 9-15）显示在 δ 63.9、30.9、30.7 处出现向下的信号，进一步证实分子中存在 3 个亚甲基。进一步结合 HSQC 谱（图 9-16）、^{1}H-^{1}H COSY 图谱（图 9-17）及 HMBC 图谱（图 9-18）可知分子中存在莨菪烷类生物碱母核且 C-6 和 C-7 位具有三元氧环结构。将上述数据与文献报道的东莨菪碱 NMR 谱数据对照基本一致，确定化合物 2 为东莨菪碱（scopolamine）。NMR 谱数据归属见表 9-2。

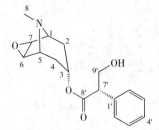

化合物2：东莨菪碱

表 9-2 化合物 2 的 NMR 谱数据（CDCl$_3$）

No.	δ_H（J，Hz）	δ_C	No.	δ_H（J，Hz）	δ_C
1	2.94（1H，m）	56.3	1′	—	135.6
2α	1.32（1H，d，15.2）	30.7	2′，6′	7.34~7.18（5H）	128.0
2β	1.55（1H，d，15.2）		3′，5′		128.9
3	5.00（1H，t，3.9）	66.8	4′		127.9
4α	2.02（1H，dt，15.2，5.0）	30.9	7′	4.13（1H，dd，11.0，8.6）	54.2
4β	2.10（1H，dt，15.2，5.0）		8′		171.8
5	3.07（m）	55.8	9′α	3.78（1H，dd，11.0，8.9）	63.9
6	3.35（1H，d，2.9）	57.8	9′β	3.72（1H，dd，11.0，8.9）	
7	2.65（1H，d，2.9）	57.7			
8	2.42（3H，s）	42.1			

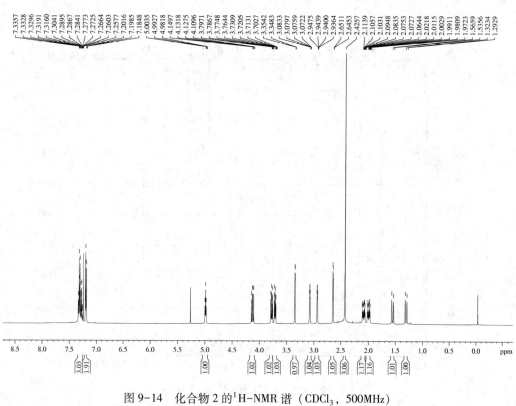

图 9-14 化合物 2 的 ^{1}H-NMR 谱（CDCl$_3$，500MHz）

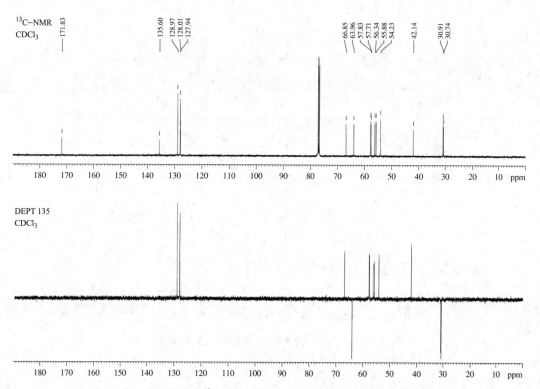

图 9-15 化合物 2 的 ^{13}C-NMR 谱和 DEPT 135 谱（CDCl$_3$，125MHz）

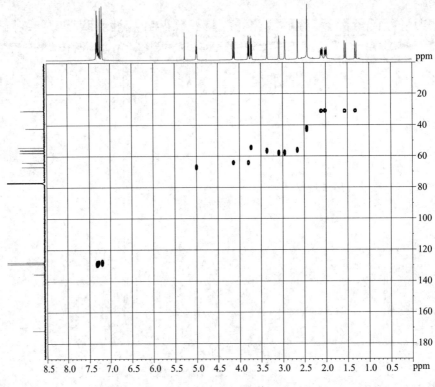

图 9-16　化合物 2 的 HSQC 谱（CDCl$_3$）

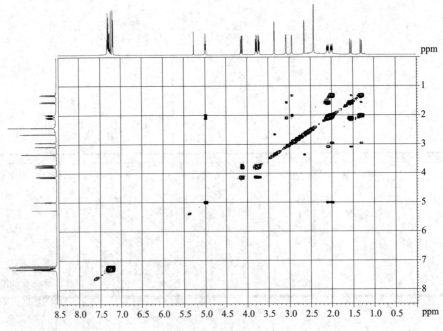

图 9-17　化合物 2 的 ^{1}H-^{1}H COSY 谱（CDCl$_3$）

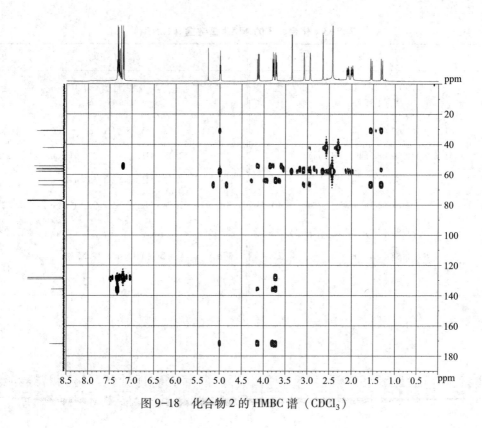

图9-18 化合物2的HMBC谱（CDCl₃）

案例解析 *9-3* ···

苦 参 碱

从豆科（Leguminosae）槐属（*Sophora*）植物苦参（*Sophora flavescens* Ait.）的干燥根中分离得到化合物3。改良碘化铋钾喷雾显色反应阳性，说明为生物碱类化合物。化合物3的^{1}H-NMR谱（图9-19）中所有氢信号化学位移均在δ 1.33～4.36之间，可知其分子中均为饱和氢。^{13}C-NMR谱（图9-20）中共显示15个碳信号，进一步结合 DEPT 谱（图9-20）归属了碳的取代类型。DEPT 135谱在δ 57.3、57.2、41.4、32.8、27.7、27.1、26.4、21.1、20.7、18.9 显示了向下的信号峰，提示其均为－CH₂信号；DEPT 90谱中δ 63.8、53.2、43.3、35.3 显示向上的信号峰，提示其均为－CH 信号。此外，δ 169.4 在 DEPT 135谱没有显示信号峰，提示其均为季碳，根据其化学位移值推测分子中可能存在一个酰胺键。将上述数据与文献报道的苦参碱谱学数据对照基本一致，故确定化合物3为苦参碱（matrine）。NMR谱数据归属见表9-3。

化合物3：苦参碱

表 9-3 化合物 3 的 NMR 谱数据（CDCl$_3$）

No.	δ_H (J, Hz)	δ_C	No.	δ_H (J, Hz)	δ_C
2	2.80（1H, d, 11.0） 1.95（1H, m）	57.3	10	2.80（1H, d, 11.0） 1.95（1H, m）	57.2
3	1.69（2H, m）	21.1	11	3.78（1H, m）	53.1
4	1.64（1H, m）, 1.49（1H, m）	27.7	12	2.05（1H, m）, 1.37（1H, m）	27.1
5	1.67（1H, m）	35.3	13	1.77（1H, m）, 1.58（1H, m）	18.9
6	2.05（1H, m）	63.7	14	2.39（1H, m）, 2.20（1H, m）	32.8
7	1.42（1H, m）	43.2	15	—	169.4
8	1.87（2H, m）	26.4	17α	4.36（1H, dd, 12.5, 4.5）	41.4
9	1.59（2H, m）	20.7	17β	3.01（1H, t, 12.5）	

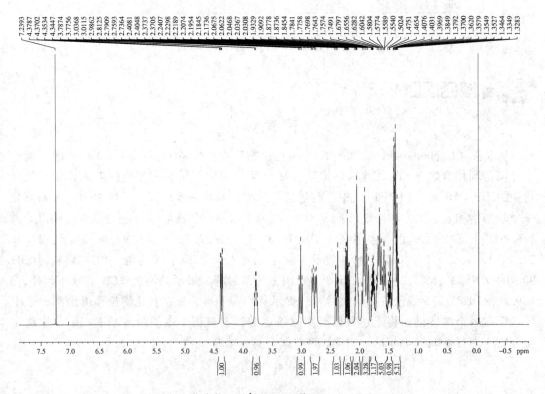

图 9-19 化合物 3 的 ^{1}H-NMR 谱（CDCl$_3$, 500MHz）

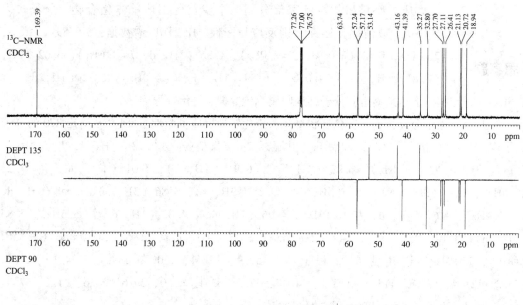

图 9-20 化合物 3 的 ^{13}C-NMR 谱和 DEPT 135 谱（CDCl$_3$，125MHz）

知识拓展

生物碱作为具有较强生理活性的天然化合物，具有对心血管系统作用、中枢神经系统作用、抗炎作用、抗菌、抗病毒、杀虫作用、抗癌作用以及对免疫系统作用等药理作用。

现代药理实验证明，青藤碱具有镇痛、镇静、降压、抗炎、抗过敏、释放组织胺、影响胃肠活动等作用，其中抗炎、镇痛、解痉等药理作用是治疗类风湿性关节炎的基础，临床试用已取得确实疗效。

我国和日本已将青藤碱盐酸盐制剂应用于临床。临床应用观察表明，青藤碱对类风湿性关节炎有较好疗效，对降低血沉，使类风湿因子转阴有显著作用，对免疫球蛋白 IgA、IgM 有明显下降。

本 章 小 结

本章主要讲述生物碱类化合物的紫外、质谱、^{1}H-NMR 谱、^{13}C-NMR 谱规律，并运用具体的案例解析生物碱类化合物。

重点：托品类、哌啶类、异喹啉类生物碱的结构解析方法。

难点：异喹啉类生物碱的结构解析方法。

1. 从百部科植物对叶百部分到一个浅黄色固体单体化合物，分子式为 $C_{23}H_{29}NO_6$。改性碘化铋钾试剂反应呈阳性。^{1}H-NMR 谱数据：δ 0.83（3H，t，$J=7.6Hz$），1.14（3H，d，$J=8.0Hz$），1.86（3H，d，$J=1.6Hz$），3.62（3H，s），5.87（1H，d，$J=4.0Hz$），6.89（1H，d，$J=4.0Hz$），6.72（1H，d，$J=1.6Hz$）。试根据以上信息鉴定其分子结构归属氢谱数据，并解释原因。

2. 从延胡索中分离得到一黄色针状结晶，碘化铋钾反应呈阳性。ESI-MS 给出 370 的分子离子峰。^{1}H-NMR 谱（$CDCl_3$，600MHz）共显示 28 个氢信号：δ 7.18（1H，d，$J=8.4Hz$），7.14（1H，d，$J=8.8Hz$），6.98（1H，s），6.91（1H，s），5.01（1H，dd，$J=4.2$，$16.5Hz$），3.91（3H，s），3.89（3H，s），3.88（3H，s），3.86（3H，s），4.89（1H，d，$J=16.0Hz$），4.67（1H，d，$J=16.0Hz$），4.06（1H，m），4.03（1H，d，$J=5.6Hz$），3.85（1H，m），3.10（1H，m），3.42（1H，m），3.17（1H，m），2.95（3H，s）。^{13}C-NMR（$CDCl_3$，150MHz）谱共显示 22 根谱线：152.9、151.4、150.7、147.1、124.1、124.1、123.2、121.4、125.8、115.1、113.1、110.7、67.6、63.1、63.0、29.6、24.6、61.2、57.0、56.7、56.7、39.5。试解析该化合物的化学结构。

3. 如何根据核磁共振氢谱区别原小檗碱和四氢小檗碱？

4. 如何判断麻黄生物碱的绝对构型？

（韦国兵）

第十章 糖苷类化合物

第一节 结构特点与波谱规律

糖苷类化合物的共同特点是均含有糖链。由于糖的种类较多，连接位置也较多，而且还有端基碳的构型问题，因此糖的结构测定尤其是多糖链的结构测定比较复杂。

近年来，NMR 技术在糖苷类化合物的结构鉴定中起到越来越重要的作用，利用 NMR 图谱可对糖的种类、糖的个数、苷元与糖及糖与糖的连接顺序、糖与糖的连接位置、苷键的构型等进行鉴定。下面就糖和苷的结构鉴定作简单的介绍。

一、分子量的测定

糖苷类化合物的分子量测定多采用质谱法（MS）。常用的质谱有场解析质谱（FD-MS）、快原子轰击质谱（FAB-MS）、电喷雾质谱（ESI-MS）、基质辅助激光解吸离子化质谱（MALDI-MS）等。由于糖苷类化合物对热、电子及振动激发敏感，不稳定，易分解，其电子轰击质谱（EI-MS）和化学电离质谱（CI-MS）中较难观察到分子离子峰。现在 HR-FAB-MS 不仅能测定苷类化合物分子量，还能根据裂解碎片的精确质量测定其分子式。

二、糖种类的鉴定

含有多个单糖的糖苷类化合物，NMR 图谱中糖的信号出现在很狭窄的化学位移范围内，信号严重重叠，很难辨认。通常采用稀酸水解、乙酰解、甲醇解或酶解等方法进行水解，然后再用 PC、TLC、GLC、HPLC 等方法对水解液中糖的种类进行鉴定，通过定量分析还能得到各单糖之间的比例。对于含糖数目较少的糖苷类化合物，可直接利用 NMR 图谱进行糖的种类鉴定。在 ^{1}H-NMR 谱中，根据糖上不同氢的化学位移及相邻氢间的偶合常数可鉴定出糖的种类。在 ^{13}C-NMR 谱中，不同糖的碳信号也有较明显的区别，也可用于鉴定糖的数目和种类。表 10-1、表 10-2 分别列举了常见单糖及单糖甲苷的 ^{1}H-NMR 谱和 ^{13}C-NMR 谱数据。

表 10-1　单糖及单糖甲苷的 ^{1}H-NMR 谱数据

糖（苷）	H-1	H-2	H-3	H-4	H-5	H-6
β-D-葡萄糖	4.64	3.25	3.50	3.42	3.46	3.72, 3.90
α-D-葡萄糖	5.23	3.54	3.72	3.42	3.84	3.76, 3.84
β-D-半乳糖	4.53	3.45	3.59	3.89	3.65	3.64, 3.72
α-D-半乳糖	5.22	3.78	3.81	3.95	4.03	3.69, 3.69
β-D-甘露糖	4.89	3.95	3.66	3.60	3.38	3.75, 3.91
α-D-甘露糖	5.18	3.94	3.86	3.68	3.82	3.74, 384
β-L-鼠李糖	4.85	3.39	3.59	3.38	3.39	1.30
α-L-鼠李糖	5.12	3.92	3.81	3.45	3.86	1.28
β-L-岩藻糖	4.55	3.46	3.63	3.74	3.79	1.26
α-L-岩藻糖	5.20	3.77	3.86	3.81	4.20	1.21
甲基-β-D-葡萄糖苷	4.27	3.15	3.38	3.27	3.36	3.82, 3.62
甲基-α-D-葡萄糖苷	4.70	3.46	3.56	3.29	3.54	3.77, 3.66
甲基-β-D-半乳糖苷	4.20	3.39	3.53	3.81	3.57	3.69, 3.74
甲基-α-D-半乳糖苷	4.73	3.72	3.68	3.86	3.78	3.67, 3.61
甲基-β-D-甘露糖苷	4.47	3.88	3.53	3.46	3.27	3.83, 3.63
甲基-α-D-甘露糖苷	4.66	3.82	3.65	3.53	3.51	3.79, 3.65
甲基-β-L-鼠李糖苷	4.16	3.74	3.72	3.89	3.55, 3.77	—
甲基-α-L-鼠李糖苷	4.52	7.43	3.57	3.85	3.82, 3.57	—
甲基-β-D-木糖苷	4.21	3.14	3.33	3.51	3.88, 3.21	—
甲基-α-D-木糖苷	4.67	3.44	3.53	3.47	3.59, 3.39	—

表 10-2　单糖及单糖甲苷的 ^{13}C-NMR 谱数据

糖（苷）	C-1	C-2	C-3	C-4	C-5	C-6
β-D-葡萄糖	96.8	75.2	76.7	70.7	76.7	61.8
α-D-葡萄糖	93.0	72.4	73.7	70.7	72.3	61.8
β-D-半乳糖	97.4	72.9	73.8	69.7	75.9	61.8
α-D-半乳糖	93.2	69.3	70.1	70.3	71.3	62.0
β-D-甘露糖	94.5	72.1	74.0	67.7	77.0	62.0
α-D-甘露糖	94.7	71.7	71.2	67.9	73.3	62.0
β-L-鼠李糖	94.4	72.2	73.8	72.8	72.8	17.6
α-L-鼠李糖	94.8	71.8	71.0	73.2	69.1	17.7

糖（苷）	C-1	C-2	C-3	C-4	C-5	C-6
β-L-岩藻糖	97.2	72.7	73.9	72.4	71.6	16.3
α-L-岩藻糖	93.1	69.1	70.3	72.8	67.1	16.3
β-D-阿拉伯糖	93.4	69.5	69.5	69.5	63.4	—
α-D-阿拉伯糖	97.6	72.9	73.5	69.6	67.2	—
β-D-木糖	97.5	75.1	76.8	70.2	66.1	—
α-D-木糖	93.1	72.5	73.9	70.4	61.9	—
甲基-β-D-葡萄糖苷	104.0	74.1	76.8	70.6	76.8	61.8
甲基-α-D-葡萄糖苷	100.0	72.2	74.1	70.6	72.5	61.6
甲基-β-D-半乳糖苷	104.5	71.7	73.8	69.7	76.0	62.0
甲基-α-D-半乳糖苷	100.1	69.2	70.5	70.2	71.6	62.2
甲基-β-D-甘露糖苷	102.3	71.7	74.5	68.4	77.6	62.6
甲基-α-D-甘露糖苷	102.2	71.4	72.1	68.3	73.9	62.5
甲基-β-L-鼠李糖苷	102.4	71.8	74.1	73.4	73.4	17.9
甲基-α-L-鼠李糖苷	102.1	71.2	71.5	73.3	69.5	17.9
甲基-β-L-岩藻糖苷	97.2	72.7	73.9	72.4	71.6	16.3
甲基-α-L-岩藻糖苷	93.1	69.1	70.3	72.8	67.1	16.3

三、糖数目的确定

糖苷类化合物中所含糖的数目大多数是通过 NMR 和 MS 等光谱法确定的。

在 ^{1}H-NMR 谱中，根据糖端基氢信号的数目和化学位移值可推测糖的个数和种类。糖苷类化合物中糖的端基氢信号位于较低场，在 δ 4.30~6.00 范围内，易于辨认，可根据这个区域出现的氢信号的数目来确定糖分子的数目。

在 ^{13}C-NMR 谱中，糖的端基碳信号在 δ 95.0~105.0 左右，根据这个区域出现端基碳信号的个数，结合苷元碳原子数，可推测糖苷类化合物所含糖的个数。对于甲基五碳糖，其甲基碳信号在 δ 18.0 左右，根据其出现的信号个数减去苷元中甲基数，也可推算甲基五碳糖的数目。

在 MS 谱中，利用苷和苷元之间分子量差值，可计算出糖的数目。

四、苷键构型的确定

利用端基氢的偶合常数和端基碳的化学位移值判断苷键构型是最常用的方法，但有些糖不适用这种方法，而需要借助 ^{13}C-NMR 谱数据分析确定苷键构型。

在 ^{1}H-NMR 谱中，根据糖上端基氢的偶合常数可以判断它们的构型。端基氢的邻位偶合常数（J）与两面角有关，在吡喃环当中，端基氢与邻位氢均为竖键（a）时，其两面角为 180°，偶合常数（J_{aa}）为 6~8Hz；当一个为竖键（a），一个为横键（e）时，其两面角为 60°，偶合常数（J_{ae}）为 2~4Hz，据此可以判断苷键的构型。而呋喃型的糖，无论其是 α-D 或 β-L 构型还是 β-D 或 α-L 构型，其端基氢与 C_2 位氢的偶合常数都在 0~5Hz，无法用端基氢的偶合常数来判断其苷键构型。

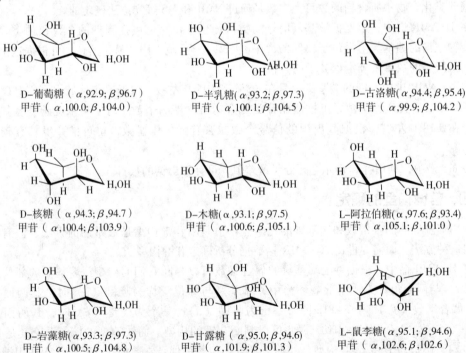

β-D-葡萄糖苷 α-D-葡萄糖苷

对于 C_2 位氢在横键（e）的某些糖所形成的苷键，如甘露糖、鼠李糖等，其端基氢与 C_2 位氢之间的夹角均为 60°，不能用上述方法来判断苷键的构型。例如鼠李糖形成优势构象时，α-L 鼠李糖苷位于 e 键的端基氢与 C_2 上 e 键的氢形成 ee 偶合系统，而 β-L 鼠李糖苷位于 a 键端基氢与 C_2 上 e 键的氢形成 ae 偶合系统，两者的两面角均为 60°，J 值相近，因此无法利用此偶合常数来判断苷键的构型。即在糖的优势构象中只有当 C_2-OH 位于 e 键时，才能根据端基氢的偶合常数来判断苷键的构型。

β-L-鼠李糖苷 α-L-鼠李糖苷

^{13}C-NMR 中，通过糖端基碳的化学位移值可推断某些糖苷键的构型。糖与苷元连接后，糖中端基碳的化学位移明显增加，而其他碳的化学位移则变化不大。在某些 α-构型和 β-构型的甲苷中，其端基碳原子的化学位移相差较大，可以判断苷键的构型。部分 α- 和 β-单糖及其甲苷的端基碳化学位移（溶剂 D_2O），实际应用中，因溶剂及苷元结构的不同，δ 值有一定的差异。

D-葡萄糖（α,92.9; β,96.7）
甲苷（α,100.0; β,104.0）

D-半乳糖（α,93.2; β,97.3）
甲苷（α,100.1; β,104.5）

D-古洛糖（α,94.4; β,95.4）
甲苷（α,99.9; β,104.2）

D-核糖（α,94.3; β,94.7）
甲苷（α,100.4; β,103.9）

D-木糖（α,93.1; β,97.5）
甲苷（α,100.6; β,105.1）

L-阿拉伯糖（α,97.6; β,93.4）
甲苷（α,105.1; β,101.0）

D-岩藻糖（α,93.3; β,97.3）
甲苷（α,100.5; β,104.8）

D-甘露糖（α,95.0; β,94.6）
甲苷（α,101.9; β,101.3）

L-鼠李糖（α,95.1; β,94.6）
甲苷（α,102.6; β,102.6）

除绝大多数的单糖的甲苷 α-和 β-苷键端基碳的化学位移值相差较大，通常为 2~4 个化学位移单位，故可以通过糖端基碳的化学位移值来推断糖苷键的构型。

D-甘露糖、L-鼠李糖的甲苷 α-和 β-苷键端基碳的化学位移值相差很小，很难通过端基碳的化学位移值来推断苷键的构型。但它们的 C_3、C_5 的化学位移值有明显的差别。通常，α 构型苷中 C_3 和 C_5 的 δ 值均较 β 构型苷的化学位移小 1.5~3.0ppm。这对难于通过糖端基氢的偶合常数和端基碳的化学位移值来推断苷键构型的甘露糖、鼠李糖、阿卓糖等就显得更重要一些。

五、单糖之间以及糖与苷元连接位置的确定

早期解决糖链连接顺序的方法主要是部分水解法，即稀酸水解、甲醇解、乙酰解、碱水解等方法，将糖链水解成较小的片段（各种低聚糖），然后根据水解所得的低聚糖推断整个糖链的结构。如将苷全甲基化，然后水解苷键，鉴定所有获得的甲基化单糖，其中具有游离的—OH 的部位就是连接位置。

近年来，糖与苷元的连接位置往往利用苷化位移规律来确定，当糖与苷元成苷后，苷元的 α-C、β-C 和糖的端基碳的化学位移值均发生改变，而其他距苷键较远的碳原子的化学位移值几乎不变。因此比较苷化前后苷元和糖中相应碳原子的化学位移可判断糖与苷元的连接位置。

糖与糖之间的连接位置，也可以用苷化位移来确定。对于双糖苷，在确定了糖种类的基础上，利用苷化位移规律，比较苷化前后相应单糖的 ^{13}C-NMR 谱数据可推测糖与糖的连接位置。对于三糖以上的苷，往往需要借助 2D-NMR 谱先将糖中碳的信号正确归属，再利用 2D-NMR 技术，从糖的端基氢（碳）信号开始，通过自旋系统，推测糖与糖的连接位置。同样的方法可以用来确定糖与苷元的连接位置。

六、糖与糖之间连接顺序的测定

测定糖连接顺序最常用的方法是 MS、NMR 和 2D-NMR 法。

MS 法：在测定分子量的同时，可根据质谱中的裂解规律和该化合物的裂解碎片推测低聚糖及其苷中糖链的连接顺序。在了解糖的组成后，还可根据糖的分子量计算糖残基的组成和数量。

NMR 法：糖与糖的连接顺序较常用的是 NMR 和 2D-NMR 法。首先要将糖基氢进行准确的归属，由于糖基的端基氢和端基碳比较容易辨认，但糖的其余氢信号在 δ 3.2~4.2 左右，其余碳信号在 δ 60~85 左右，信号集中，难于辨认，故需借助 2D-NMR 技术进行归属。通过碳氢相关谱 HSQC 和 HMBC 确定糖中各氢的化学位移值和在谱中的准确位置，然后根据（^{1}H-^{1}H COSY）、NOESY 等谱准确地归属出糖中各个位置上的氢，再根据 HMBC 谱确定糖的连接位点和相互的连接关系。

第二节 结构解析实例

熊果苷

从木樨科植物女贞（*Ligustrum lucidum* Ait）中分离得到化合物1，为白色针状结晶（CH_3OH），m. p. 199~200℃，易溶于热水、乙醇。三氯化铁反应显蓝色，α-萘酚（Molish）反应阳性，表明为含有酚羟基的苷。^{1}H-NMR谱（CD_3OD，500MHz）中（图10-1）δ 6.67~6.96与^{13}C-NMR谱（CD_3OD，125MHz）中（图10-2）δ 116.6~153.7信号表明结构中有苯环。其中，^{1}H-NMR谱中δ 6.68（2H, d, J=8.9Hz），δ 6.95（2H, d, J=8.9Hz）各有两个氢且相互偶合，推测为1，4-取代苯环结构。^{13}C-NMR谱中苯环区δ 116.6、119.4、152.4、153.8只有4个碳的信号，并且δ 116.6、119.4这2个信号强度明显高于另外2个，进一步表明苯环为对位取代的对称结构。δ 62.5~103.6呈现糖的信号特征，结合6个碳信号数目分析，应含有一个六碳糖。从^{13}C-NMR谱和^{1}H-NMR的化学位移值分析，应为葡萄糖。^{13}C-NMR谱中δ 103.6为葡萄糖中端基碳的信号，^{1}H-NMR中δ 4.72（1H, d, J=7.3Hz）为葡萄糖中端基氢的信号，偶合常数J=7.3Hz，表明为β-D-葡萄糖苷（端基氢与邻位氢均为a键时，其两面角为180°，偶合常数J_{aa}为6~8Hz）。DEPT 135谱（图10-2）中δ 62.5向下，为葡萄糖上一CH_2碳的信号。HSQC谱（图10-3）可确定直接相关的碳氢信号，其中δ 152.4、153.8无相关峰，表明为季碳。由HMBC谱（图10-4）中可观测到糖端基氢δ 4.72（1H, d, J=7.3Hz）与苯环上的季碳δ 152.4相关，说明糖基与苯环相连。综上分析，鉴定化合物1为熊果苷（arbutin）。NMR谱数据归属见表10-3。

化合物1：熊果苷

表10-3 化合物1的NMR谱数据（CD_3OD）

No.	δ_H (J, Hz)	δ_C	No.	δ_H (J, Hz)	δ_C
1	—	152.4	1'	4.72 (1H, d, 7.3)	103.6
2, 6	6.68 (2H, d, 8.9)	116.6	2'	3.4 (1H, m)	75.0
3, 5	6.95 (2H, d, 8.9)	119.4	3'	3.42 (1H, m)	77.9
4	—	153.8	4'	3.37 (1H, m)	71.4
			5'	3.36 (1H, m)	78.0
			6'	3.68 (1H, m), 3.88 (1H, m)	62.5

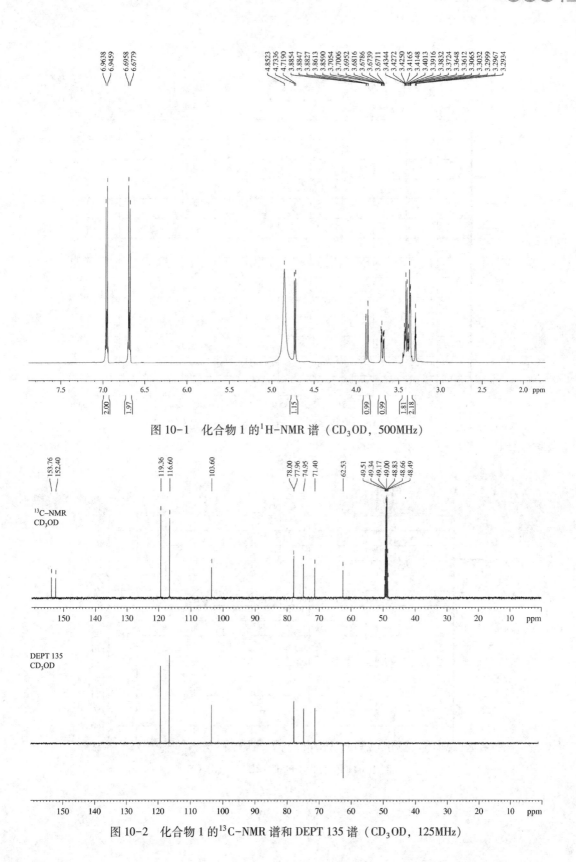

图 10-1 化合物 1 的 ^{1}H-NMR 谱（CD$_3$OD，500MHz）

图 10-2 化合物 1 的 ^{13}C-NMR 谱和 DEPT 135 谱（CD$_3$OD，125MHz）

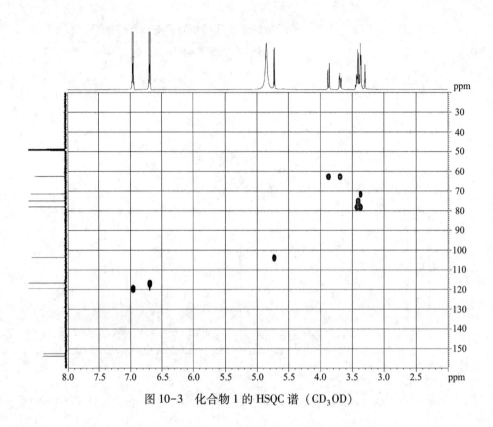

图 10-3　化合物 1 的 HSQC 谱（CD₃OD）

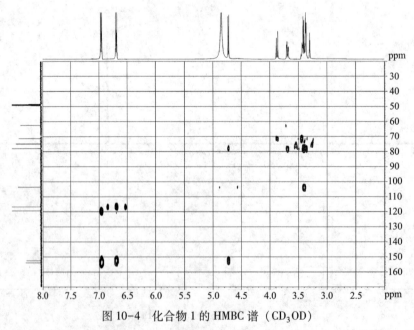

图 10-4　化合物 1 的 HMBC 谱（CD₃OD）

 案例解析 **10-2** ·························

红景天苷

从景天科大花红景天 [*Rhodiola crenulata* （HK. f. et. Thoms）H. Ohba] 植物中分离得到化合物2，为无色透明针状结晶，易溶于水、乙醇。熔点（m.p.）158~160℃。三氯化铁反应显蓝色，Molish 反应阳性，表明为含有酚羟基的糖苷化合物。^{13}C-NMR 谱（CD$_3$OD，125MHz）中（图 10-5）δ 116.1、130.7、130.9、156.7 显示 4 个碳信号，结合 ^{1}H-NMR 谱（CD$_3$OD，500MHz）中（图 10-6）δ 6.68（2H，d，J=8.5Hz），7.05（2H，d，J=8.5Hz）各有 2 个氢信号且相互偶合，说明存在 1，4-取代的对称苯环结构。^{1}H-NMR 谱中 δ 3.18~4.28 和 ^{13}C-NMR 谱中 δ 62.7~104.3 呈现糖的信号特征，其中 ^{1}H-NMR 谱中 δ 4.28（1H，d，J=7.8Hz）应为糖端基氢的信号。^{13}C-NMR 谱中 δ 104.3 为端基碳的信号。DEPT 135 谱（图 10-5）显示 δ 36.3、62.7、72.08 向下，表明含有 3 个亚甲基-CH$_2$，从化学位移分析，δ 36.3 应为与苯环相连-CH$_2$，而 δ 62.7、72.08 为与氧相连的-CH$_2$-O。由 HSQC 谱（图 10-7）可知 δ 3.85（1H，m），3.66（1H，m）与 δ 62.7 相关，δ 4.02（1H，m），3.69（1H，m）与 δ 72.1 相关。根据 ^{1}H-^{1}H COSY（图 10-8）可知与苯环相连的-CH$_2$氢信号 δ 2.82（2H，m）与 δ 4.02（1H，m），3.69（1H，m）存在相关峰，即苷元中存在-CH$_2$-CH$_2$-O-结构。HMBC 谱（图 10-9）中，糖端基氢 δ 4.28（1H，d，J=7.8Hz）与 δ 72.1 相关，确定与糖相连的是苷元乙基上的碳 δ 72.1。从 ^{13}C-NMR 谱中 δ 104.3、78.0、77.9、75.0、71.6、62.7 碳信号数目和化学位移以及 ^{1}H-NMR 谱中相应的化学位移和积分面积分析，应为一个葡萄糖。^{1}H-NMR 谱中糖端基氢 δ 4.28（1H，d，J=7.8Hz）的偶合常数 J=7.8Hz，表明其为 β-D-葡萄糖苷。综上所述，鉴定化合物 2 为红景天苷（salidroside）。NMR 谱数据归属见表 10-4。

化合物2：红景天苷

表 10-4　化合物 2 的 NMR 谱数据（CD$_3$OD）

No.	δ_H（J，Hz）	δ_C	No.	δ_H（J，Hz）	δ_C
1	—	156.7	1'	4.28（1H，d，J=7.8）	104.3
2，6	6.68（2H，d，J=8.5）	130.8	2'	3.18（1H，m）	75.0
3，5	7.05（2H，d，J=8.5）	116.1	3'	3.34（1H，m）	77.9
4		156.7	4'	3.30（1H，m）	71.6
7	2.82（2H，m）	36.3	5'	3.25（1H，m）	78.0
8	4.02（1H，m） 3.69（1H，m）	72.1	6'	3.85（1H，m） 3.66（1H，m）	62.7

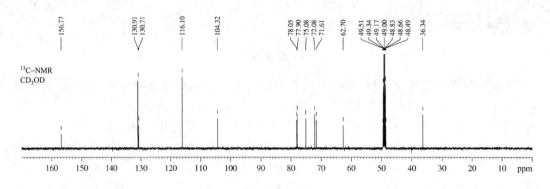

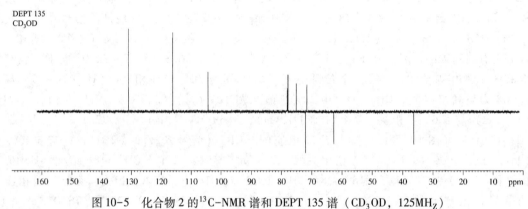

图 10-5　化合物 2 的 ^{13}C-NMR 谱和 DEPT 135 谱（CD$_3$OD，125MH$_Z$）

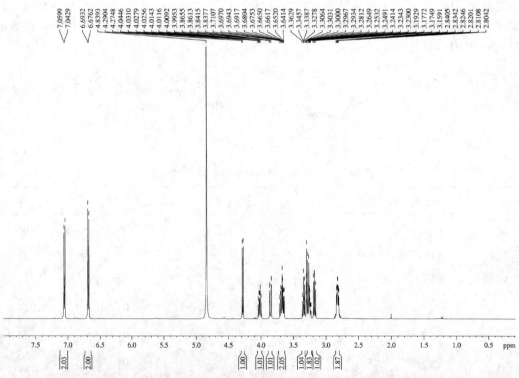

图 10-6　化合物 2 的 ^{1}H-NMR 谱（CD$_3$OD，500MH$_Z$）

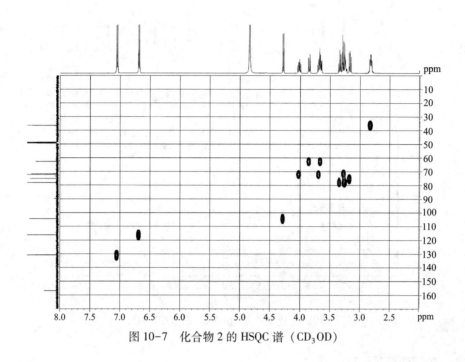

图 10-7　化合物 2 的 HSQC 谱（CD$_3$OD）

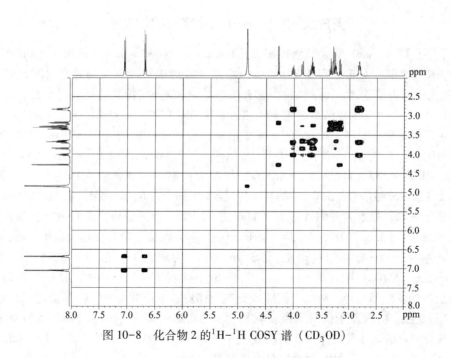

图 10-8　化合物 2 的 ^{1}H-^{1}H COSY 谱（CD$_3$OD）

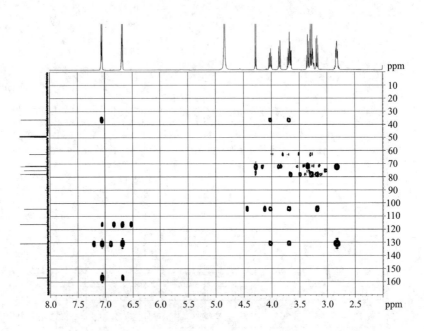

图 10-9　化合物 2 的 HMBC 谱（CD₃OD）

案例解析 10-3

槲皮素-3-O-α-L-吡喃阿拉伯糖苷

从十字花科（Cruciferae）植物播娘蒿［*Descurainia Sophia*（L.）Webb ex Prantl］干燥成熟的种子南葶苈子中分离化合物 3，为黄色粉末。易溶于甲醇、丙酮等有机溶剂遇三氯化铁-铁氰化钾试剂显蓝色，提示结构中含有酚羟基；盐酸-镁粉试剂反应呈阳性，提示为黄酮类化合物；茴香醛-浓硫酸试剂喷雾加热后显黄色（105℃）；Molish 反应呈阳性，薄层酸水解显色后和标准品对照，检识有 L-阿拉伯糖。在 ¹H-NMR 谱（DMSO-d₆，500MHz）中（图 10-10）芳香区共有 5 个质子信号，δ 7.64（1H，dd，J = 2.0，8.5Hz），7.49（1H，d，J = 2.0Hz），6.82（1H，d，J = 8.5Hz）提示为黄酮 B 苯环上的 ABX 系统，分别为 H-6'、H-2'和 H-5'的信号；δ 6.37（1H，d，J = 1.5Hz）和 6.16（1H，d，J = 1.5Hz）处的两个单质子双峰，提示为黄酮 A 环上 8 和 6 位上的质子特征信号，说明该化合物是以槲皮素为基本母核。δ 5.25（1H，d，J = 5.2Hz，H-1″）为阿拉伯糖的端基氢质子，根据偶合常数可知该糖为 α-L-吡喃阿拉伯糖；δ 3.76～3.17 为糖上的其他质子信号。¹³C-NMR 谱（DMSO-d₆，125MHz）中（图 10-11），共有 20 个碳原子信号，其中包括槲皮素母核和一个阿拉伯糖的碳原子信号。δ 98.7、93.5 分别为槲皮素母核的 C-6、C-8 位碳的特征信号，δ 133.7 是 3 位上的碳原子信号和槲皮素相比，向高场位移约 2ppm，说明阿拉伯糖连接在 3 位上。综合以上信息确定化合物 3 为槲皮素-3-O-α-L-吡喃阿拉伯糖苷（quercetin-3-O-α-L-arabinopyranoside）。NMR 谱数据归属见表 10-5。

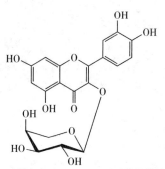

化合物3：槲皮素-3-O-α-L-吡喃阿拉伯糖苷

表 10-5　化合物 3 的 NMR 谱数据归属（DMSO-d$_6$）

No.	δ_H (J, Hz)	δ_C	No.	δ_H (J, Hz)	δ_C
2	—	156.3	2′	7.49 (1H, d, 2.0)	115.3
3	—	133.7	3′	—	1450
4	—	177.4	4′	—	148.6
5	—	161.2	5′	6.82 (1H, d, 8.5)	115.7
6	6.16 (1H, d, 1.5)	98.7	6′	7.64 (1H, dd, 2.0, 8.5)	122.0
7	—	164.7	1″	5.25 (1H, d, 5.2)	101.4
8	6.37 (1H, d, 1.5)	93.5	2″		71.6
9	—	156.1	3″	3.17~3.76 (5H, m)	70.7
10	—	103.7	4″		66.0
1′	—	120.8	5″		64.2

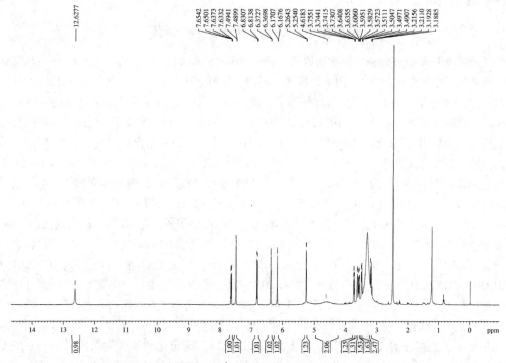

图 10-10　化合物 3 的 ^{1}H-NMR 谱（DMSO-d$_6$，500MH$_Z$）

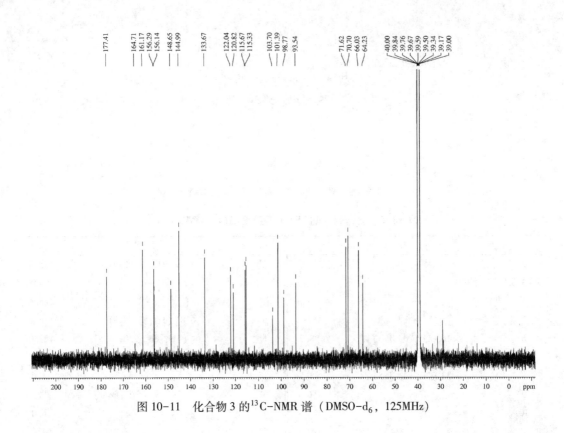

图 10-11　化合物 3 的^{13}C-NMR 谱（DMSO-d$_6$，125MHz）

案例解析 10-4

槲皮素-3-O-β-D-吡喃木糖苷

从十字花科（Cruciferae）植物播娘蒿［*Descurainia Sophia*（L.）Webb ex Prantl］干燥成熟的种子南葶苈子中分离化合物 4，为黄色粉末。易溶于甲醇、丙酮等，遇三氯化铁-铁氰化钾试剂显蓝色，提示结构中含有酚羟基；盐酸-镁粉试剂反应呈阳性，提示为黄酮类化合物；茴香醛-浓硫酸试剂喷雾加热后显黄色（105℃）；Molish 反应呈阳性，薄层酸水解显色后和标准品对照，检识有 D-木糖。^{1}H-NMR 谱（CD$_3$OD，500MHz）中（图 10-12），给出一组黄酮母核信号和一组糖的信号，芳香区共有 5 个质子信号，δ 7.58（1H，dd，*J*=2.1，8.3Hz），7.60（1H，d，*J*=2.1Hz）和 6.85（1H，d，*J*=8.3Hz）构成一个 ABX 系统，提示为黄酮 B 环上的 3′，4′-二含氧取代的典型信号，分别为 H-6′、H-2′和 H-5′；δ 6.37（1H，d，*J*=1.5Hz）和 6.16（1H，d，*J*=1.5Hz）两个单质子双峰，提示为黄酮 A 环上 8 和 6 位上的质子特征信号，说明该化合物是以槲皮素为基本母核。δ 5.18（1H，d，*J*=5.2Hz，H-1″）为木糖的端基氢质子信号，根据偶合常数可推测该木糖的相对构型为 β 构型；δ 3.79~3.06 为糖上的其他质子信号。^{13}C-NMR 谱（CD$_3$OD，125MHz）中（图 10-13），共有 20 个碳原子信号，其中包括槲皮素母核上的 15 个碳原子信号和一个木糖的 5 个碳原子信号。δ 99.9、94.7 分别为槲皮素母核的 C-6、C-8 的特征信号；槲皮素 C-3 向高场位移到 δ 135.4，C-2 向低场位移到 δ 158.5，其他的碳信号基本一致，由此说明木糖连接在槲皮素母核的 3 位上。综合以上信息确定化合物 4 为槲皮素-3-O-β-D-吡喃木糖苷（quercetin-3-O-β-D-xylopyranoside）。NMR 谱数据归属见表 10-6。

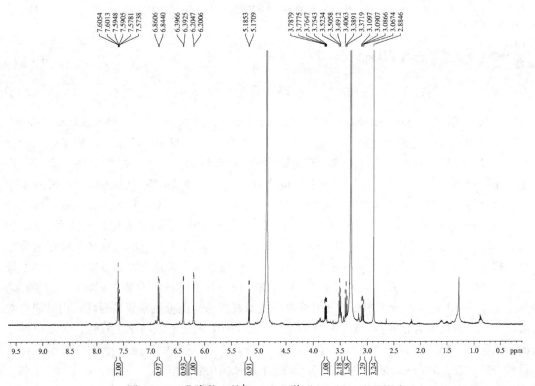

化合物4：槲皮素-3-O-β-D-吡喃木糖苷

表 10-6　化合物 4 的 NMR 谱数据归属（CD₃OD-d₆）

No.	δ_H (J, Hz)	δ_C	No.	δ_H (J, Hz)	δ_C
2	—	158.5	2′	7.60 (1H, d, 2.1)	116.0
3	—	135.4	3′	—	146.1
4	—	179.4	4′	—	149.9
5	—	158.9	5′	6.85 (1H, d, 8.3)	117.2
6	6.20 (1H, d, 2.1)	99.9	6′	7.58 (1H, dd, 2.1, 8.3)	123.0
7	—	166.0	1″	5.18 (1H, d, 5.2)	104.5
8	6.39 (1H, d, 2.1)	94.7	2″	—	75.3
9	—	163.1	3″	3.06~3.79 (5H, m)	77.5
10	—	105.6	4″	—	71.0
1′	—	122.9	5″	—	67.2

图 10-12　化合物 4 的 ¹H-NMR 谱（CD₃OD，500MHz）

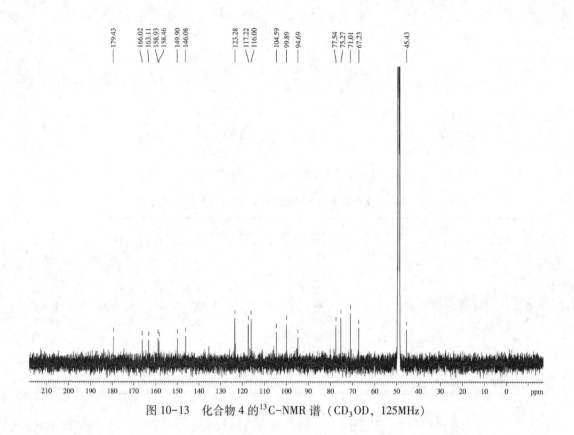

图 10-13　化合物 4 的 ^{13}C-NMR 谱（CD$_3$OD，125MHz）

案例解析 10-5

芦　丁

　　从虎耳草科（Saxifragaceae）绣球属（*Hydrangea*）绣球花［*Hydrangea macrophylla* (Thunb.) Seringe］全草中分离得到化合物 5，为黄色粉末。难溶于冷水，可溶于热水、甲醇、乙醇、吡啶，易溶于碱水。遇三氯化铁-铁氰化钾试剂显蓝色，提示结构中含有酚羟基；盐酸-镁粉反应阳性，说明可能为黄酮类化合物。^{1}H-NMR 谱（CD$_3$OD，500MHz）中（图 10-14），芳香区共有 5 个氢信号峰，δ 7.66（1H，d，*J*=2.0Hz），7.63（1H，dd，*J*=2.0，8.6Hz），6.87（1H，d，*J*=8.6Hz）为黄酮苷元 B 环上 ABX 系统的氢信号；δ 6.39（1H，d，*J*=2.0Hz）和 6.20（1H，d，*J*=2.0Hz）处分别出现一个单氢双峰，根据偶合常数可知为黄酮苷元 A 环上 6、8 位的氢质子信号，以上提示了该化合物是以槲皮素为基本母核；此外在 δ 1.10～5.10 之间共出现 15 个氢质子信号，推测该化合物可能含有两个糖基，其中 δ 5.09（1H，d，*J*=7.5Hz）处出现的单氢双峰，为葡萄糖端基氢信号峰，由其偶合常数可知其苷键构型为 β 构型；δ 4.51（1H，d，*J*=1.0Hz）处出现的单氢双峰，为鼠李糖上的端基氢信号峰；δ 1.12（3H，d，*J*=6.0Hz，H-6‴）是鼠李糖 5 位上甲基氢质子的特征信号；另外在 δ 3.73～3.40 之间含有 2 个糖上的其他 10 个氢信号。

　　^{13}C-NMR 谱（CD$_3$OD，125MHz）中（图 10-15），芳香区有 27 个碳信号，其中 δ 179.4

为 4 位羰基的信号峰，δ 135.6 为黄酮醇 3 位碳的特征信号峰；此外 δ 104.7、78.2、77.2、75.7、71.4、68.5 为葡萄糖上的 6 个碳信号；δ 102.4、73.9、72.2、72.1、69.7、17.9 为鼠李糖上的碳信号，根据碳谱数据确定为 α-L-鼠李糖。

结合 HSQC 谱（图 10-16）和 HMBC 谱（图 10-17）对碳氢信号进行了归属。HMBC 谱中可以看出 δ 5.10（1H，d，J = 7.5Hz）与 δ 135.6 有远程相关，说明葡萄糖连在槲皮素母核 3 位上，δ 4.51（1H，s）与 68.5（C-6″）有远程相关关系，结合葡萄糖 6 位碳（δ 68.5）明显向低场位移，说明鼠李糖连在葡萄糖 6 位上，即为芸香糖。综合以上信息确定化合物 5 为芦丁（rutin）。NMR 谱数据归属见表 10-7。

化合物5：芦丁

表 10-7　化合物 5 的 NMR 谱数据（CD₃OD）

No.	δ_C	δ_H (J, Hz)	No.	δ_C	δ_H (J, Hz)
2	179.4	—	1″	104.7	5.10 (1H, d, 7.5)
3	135.6	—	2″	75.7	
4	179.4	—	3″	77.2	
5	162.9	—	4″	71.4	
6	99.9	6.20 (1H, d, 2.0)	5″	78.2	
7	166.0	—	6″	68.5	
8	94.9	6.39 (1H, d, 2.0)	1‴	102.4	4.51 (1H, s)
9	158.5	—	2‴	72.1	
10	105.6	—	3‴	72.2	
1′	123.1	—	4‴	73.9	
2′	116.0	7.66 (1H, d, 2.0)	5‴	69.7	
3′	145.8	—	6‴	17.9	1.12 (3H, d, 6.0)
4′	149.8	—			
5′	117.7	6.87 (1H, d, 8.6)			
6′	123.6	7.63 (1H, dd, 2.0, 8.6)			

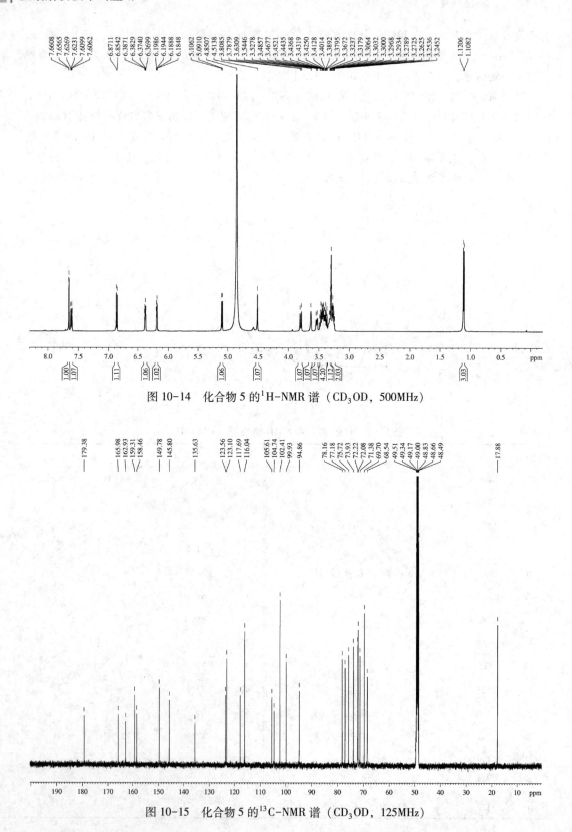

图 10-14　化合物 5 的 ^{1}H-NMR 谱（CD$_3$OD，500MHz）

图 10-15　化合物 5 的 ^{13}C-NMR 谱（CD$_3$OD，125MHz）

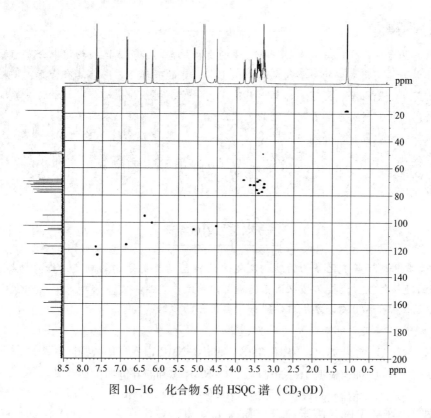

图 10-16　化合物 5 的 HSQC 谱（CD₃OD）

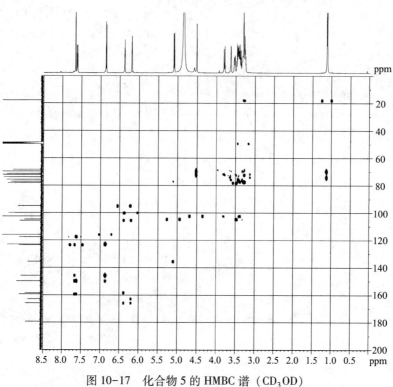

图 10-17　化合物 5 的 HMBC 谱（CD₃OD）

知识拓展

　　糖类是自然界中广泛分布的一类重要的有机化合物，而我国植物药中含有的糖类物质往往成为其药用成分的重要组成和中医中药研究的一部分。一些具有营养、强壮作用的天然药物，如人参、灵芝、甘草、黄芪、枸杞子、刺五加等都含有大量的糖类。在植物体内，与糖同时存在的各种类型的天然成分如黄酮、蒽醌、苯丙素、萜类、生物碱等都可与糖结合成苷；故苷的种类繁多，结构各异，其生理活性也多种多样，在心血管、呼吸系统、消化系统、神经系统以及抗菌消炎、增强机体免疫功能、抗肿瘤等方面都具有不同的活性。如今糖苷类化合物已成为天然药物研究中不可忽视的一类成分。

本 章 小 结

　　本章主要讲述了苷类化合物的结构测定方法，包括苷元结构的测定，糖的种类、数目的测定，糖的连接位置、连接顺序以及苷键构型的确定等。

　　重点及难点：运用波谱方法综合解析苷类化合物的结构。

思考题

1. 糖苷类化合物^{1}H-NMR谱和^{13}C-NMR谱各有什么特征？
2. 如何根据^{1}H-NMR谱和^{13}C-NMR谱判断苷键的构型？
3. 如何判断糖与糖、糖与苷元之间的连接顺序？
4. 如何确定糖与糖之间的连接位置？

（张青松）

第十一章 其他类化合物

学习导引

知识要求

1. **了解** 苯甲酸、二苯乙烯以及饱和脂肪酸类似物的结构解析方法。
2. **熟悉** 简单苯取代类似物的解析思路和波谱特征。

能力要求

1. 掌握简单苯取代类化合物的波谱规律。
2. 掌握饱和脂肪酸的波谱规律。
3. 学会应用波谱技术解析脂肪酸类、苯乙醇苷类、二苯乙烯类化学成分。

第一节 波谱解析规律

一、饱和脂肪酸及其类似物

脂肪酸（fatty acid）是具有长链烃的羧酸，分为：饱和脂肪酸（saturated fatty acids，SFA）；单不饱和脂肪酸（monounsaturated fatty acids，MUFA），其碳氢链有一个不饱和键；多不饱和脂肪酸（polyunsaturated fatty acids，PUFA），其碳氢链有二个或二个以上不饱和键。植物中最丰富的脂肪酸含 16 或 18 个碳原子，如棕榈酸（软脂酸）、油酸、亚油酸和硬脂酸。而自然界中饱和脂肪酸很少以游离形式存在，通常以（甲）酯或与甘油形成酯的形式存在。

（一）氢谱特征

饱和脂肪酸含有一个端基甲基特征峰，因与邻位 CH_2 偶合呈现三重峰，偶合常数一般为 6~7Hz。而末端 CH_3 的 α 位 CH_2 的化学位移向低场移动（即化学位移值更大），β 位 CH_2 的化学位移向低场移动比 α 位小，越远离末端甲基的 CH_2 化学位移向低场移动越小，因此长链脂肪酸除 α、β 位 CH_2 更低场外，其余 CH_2 化学位移值均很接近，堆积在 δ 1.25 左右形成一个大宽单峰或多重峰。而饱和脂肪酸（酯）靠近羧基的 α 位 CH_2 因受酯羰基共轭影响比末端甲基 α 位 CH_2 的化学位移更向低场移动，在 δ 2.3 左右因与邻位 CH_2 偶合呈现三重峰，偶合常数一般为 6.5~8.5Hz。脂肪酸若与甘油结合形成酯，在 ^{1}H-NMR 谱位于 δ 3.5~4.5 处出现 5 个氢信号，相应为甘油含氧质子信号峰。若脂肪酸是以甲酯的形式存在，在 ^{1}H-NMR 谱位于 δ 3.4~3.7 处出现一个单峰且该峰为 3 个氢，相应为甲氧基的质子信号峰。该脂肪酸甲酯中的甲氧基的质子信号峰与连接在苯环的甲氧基相比相对较高场，连接在苯环的甲氧基在 ^{1}H-NMR 谱位于 $\delta\, 3.7\sim4.0$。

（二）碳谱特征

饱和脂肪酯 ^{13}C-NMR 谱的显著特征是在 $\delta\, 29$ 处出现一组堆积的 CH_2 信号峰，而脂肪酯靠近酯基的 α、β 位 CH_2 碳原子的化学位移值出现在 $\delta\, 34$ 和 31，末端甲基出现在 $\delta\, 14$ 左右，末端甲基邻位 CH_2 碳信号出现在 $\delta\, 22.7$，酯羰基碳出现在 $\delta\, 175\sim180$ 之间。

脂肪酸与甘油成酯，此类化合物的 ^{13}C-NMR 谱的显著特征是在 $\delta\, 62\sim74$ 之间出现一组两个含氧 CH_2 和一个含氧 CH 信号峰，根据酯基与甘油连接位置不同，甘油三醇的 C-1、C-2、C-3 化学位移值发生变化，根据与酯基相连的碳原子化学位移值向低场移动，可判断饱和脂肪酸与甘油三醇的连接位置。如果脂肪酸连接在甘油三醇的 C-2 位，那么甘油三醇的 C-1 和 C-3 是等价的，因此在其 ^{13}C-NMR 谱中只出现一个含氧 CH_2 碳和一个含氧 CH 碳信号峰。

（三）MS 特征

由于饱和脂肪酸在 ^{1}H-NMR 和 ^{13}C-NMR 谱中均出现堆积 CH_2 氢质子和碳原子信号峰，氢与碳的数目均无法确定，所以解析脂肪酸结构需要借助于 MS 谱。一般使用 EI-MS 谱，根据分子量即可计算出分子式，从而确定其结构。而脂肪酸的 EI-MS 谱中也可明显出现失去－COOH［M-45］$^+$ 的信号峰，或出现失去 CH_3 以及连续失去 CH_2 的碎片离子峰。

二、简单苯取代类化合物

简单苯取代类化合物是指分子中至少含有一个苯环，且具有与开链化合物或脂环烃不同的独特性质的一类化合物。通常这类化合物苯环上有取代基，苯环上氢可被不同官能团取代。单环苯环类化合物根据苯环上连接碳原子数目不同，可分为 C_6-C_1（苯甲酸、苯甲酯、苯甲醛等），C_6-C_2（苯乙苷、苯乙烯、苯乙醇等），C_6-C_3（苯丙素等）等结构类型。除苯环上氢原子被单取代外，其余多取代衍生物（至少二取代以上）均有不同异构体，如二取代物有邻位、间位、对位 3 个不同位置的异构体；三取代物有连（1，2，3-），偏（1，2，4-），均（1，3，5-）3 种不同异构体（表 11-1）。

表 11-1　多取代类型及其结构特征

二取代类型	结构特征	三取代类型	结构特征
邻（o，1，2）		连（1，2，3）	
间（m，1，3）		偏（1，2，4）	
对（p，1，4）		均（1，3，5）	

（一）氢谱特征

单取代苯环类衍生物 ^{1}H-NMR 谱的显著特征是在 $\delta\, 7.2\sim7.8$ 之间出现 3 组质子信号（其中两组含 2H，分别为苯环上 H-2、6 和 H-3、5)，且偶合常数 J 均在 7~9Hz 之间（苯环邻位质子偶合）。

二取代苯环结构需在 ^{1}H-NMR 谱中根据官能团取代位置不同（邻、间、对）判断。依据质子偶合系统不同显示不同的偶合常数，邻位取代显著特征为在 δ 7~9 之间出现 4 组质子信号的偶合常数 J 均在 6~9Hz 之间（苯环邻位质子偶合）；间位取代显著特征会出现 ABX 偶合系统，在 δ 7~9 之间出现 3 组质子偶合常数 J 均在 7~9 之间，一组质子偶合常数 J 在 1~3Hz 之间（苯环间位质子偶合）；对位取代显著特征为 AA′BB′ 偶合系统，在 δ 7~9 之间出现两组含 2H 的质子信号峰（对称取代特征峰），且偶合常数 J 均在 7~9Hz 之间。

三取代苯环的连（1，2，3）取代类型 ^{1}H-NMR 谱显著特征是在 δ 7~9 之间出现 3 组质子信号，且偶合常数 J 均在 6~9Hz 之间。偏（1，2，4）三取代类型 ^{1}H-NMR 谱显著特征是在 δ 7~9 之间出现 3 组 ABX 偶合系统的质子信号峰，两组质子偶合常数 J 均在 6~9Hz 之间，一组质子偶合常数 J 在 1~3Hz 之间（若 NMR 仪器分辨率不够或峰形重叠会出现单峰）。均（1，3，5）三取代类型 ^{1}H-NMR 谱显著特征是在 δ 7~9 之间出现 3 个质子信号均为 AX 偶合，偶合常数 J 均在 1~3Hz 之间或因偶合常数太小而化学位移重叠仅观察到单峰，此类型化合物容易出现对称取代类型，则显著出现一组峰是另一组峰的 2 倍积分。

以上类型若为对称取代，则质子峰重叠后出现 2 倍积分值。同时，苯环间位偶合常数 J 值理论上在 1~3Hz 之间，因峰形重叠或分辨率不够时，以宽单峰信号出现。

苯乙烯类型化合物 ^{1}H-NMR 谱显著特征是在 δ 7~9 之间出现两组质子信号，根据偶合常数 J 值判断双键为顺式或反式（$J_{顺}$ = 9~12Hz，$J_{反}$ = 12~17Hz）。

（二）碳谱特征

单取代苯环类衍生物的 ^{13}C-NMR 谱显著特征是在 δ 128~130 之间出现二个双倍 CH 信号峰和一个单倍 CH 信号峰。特殊情况，若苯环上取代官能团为吸电子基团时，其化学位移值会随吸电子基团变化，如苯酚（^{13}C-NMR 谱中会在 δ 118 左右出现一个明显向高场移动的双倍 CH 信号），苯甲酸、苯甲醛或苯甲酯（^{13}C-NMR 谱中会有一个明显向高场移动的季碳信号位于 δ 120 左右）。对位取代代表性化合物为 4-羟基取代（或 4-氧官能团取代基）类型，显著特征为在 δ 118、130 左右出现双倍 CH 信号峰。偏三取代典型化合物为 3，4-二羟基类型，特征峰为邻二羟基取代，其显著特征是在 δ 147~150 之间出现两个季碳信号。均（1，3，5）取代类型典型化合物为 3，5-二羟基或甲氧基对称取代衍生物，其显著特征为在 δ 100~110 出现一个双倍 CH 和一个单倍 CH 碳信号峰。

上述类型邻、间、对及连、偏、均的氢谱和碳谱特征信号峰也易出现在含苯环的其他类型化合物，如黄酮、香豆素、木脂素、吲哚生物碱、鞣质及其他含苯环化合物等。

第二节 结构解析实例

案例解析 11-1

棕榈酸（十六烷酸）

从大戟科乌桕属乌桕（*Sapium sebiferum* L. Roxb.）种子中分离得到化合物 1，为白色片状晶体。m. p. 67~69℃，EI-MS *m/z* 256 [M]$^+$。^{1}H-NMR 谱（CDCl$_3$，500MHz）中（图 11-1），δ 2.33（2H，t，*J*=7.5Hz），1.61（2H，m），1.24（信号重叠的多个 CH$_2$），0.86（3H，t，*J*=6.9Hz）的这 4 组氢信号为饱和脂肪链的特征氢信号。^{13}C-NMR 谱（CDCl$_3$，125MHz）中（图 11-2）和 DEPT 135 谱（图 11-3）中，只出现 3 种碳信号（一个 180 左右的季碳，多个

CH$_2$，一个高场甲基），即 δ180.2（羧基的碳信号）、34.1（C-2）、31.9、29.5（多个 CH$_2$）、24.7、22.7、14.1（末端 CH$_3$）为饱和脂肪酸的特征碳信号。结合该化合物的氢谱中 δ 1.24 处的质子数量和 EI-MS 中的分子量，确定化合物 1 为棕榈酸。

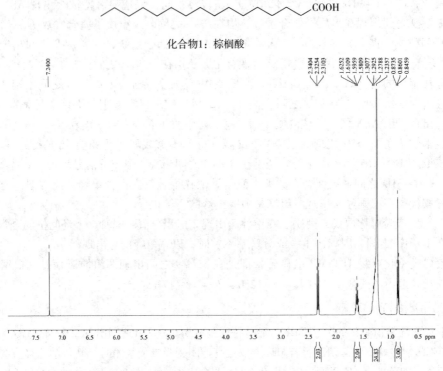

化合物1：棕榈酸

图 11-1　化合物 1 的^{1}H-NMR 谱（CDCl$_3$，500MHz）

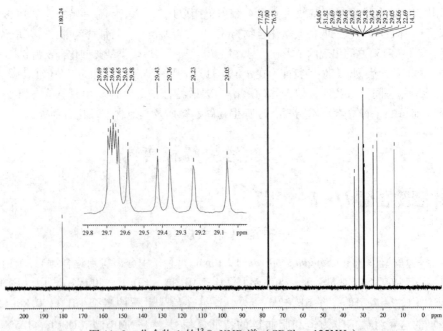

图 11-2　化合物 1 的^{13}C-NMR 谱（CDCl$_3$，125MHz）

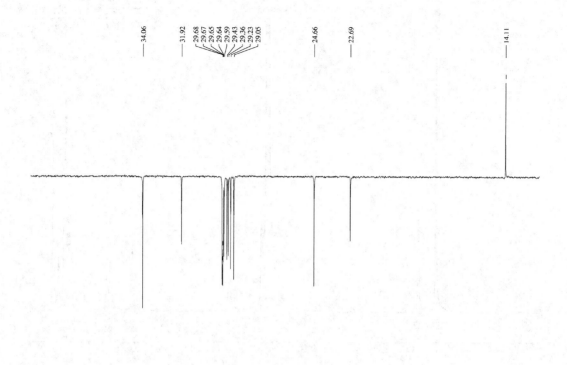

图 11-3　化合物 1 的 DEPT 135 谱（CDCl$_3$，125MHz）

案例解析 *11-2*

3，5-二甲氧基-1-葡萄糖苯甲酸酯

从忍冬科（Caprifliaceae）荚迷属（*Viburnum*）植物水红木（*Viburnum cylindricum* Buch. Ham. ex D. Don）中分离得到化合物 2，为白色固体。^{1}H-NMR 谱（C$_5$D$_5$N，500MHz）中（图 11-4），在低场两组 AXX′偶合系统的质子信号峰位于 δ 5.85（1H，s）和 5.98（2H，s），δ 3.32 为甲氧基质子信号；集中在 δ 3.2~3.8 之间有 7 个含氧质子；该芳环苯上取代应为 1，3，5-三对称取代苯环。^{13}C-NMR 谱（C$_5$D$_5$N，125MHz）中（图 11-5），也存在苯环上对称取代 CH 和 C 信号（δ 108.6、154.4），支持对称三取代苯环的推理。而 δ 62.6、71.6、76.1、78.5、79.1 和 104.2 表明分子中存在一个葡萄糖单元，δ 168.8s 表明分子中存一个共轭酯羰基碳，而 δ 56.6×2 甲氧基信号表明它取代在对称位置。综合上述信息，确定化合物 2 为 3，5-二甲氧基-1-葡萄糖苯甲酸酯。

化合物 2：3，5-二甲氧基-1-葡萄糖苯甲酸酯

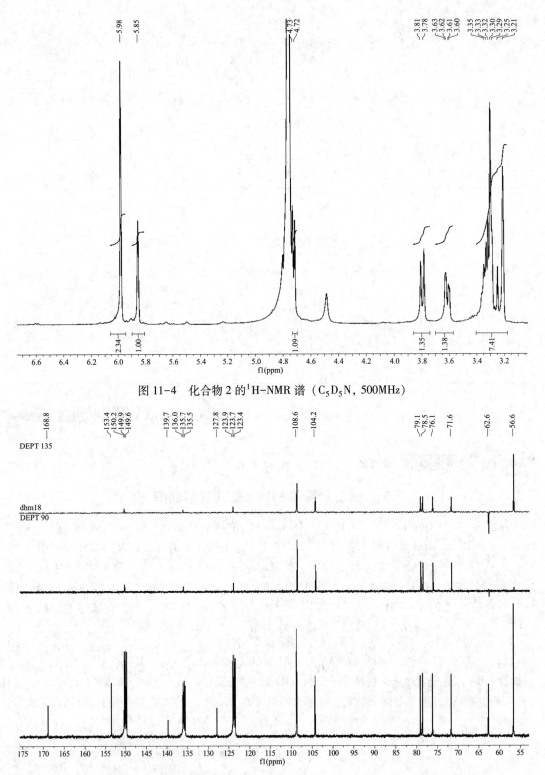

图 11-4　化合物 2 的 ^{1}H-NMR 谱（C_5D_5N，500MHz）

图 11-5　化合物 2 的 ^{13}C-NMR 谱和 DEPT 谱（C_5D_5N，125MHz）

案例解析 11-3 ·····

毛蕊花糖苷

本品为棕色粉末。硅胶薄层板上遇三氯化铁-铁氰化钾试剂喷雾显蓝色，说明化合物结构中存在酚羟基；1%茴香醛-浓硫酸加热显粉红色（105℃），薄层板上酸水解检识到葡萄糖和鼠李糖，说明此化合物结构中含有葡萄糖和鼠李糖片段。^{1}H-NMR 谱（CD_3OD，500MHz）中（图 11-6），芳香区共出现 8 个氢质子信号。其中 δ 7.06（1H，d，$J=$1.3Hz），6.95（1H，d，$J=1.3$，8.2Hz）和 6.81（1H，d，$J=8.2$Hz）形成一个苯环 ABX 系统；δ 6.72（1H，d，$J=1.7$Hz），6.71（1H，d，$J=8.0$Hz）和 6.59（1H，d，$J=1.7$，8.0Hz）也形成一个苯环 ABX 系统，以上数据说明结构中存在两个苯环且均为三取代。δ 7.61（1H，d，$J=15.8$Hz）和 6.29（1H，d，$J=15.8$Hz）为一个典型反式双键上的两个氢；在 δ 5.30~3.00 之间共有 17 个氢质子信号，其中 δ 5.19（1H，br.s）为鼠李糖端基氢信号；δ 4.37（1H，d，$J=7.8$Hz）为葡萄糖上的端基氢信号，根据其偶合常数判断葡萄糖为 β 构型；δ 2.77（2H，t，H-7'）为苯乙醇苷元 H-7 位的特征信号峰；在 δ 3.00~5.30 中含有两个苯乙醇苷 8 位上的氢信号即 δ 3.96（1H，m，H-8'）和 δ 3.71（1H，m，H-8'）。在 [1]H-[1]H COSY 谱（图 11-7）中 δ 2.76（2H，t，H-7'）与 δ 3.99（1H，m，H-8'）和 δ 3.75（1H，m，H-8'）有相关关系验证了苯乙醇片段的存在；δ 1.10（3H，d，$J=$6.1Hz，H-6'''）为鼠李糖 6 位甲基的信号峰。在 [13]C-NMR 谱及 DEPT 135 谱（CD_3OD，125MHz）中（图 11-8），共给出 29 个碳信号。其中 δ 102.8、72.0、71.8、73.5、70.2、18.3 为鼠李糖上的碳信号；δ 103.8、75.8、81.6、70.3、75.6、62.1 为一个葡萄糖上的 6 个碳信号，δ 168.3 为一个羧基碳信号。由于在氢谱中我们推测结构中含有一个反式双键，推测出结构中含有咖啡酰基。由此得出结构中含有 3，4-二羟基苯乙醇基、咖啡酰基、葡萄糖、鼠李糖四部分。我们通过 [1]H-[1]H COSY、HSQC（图 11-9）、HMBC（图 11-10）对各个碳氢的数据进行了归属，HSQC 谱指认了 2 个糖的端基氢所对应的碳信号，其中 δ 5.19（1H，br.s）与 δ 102.8 有相关关系，δ 4.37（1H，d，$J=7.8$Hz）与 δ 103.8 有相关关系。在 HMBC 谱中葡萄糖 4 位氢 δ 4.95（1H，t，$J=9.4$Hz）与 δ 168.3 有远程相关关系，说明咖啡酰基连在葡萄糖的 6 位上；δ 4.37（1H，d，$J=7.8$Hz）与 δ 72.0 有远程相关关系，说明葡萄糖连在苯乙醇苷元 8 位上。综合以上信息确定化合物 3 为毛蕊花糖苷（acteoside）。

毛蕊花糖苷

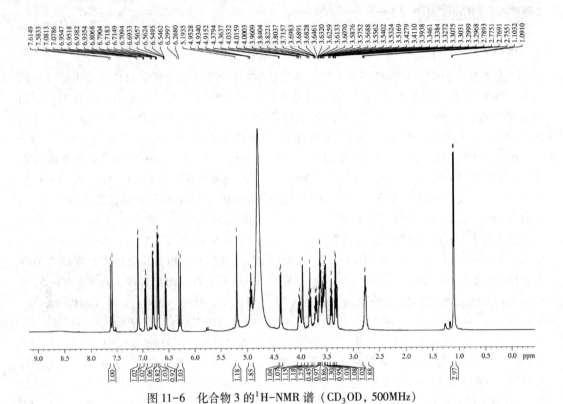

图 11-6　化合物 3 的 ^{1}H-NMR 谱（CD$_3$OD，500MHz）

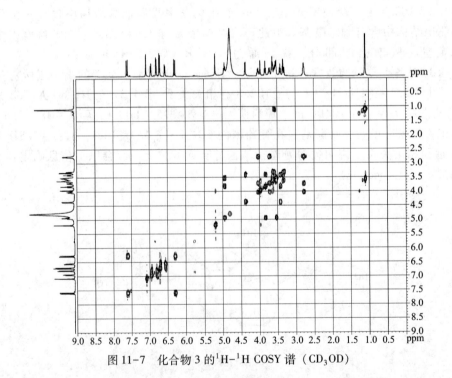

图 11-7　化合物 3 的 ^{1}H-^{1}H COSY 谱（CD$_3$OD）

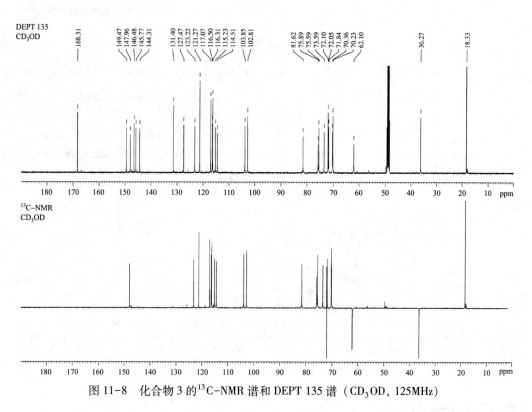

图 11-8　化合物 3 的 ^{13}C-NMR 谱和 DEPT 135 谱（CD$_3$OD，125MHz）

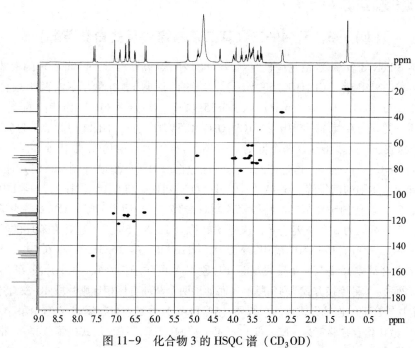

图 11-9　化合物 3 的 HSQC 谱（CD$_3$OD）

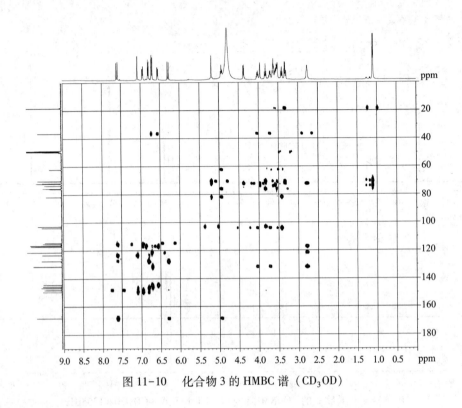

图 11-10　化合物 3 的 HMBC 谱（CD₃OD）

案例解析 *11-4*

（E）-3，5，4′-三羟基二苯乙烯（反式白藜芦醇）

从蓼科（Polygonaceae）植物虎杖（*Polygonum cuspidatum* Sieb. et Zucc.）的根茎中分离得到化合物 4。^{1}H-NMR 谱（CD₃OD，500MHz）中（图 11-11），在低场区有两组均含 2 个质子的信号峰 δ 7.33（2H，d，J=8.6Hz）和 δ 6.75（2H，d，J=8.6Hz）为特征的 1，4-二取代的对称苯环特征峰。在其 ^{13}C-NMR 谱（CD₃OD，125MHz）中（图 11-12），δ 116.5 和 128.8 的 CH 信号峰较强，初步推断这两个低场 CH 碳信号分别为对羟基-二取代苯环（片段 4A）的 C-3（C-5）和 C-2（C-6），这一推断得到该化合物的 HSQC 图谱（图 11-13）证实。同时，在低场区有两组质子的信号峰 δ 6.44（2H，d，J=1.9Hz）和 6.16（2H，t，J=1.9Hz）为特征的 1，3，5-三取代的对称苯环的特征峰；同时在其 ^{13}C-NMR 谱中，δ 159.6 的季碳信号峰较强，该季碳信号可能为 2 个季碳信号，这样正好符合 1，3，5-二羟基对称苯环的特征，因而推导出片段 4C。此外，^{1}H-NMR 谱中，δ 6.95（1H，d，J=16.3Hz）和 6.79（1H，d，J=16.3Hz）的偶合常数 16.3 为一个反式双键（片段 4B）的质子信号峰。3 个片段 4A、4B、4C 的连接方式有两种：1 种连接方式为 4D 所示，而如果两个苯环直接相连则片段 4C 没有连接点。因此，这 3 个片段合理的连接方式为两个苯环（4A 和 4C）分别连接在反式双键的两端（如 4 中所示的结构），故该化合物鉴定为（E）-3，5，4′-三羟基二苯乙烯（反式白藜芦醇）。推导过程可见图 11-14 所示。

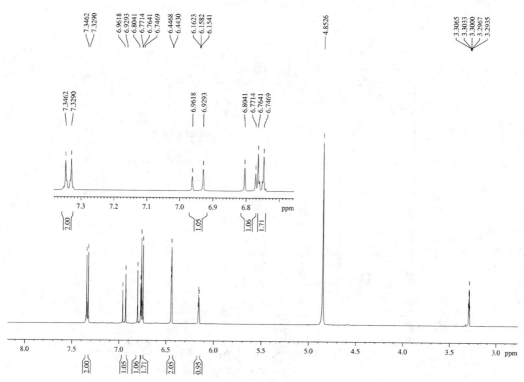

图 11-11　化合物 4 的^{1}H-NMR 谱（CD$_3$OD，500MHz）

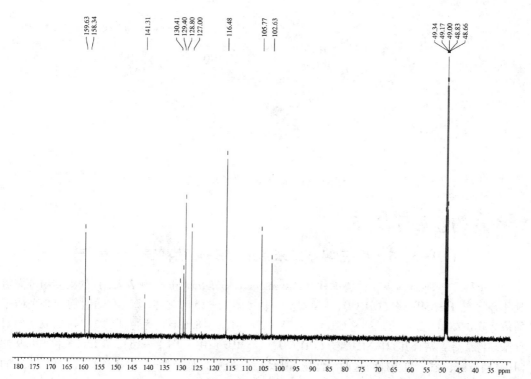

图 11-12　化合物 4 的^{13}C-NMR 谱（CD$_3$OD，125MHz）

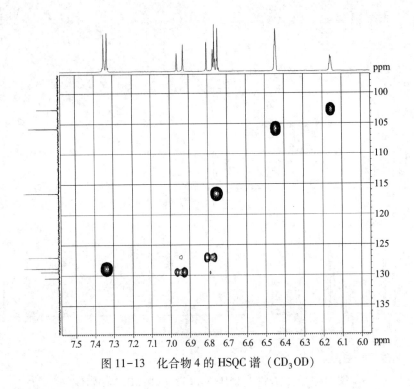

图 11-13 化合物 4 的 HSQC 谱（CD₃OD）

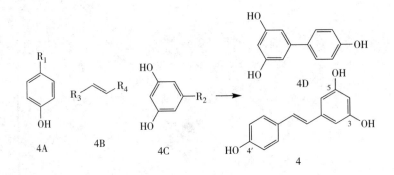

图 11-14 化合物 4 的推导过程

案例解析 11-5

（E）-3，5，4′-三羟基二苯乙烯-3β-葡萄糖苷（虎杖苷）

从蓼科（Polygonaceae）植物虎杖（*Polygonum cuspidatum* Sieb. et Zucc.）的根茎中分离得到化合物 5。¹H-NMR 谱（CD₃OD，500MHz）中（图 11-15），在低场区有两组均含 2 个质子的信号峰 δ 7.36（2H，d，J=8.6Hz），6.75（2H，d，J=8.6Hz）为特征的 1，4-二取代的对称苯环特征峰；结合其 ¹³C-NMR 谱（CD₃OD，125MHz）中（图 11-16），δ 116.5 和 128.9 的 CH 碳信号峰较强，初步推断这两个低场 CH 碳信号分别为对羟基-二取代苯环（片段 5A）的 C-3（C-5）和 C-2（C-6），这一推断得到该化合物的 HSQC 图谱（图 11-17）证实。同时，

在低场区 3 组质子的信号峰 δ 6.78 （1H, br. s）, 6.61 （1H, br. s）, 6.44 （1H, br. s）为特征的 1, 3, 5-三取代的对称苯环的特征峰，同时在其 ^{13}C-NMR 谱 （图 11-15）中，δ 159 左右有多个季碳信号（孤立酚羟基碳的特征信号），因而可推导出片段 5C。此外，^{1}H-NMR 谱中，在 δ 7.01 （1H, d, J=16.3Hz）和 6.84 （1H, d, J=16.3Hz）为一个反式双键（片段 5B）的质子信号峰。3 个片段 5A、5B、5C 合计共 14 个碳 （C6+C6+C2＝C14），扣除 14 个碳信号外，该化合物还有 6 个碳信号，δ 62.6 （CH$_2$）、71.5 （CH）、74.9 （CH）、78.0 （CH）、78.2 （CH）、100 左右的 （CH），这 6 个碳信号为葡萄糖的特征碳信号。片段 5A-5C 合理的连接方式为两个苯环 （5A 和 5C）分别连接在反式双键的两端，那么葡萄糖的连接方式只存在两种可能，即 5D 和 5 所示。在 5D 结构中，2 个苯环均为对称结构，即 C-3 和 C-5 为等价，则在化合物 5D 中在 δ 160 左右只出现 2 个峰，同时在其氢谱中 H-1 和 H-6 也是等价的。而该化合物在 δ 160 左右出现 3 个峰与结构 5 所示一致，故 5 为该化合物合理的结构，即葡萄糖连接在 C-3 位 （亦根据其 HMBC 谱得到证实，见图 11-18）。具体推导过程见图 11-19 所示。根据葡萄糖的 δ 4.88 （1H, d, J=7.4Hz, H-1″）的偶合常数，确定葡萄糖为 β 连接。因而化合物 5 鉴定为 （E）-3, 5, 4′-三羟基二苯乙烯-3β-葡萄糖苷。

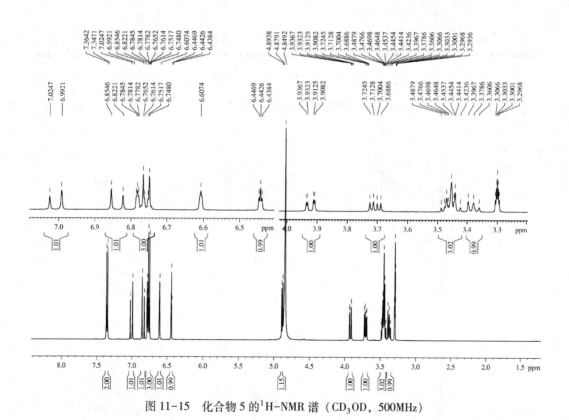

图 11-15　化合物 5 的 ^{1}H-NMR 谱 （CD$_3$OD，500MHz）

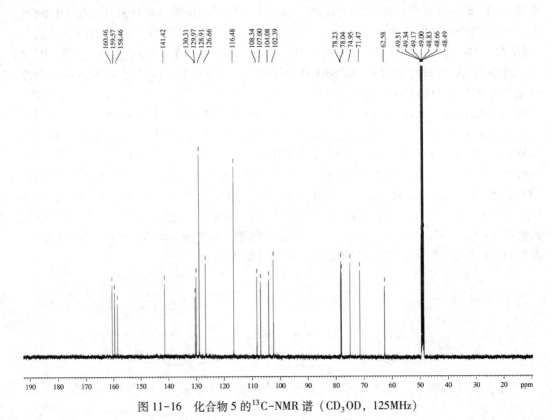

图 11-16　化合物 5 的 ^{13}C-NMR 谱（CD$_3$OD，125MHz）

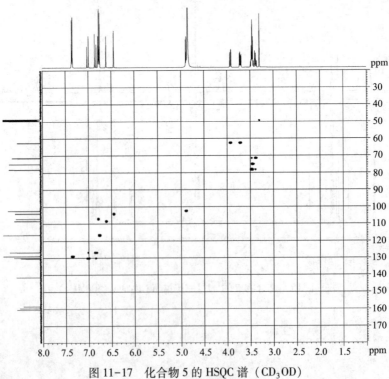

图 11-17　化合物 5 的 HSQC 谱（CD$_3$OD）

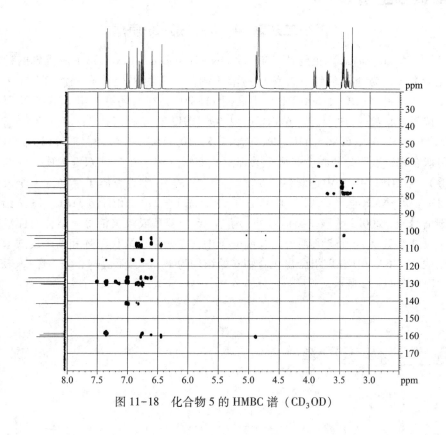

图 11-18 化合物 5 的 HMBC 谱（CD₃OD）

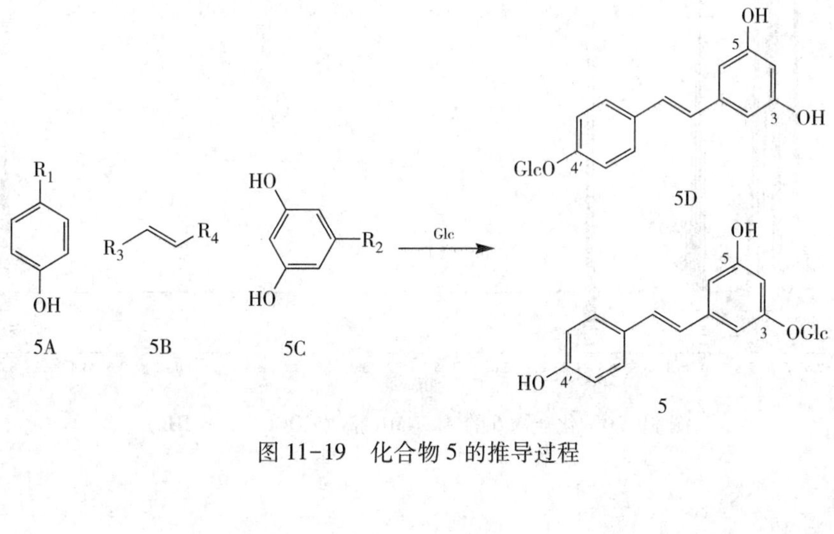

图 11-19 化合物 5 的推导过程

案例解析 11-6 ·······························

1，7-二苯基-4，6-二烯-3-庚酮

从姜科（Zingiberaceae）植物草豆蔻（*Alpinia katsumadai* Hayata）干燥成熟的种子中分离得到化合物 6，为淡黄色针状晶体。易溶于丙酮、三氯甲烷等有机溶剂，m. p. 245～246℃。^{1}H-NMR 谱（CDCl$_3$，500MHz）中（图 11-20），在高场有一组 A_2B_2 系统偶合的质子信号，位于 δ 2.72（2H，t，$J=6.8$Hz），2.99（2H，t，$J=6.8$Hz）；而位于 δ 6.32（1H，d，$J=15.5$Hz，H-6），6.86（1H，dd，$J=15.5$，10.2Hz）和 6.93（1H，d，$J=15.8$Hz，H-7）的偶合常数表明分子中含有两个共轭反式双键（另一个反式双键的质子峰与芳香质子峰重叠）。在 ^{1}H-NMR 谱中还观察到 δ 7.25～7.49 的 10 个芳香质子（扣除一个反式双键质子）。除在 ^{13}C-NMR 谱（CDCl$_3$，125MHz）中（图 11-21），位于 δ 31.1、43.2 给出两个亚甲基碳信号和 δ 200.2 的羰基碳信号外，还有 16 个苯环或烯碳信号。结合上面氢质子信号含两个反式双键及 10 个芳香质子，表明分子中含有两个单取代苯环和两个反式双键。综上所述结构片段 6A-6D 合理组合出化合物 6 的结构为 1，7-二苯基-4，6-二烯-3-庚酮。具体推导过程见图 11-22 所示。

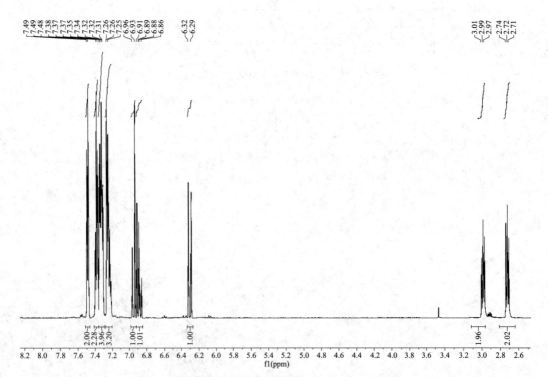

图 11-20　化合物 6 的 ^{1}H-NMR 谱（CDCl$_3$，500MHz）

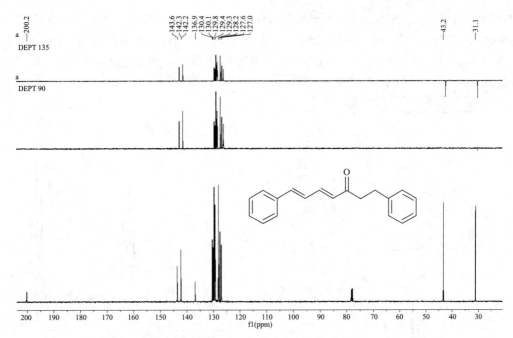

图 11-21 化合物 6 的 ^{13}C-NMR 谱和 DEPT 谱（CDCl$_3$，125MHz）

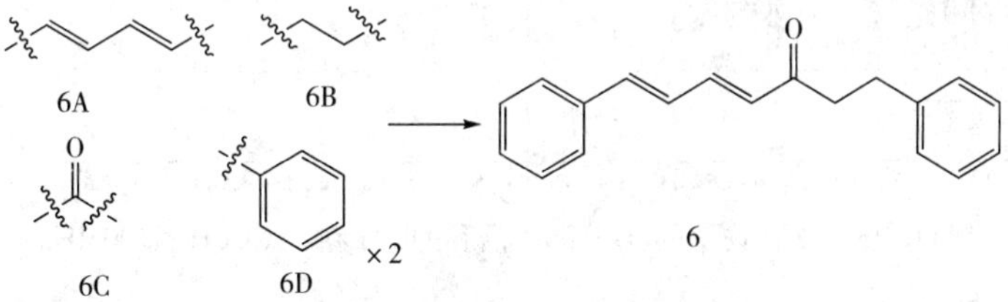

图 11-22 化合物 6 的推导过程

案例解析 *11-7* ·······················

1，7-二苯基-4，6-二烯-5-羟基-3-庚酮

从姜科（Zingiberaceae）植物草豆蔻（*Alpinia katsumadai* Hayata）干燥成熟的种子中分离获得化合物 7，为淡黄色针状晶体。易溶于丙酮、三氯甲烷等有机溶剂。EI-MS 给出分子离子峰 m/z 278［M］$^+$。红外光谱（KBr）中 1651、1618、1593、1489、1285、1171、987（单取代苯 γ=CH）cm^{-1} 表明分子中存在羰基、双键和苯环。^{1}H-NMR 谱（CDCl$_3$，500MHz）中（图 11-23），位于高场 δ 2.76（2H，t，J=6.8Hz）和 3.03（2H，t，J=6.8Hz）为一组 A$_2$B$_2$ 系统偶合的质子信号（片段7A）；δ 7.65（1H，d，J=15.8Hz），6.51（1H，d，J=15.8Hz）表明分子含有一个反式双键（片段7B）。另外还观察到位于 δ 5.66（1H，s）烯氢质子信号和位于 δ 7.24～7.55 的 10 个芳香质子信号。^{13}C-NMR 谱（CDCl$_3$，125MHz）给出 19 个碳信号（图 11-24），含一个羰基 δ 200.1（片段7C），两个亚甲基碳 δ 31.2，42.0，以及集中在 δ 120～141 之间的 14 个碳信号等。综合上面信息，结合分子离子峰计算出该化合物分子式应为 C$_{19}$H$_{18}$O$_2$，有 11 个不饱和度。同时表明化合物中除含有两个单取代苯环（片段7E），两个邻位亚甲基、一个羰基、一个反式双键外，还含有两个碳分别位于 δ 176.6（羰基或共轭烯醇碳）和 δ 100.9

（双键碳）并拥有一个不饱和度，因此该化合物应含有片段 7D。根据上述氢谱中位于 δ 5.66 的单峰质子信号将片段 7A-7E 可以组合成化合物 7、7F、7G 3 种不同结构，再根据位于 δ 176.6 和 δ 100.9 两个碳信号表明化合物 7 不可能为 7F 和 7G，因此化合物 7 鉴定为 1，7-二苯基-4，6-二烯-5-羟基-3-庚酮。具体推导过程见图 11-25 所示。

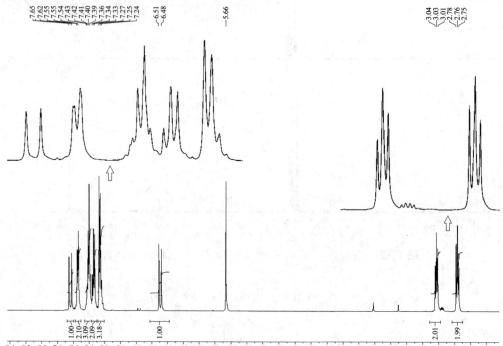

图 11-23　化合物 7 的 ^{1}H-NMR 谱和 DEPT 谱（CDCl$_3$，500MHz）

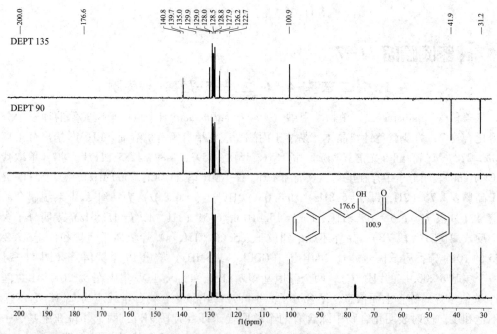

图 11-24　化合物 7 的 ^{13}C-NMR 谱（CDCl$_3$，125MHz）

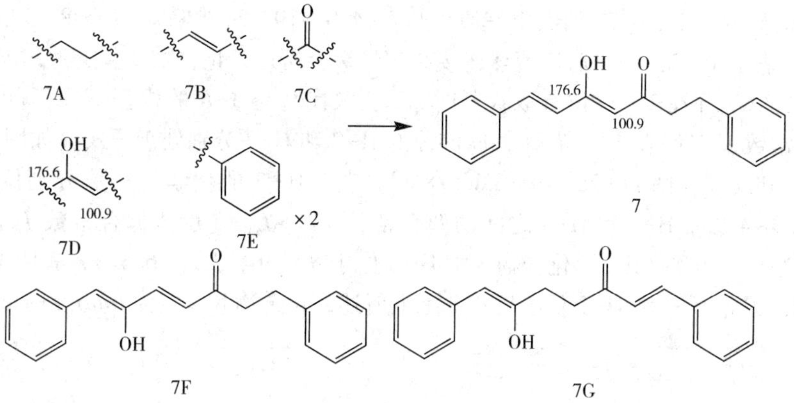

图 11-25 化合物 7 的推导过程

案例解析 *11-8*

trans-ε-Viniferin

从毛茛科（Ranunculaceae）植物芍药（*Paeonia lactiflora* Pall.）中分离获得化合物 8，为白色固体，在空气中易氧化变色。在^{1}H-NMR 谱（CD$_3$OD，400Mz）中（图 11-26），观察到两套 AA′BB′系统偶合的质子信号，分别位于 δ 6.67（2H，d，J=8.6Hz），6.78（2H，d，J=8.5Hz），7.05（2H，d，J=8.6Hz），7.16（2H，d，J=8.5Hz）；一个反式双键位于 δ 6.85（1H，d，J=16.0Hz）和 6.59（1H，d，J=16.0Hz）；两个邻位质子信号位于 δ 4.37（1H，d，J=6.6Hz）和 5.38（1H，d，J=6.6Hz）；以及位于 δ 6.17~6.26 和重叠在 6.85 附近的 5 个芳香质子信号。

在^{13}C-NMR 谱（CD$_3$OD，100MHz）中（图 11-27），除位于 δ 58.3 的次甲基碳外，另 27个碳均集中出现在 δ 94~163 之间。根据位于 δ 116.3、116.4、128.2、128.8（均×2）的碳信号化学位移值表明分子中存在两个对羟基取代苯环；而位于 δ 107.5×2 和 160.0×2 的碳信号化学位移值表示分子中存在一个 1，3，5-对称三取代苯环，且 3，5 位应分别连含氧基团；再结合上述^{1}H-NMR 谱除了这 3 个苯环外，分子中还应存在一个四取代苯环（根据偶合常数可判断两个质子为间位或对位）；余下 4 个碳分别为反式双键和两个邻位次甲基碳（根据^{1}H-NMR谱中两个相对高场的质子化学位移值和偶合常数确定有一个含氧次甲基）。因此判断该化合物可能为二苯乙烯二聚体衍生物。

在^{13}C-NMR 谱位于 δ 158~163 之间有 6 个碳信号，化学位移值表示它们均与氧相连且不邻位，位于芳环的间位之间。因此确定片段 8A-8C 共 4 个含氧芳环碳外，第 4 个苯环上含有两个间位含氧碳（即图 11-28 中 8Fa 或 8Fb）。结合分子离子峰 *m/z* 454 [M]$^{+}$，得出分子式为 C$_{28}$H$_{22}$O$_6$，不饱和度18，因此该化合物除了上述片段含不饱和度外还应有一个环，根据聚苯乙烯类化合物推断该化合物能与之成环的片段仅为 8E 和 8F 之间（可推出片段 8J）。根据二苯乙烯二聚体衍生物，将化合物片段 8A-8F 可以推出苯乙烯次结构片段 8G 和 8H。具体推导过程见图 11-28 所示。

它的^{13}C-NMR 谱表明反式双键碳位于 δ 123.7 和 130.3，苯环 C 和 F 次甲基碳信号分别位于 δ 96.9、102.2、104.3 和 107.5，表明分子中这些次甲基均与含氧碳相邻，则 8Fc 片段不符合该化合物的碳谱数据。因此该化合物片段 8E 与 8Fa 或 8Fb 能组合成 2 种不同结构类型的化合物（8J~8L）。在^{13}C-NMR 谱位于 δ 120.1、130.4、133.9、136.9、147.4 的季碳信号表示该化合物不可能是 8L 类型（根据芳环上邻氧碳信号应该低于 129），这些数据表明分子中仅有一个季碳邻氧取代，则化合物可能为 8J。

　　HMBC 谱显示位于 δ 4.37 的次甲基质子与 δ 94.8、107.5、120.1、133.9、136.9、147.4、158.5 相关，表示 1，3，5-三取代苯环连接在 8′。综上所述，化合物 8 鉴定为 ε-viniferin。

　　由于苯并呋喃环在 2，3-位有取代基时，2 位取代基与 3-R 的构型不同，存在反式或顺式，其偶合常数 $J_{2,3}$ 不同。当 3R-苯并呋喃环的 H-2 和 H-3 分别处于顺式（如图 11-28 所示 8Ma、8Mb）和反式（图 11-28 所示 8Mc、8Md）时，H-2 的化学位移值分别位于 δ 5.02~5.35 和 δ 4.39~4.95，H-2 和 H-3 之间的偶合常数 $J_{反式}$ > $J_{顺式}$（反式偶合常数 $J_{反式}$ 为 6~9Hz，顺式偶合常数 $J_{顺式}$ 为 4~6Hz）。化合物 8 中 H-2 位于 δ 5.36，$J_{2,3}$ = 6.6Hz，表明 H-2 和 H-3 应该在异侧，因此 H-2 和 H-3 处于反式。综上所述，化合物 8 鉴定为 trans-ε-viniferin。

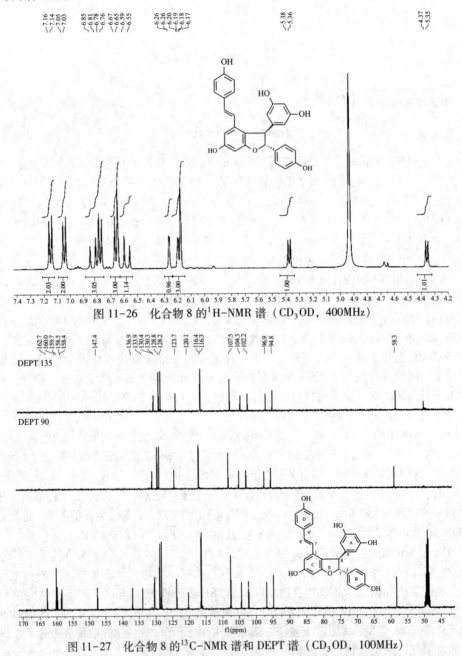

图 11-26　化合物 8 的 ^{1}H-NMR 谱（CD$_3$OD，400MHz）

图 11-27　化合物 8 的 ^{13}C-NMR 谱和 DEPT 谱（CD$_3$OD，100MHz）

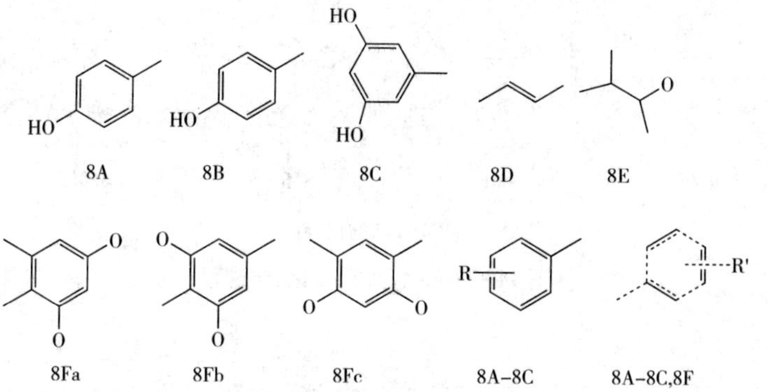

化合物8的推导片段结构

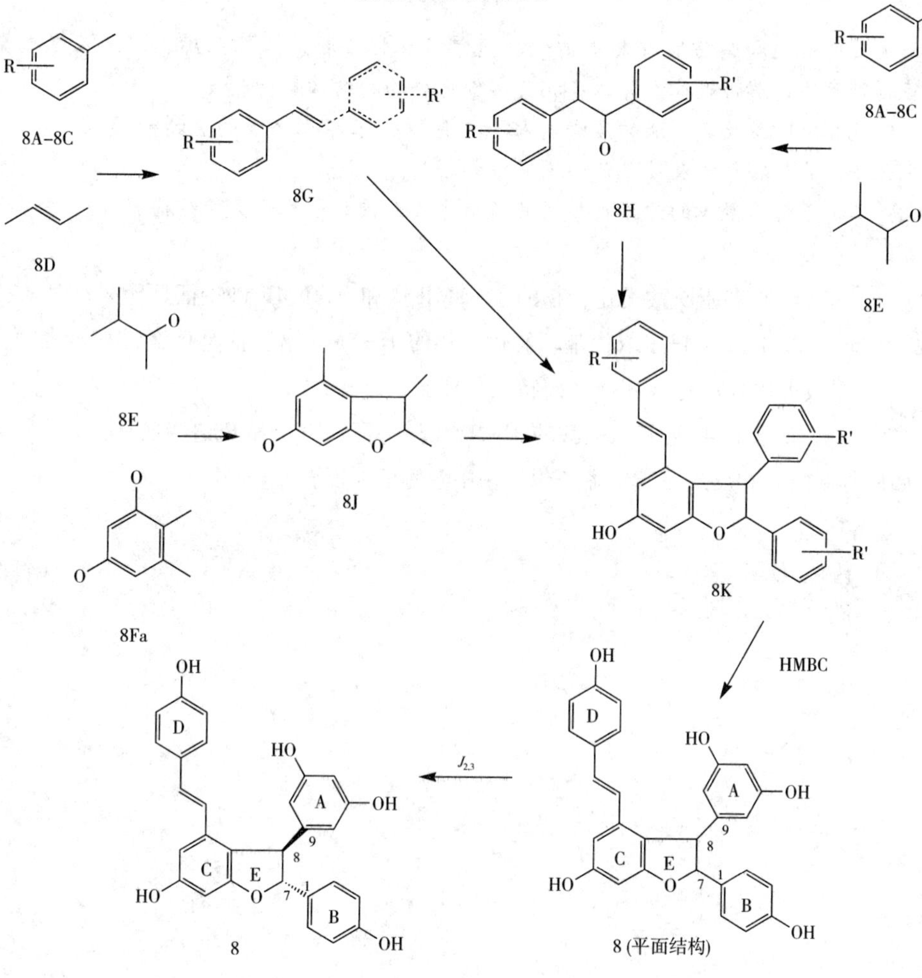

化合物8的推导过程

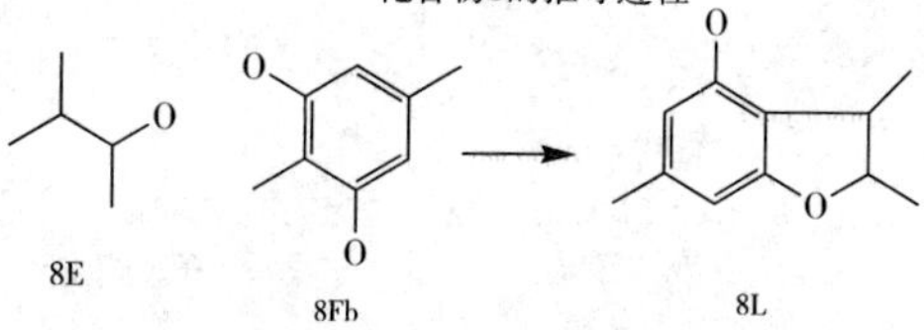

化合物8可能存在的推导片段（通过图谱分析该片段不存在）

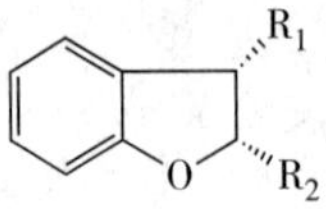

8Ma 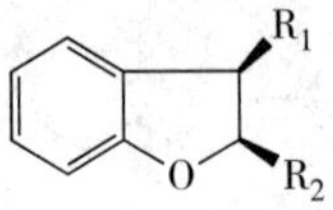   8Mb 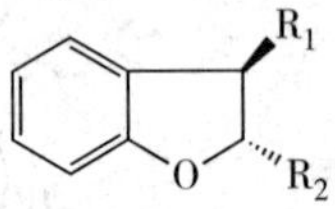   8Mc 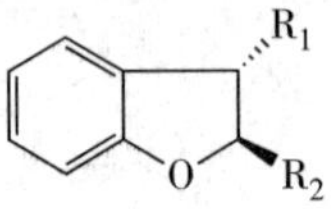   8Md

8M 片断的推导

图 11-28   化合物 8 的推导过程

本 章 小 结

    本章主要包括饱和脂肪酸及其类似物、简单苯环化合物、二苯乙烯、二苯乙烯二聚体、苯乙醇苷类等的波谱解析规律，并涉及相关实例化合物的结构解析。

    重点：饱和脂肪酸及其甲酯的波谱特征，常见取代苯环化合物的氢谱和碳谱特征，二苯乙烯类化合物的波谱特征以及简单苯丙素的结构解析。

    难点：二苯乙烯二聚体的波谱特征及其解析方法，较复杂苯丙素的结构解析。

    1. 饱和脂肪酸类化合物的 ^{1}H-NMR 谱和 ^{13}C-NMR 谱特征是什么？

    2. 1，3，4-三取代苯环类化合物的 ^{1}H-NMR 谱特征是什么？3，4-二羟基苯甲酸类化合物的 ^{13}C-NMR 谱特征是什么？

    3. 反式 4-羟基肉桂酸的 ^{1}H-NMR 谱特征和 ^{13}C-NMR 谱特征是什么？

    4. 如何判断顺式和反式二苯乙烯类化合物中双键的顺反？

（何红平）

参考文献

［1］冯卫生．波谱解析［M］．北京：人民卫生出版社，2012.

［2］孔令义．复杂天然产物波谱解析［M］．北京：中国医药科技出版社，2012.

［3］孔令义．波谱解析［M］．北京：人民卫生出版社，2011.

［4］吴立军．天然药物化学［M］．北京：人民卫生出版社，2014.

［5］石任兵．中药化学［M］．北京：人民卫生出版社，2012.

［6］董小萍，罗永明．天然药物化学［M］．北京：中国医药科技出版社，2015.